LOKOMOTIVEN

WISSENSWERTES · SPORT · TECHNIK

LOKOMOTIVEN

Dampf-, Elektro-, Diesellokomotiven
Triebwagen - Triebwagenzüge

Renzo Pocaterra

VERLEGT BEI
KAISER

Titel des italienischen Originals: »Treni«
Einzig berechtigte Übertragung aus dem Italienischen:
Hannes Wendtlandt
Fachlich redigiert: Dr. Peter Kaiser

Redaktion: Valeria Camaschella, Miryam Lamarque,
Alessandro Frigerio, Mauro Martinengo

Bildauswahl: Centro Iconografico dell'Istituto Geografico De Agostini
unter der Leitung von Maria Serena Battaglia
Herausgegeben von Studio Booksystem, Novara

Deutsche Erstausgabe

www.kaiserverlag.com
E-Mail: office@kaiserverlag.com

Einbandgestaltung: Volkmar Reiter
Satz: Context Type & Sign Pink, St. Veit/Glan
Gesamtherstellung: Gorenjski Tisk, Kranj-Slowenien

Inhaltsverzeichnis

Einführung

Die Anfänge der Eisenbahn

Die Geburtsstunde der Eisenbahn ist uns bekannt. Sieht man von jenen Schienen aus Holz und Stein ab, die man bereits in alten Zeiten kannte, hat die Verwendung von eisernen Schienen (daher der Begriff: Eisenbahn) ihren Ursprung in der zweiten Hälfte des 18. Jahrhunderts. Etwa zur gleichen Zeit wurde die Dampfmaschine erfunden, damals freilich noch als ortsfest montiertes Aggregat. Maschinen und Schienen gelangten als logische Konsequenz der Fördertätigkeit aus den Tiefen der Gruben – wo sie zuerst Anwendung fanden – an die Erdoberfläche, um die menschliche Arbeit zu erleichtern. Von Pferden gezogen, von Menschen oder der Schwerkraft angetrieben, erreichten die Kohlenwagen die Häfen und Hütten, wobei man sich das Geheimnis der Schiene zu Nutze machte: die benötigte Antriebskraft, um ein Fahrzeug zu bewegen, vermindert sich im gleichen Verhältnis wie die Reibung zwischen Rad und Untergrund abnimmt.

1803 wurde die erste öffentliche Eisenbahn in Betrieb genommen, die jemals parlamentarische Anerkennung erlangte: die ausschließlich zum Gütertransport bestimmte »Surrey Iron Railway«. Man unternahm einen Versuch, um herauszufinden, wie viel Gewicht ein einzelnes Pferd ziehen kann. Der Test begann mit 12 jeweils 3 t schweren Waggons. Bei jedem Halt kamen weitere dazu, sodass das Pferd einen 55 t schweren Zug mit rund 50 Personen an Bord ins Ziel der 6 Meilen (etwa 10 km) langen Strecke brachte.

Unten: Die »Rocket« von George Stephenson auf einem zeitgenössischen Druck. Auf Seite 2: Der ETR 401 der italienischen Staatsbahnen, besser bekannt als »Pendolino«.

TREVITHICK UND STEPHENSON, GENIE UND SACHLICHKEIT

Die erste selbst fahrende Eisenbahn-Lokomotive hatte der geniale Erfinder Richard Trevithick erdacht, der dafür im Jahre 1800 das Patent erhielt. 1804 gelang es einer seiner Lokomotiven, ein Gewicht von 25 t über die 15 km lange Gleisstrecke der Eisenwerke von Pen-y-Darren zu befördern. Trevithick konnte aus seiner Erfindung allerdings keinen praktischen Nutzen ziehen. Vielleicht fehlten ihm die nötige Geduld, das mechanische Geschick und die Fähigkeit der Selbstvermarktung, wie sie George Stephenson besaß. Dieser begnadete Autodidakt hatte die Maschinen in den Bergwerken studiert. 1814 baute er seine erste Lokomotive, und einige Jahre später glückte es ihm, die Verantwortlichen der Stockton-Darlington-Eisenbahn davon zu überzeugen, auf dieser Linie den Dampfantrieb einzuführen. 1823 genehmigte das englische Parlament der Gesellschaft per Gesetz den Personentransport und die Verwendung von Dampflokomotiven. Am 27. September 1825 befuhr eine von George Stephenson geführte Dampflokomotive einen Teil der Stockton-Darlington-Strecke, jene 34 km, die zwischen Stockton und Shildon liegen. Angekoppelt waren sechs Waggons mit Kohlen und Mehl, ein gedeckter Waggon für die Vorstandsmitglieder der Gesellschaft, 21 Waggons mit Holzbänken, auf denen 600 Personen Platz genommen hatten, sowie sechs weitere Waggons mit Kohlen – ein Zug mit 69 t Gesamtgewicht.

Die Zugmaschine hieß »Locomotion«. Sie erreichte 24 km/h und war klarerweise Namensgeberin für diese Fahrzeugart: die Lo-

komotive. Dieser Tag, an dem erstmals öffentlich Personen und Güter durch Dampfkraft befördert wurden, gilt als Geburtsstunde der Eisenbahn. Ihr Vater kann selbstverständlich niemand anderer als George Stephenson sein.
Alles in allem blieb Stockton-Darlington eine Episode. Die Linie wurde streckenweise mithilfe ortsfester Dampfmaschinen und Seilzüge betrieben. Die Lokomotiven waren noch nicht verlässlich genug. Aus Angst vor nicht unwahrscheinlichen Kesselexplosionen wurden Passagierzüge mit Pferden betrieben. Die erste regelmäßig mit Dampf befahrene Eisenbahnlinie, die nach »modernen« Entwürfen konstruiert wurde und sich wegen ihrer Tunnels, Gräben und Kurvenüberhöhungen für den Dampfbetrieb eignete, war 1830 die Liverpool-Manchester-Strecke. Diese Eisenbahn hatte sich, was Fahrzeuge und Streckenführung betraf, komplett von den Einschränkungen der Bergwerksbahnen losgelöst. Allerdings wurde sie von den damals noch zahlreichen Gegnern der Dampflokomotive angefeindet.

Dieser französische Druck aus dem 19. Jahrhundert zeigt die Eisenbahn in ihren Anfangstagen. Die abgebildete Lokomotive könnte eine Buddicom sein, die zwar in England gebaut, aber auch sehr häufig auf französischen Strecken zum Einsatz kam.

DAS RENNEN VON RAINHILL UND DIE STRECKE LIVERPOOL-MANCHESTER

Die Industriestadt Manchester und der Hafen von Liverpool blühten mit dem Beginn der industriellen Revolution auf, da die Anzahl textilverarbeitender Betriebe anwuchs. Diese benötigten immer größere Mengen an importierten Rohstoffen (Baumwolle), um entsprechende Mengen Fertigprodukte nach Europa expedieren zu können. Die herkömmlichen Transportmittel erwiesen sich als unzureichend. Die aus Amerika stammende Baumwolle benötigte mehr Zeit, um den 50 km langen Kanal zwischen Manchester und Liverpool zurückzulegen, als sie für die Überquerung des Atlantiks brauchte. Die Eisenbahn erschien als brauchbare Lösung dieses Problems. Allerdings brachen Polemiken über die Auswahl der Antriebsart los. Die Lokomotiven der Stockton-Darlington-Gesellschaft liefen bei weitem nicht fehlerfrei, während der Antrieb durch Zugtiere oder per Seilzügen und ortsfeste Maschinen klaglos funktionierte. Um die Zweifel zu zerstreuen, wurde 1829 das mit 500 Pfund Sterling für die beste Lokomotive prämierte Rennen von Rainhill ausgeschrieben.
Diese Maschine musste nicht nur reibungslos arbeiten, sondern auch noch einigen Mindestanforderungen entsprechen: ihr Gewicht durfte 6 t nicht überschreiten und sie musste eine Geschwindigkeit von 16 km/h bei einer gezogenen Last von 20 t erreichen.

Gleichzeitig mit dem Bau der ersten Eisenbahnen begann man auch mit der Errichtung der notwendigen Infrastruktur. Auf diesem Druck aus dem Jahre 1853 sieht man die majestätische Brücke über die Scrivia an der Strecke Turin-Genua.

Am 6. Oktober 1829 traten fünf Konkurrenten gegeneinander an. George und Robert Stephenson gewannen nicht nur, sondern übertrafen sogar noch weitgehend die Mindestanforderungen. Sie bewiesen, dass sie als Einzige im Stande waren, eine verlässliche Lokomotive zu bauen. Die »Rocket« gilt als die eigentliche »Urmutter« der Lokomotiven, da sie bereits über alle grundlegenden funktionellen Mechanismen verfügte, welche die Dampflokomotiven der darauf folgenden 150 Jahre aufwiesen: einen röhrenförmigen Kessel, der Abdampf wird in den Schornstein geleitet und der Dampf mittels eines Exzenter-Systems auf die Zylinder verteilt.
Außer der Lieferung von Lokomotiven wurde »Robert Stephenson & Co« auch der Bau der Strecke anvertraut. Liverpool-Manchester war die erste große eisenbahntechnische Ingenieursarbeit. Sie besaß imposante Stationen, 63 Kunstwerke zwischen Brücken, Viadukten, Bahnübergängen und einem rund 3 km langen Tunnel sowie eine Steigung von weniger als 3‰. Weniger als ein Jahr nach dem Wettbewerb von Rainhill begann am 15. September 1830 mit der Eröffnung dieser Strecke das Zeitalter der Eisenbahn. Dieses vom ersten Eisenbahnunfall der Geschichte überschattete Ereignis (der Abgeordnete William Huskisson wurde von der »Rocket« überfahren und tödlich verletzt) wurde von Millionen Zuschauern verfolgt, die beobachteten, wie eine Reihe von acht Zügen Tausende geladene Gäste von Liverpool nach Manchester beförderten. Was Großbritannien aber wirklich vom Beginn einer neuen Ära überzeugte, waren wirtschaftliche Erfolge. Im Gegensatz zu den Vorhersagen fiel der Personenverkehr zehnfach so hoch aus wie erwartet und warf einen Gewinn von mehr als 14.000 Pfund Sterling ab. Die Engländer begeisterten sich für die Eisenbahn und eine regelrechte »Railwaymania« brach aus. Schon in den ersten vier Jahren wurden 33 Gesellschaften gegründet, deren Tätigkeiten überwältigenden Anklang fanden. 1843 umfasste das Schienennetz bereits 3274 km, die bis 1855 auf 13.315 angewachsen waren (während sich weitere 7350 Streckenkilometer in Bau befanden).

DIE ENTWICKLUNG DER LOKOMOTIVE

Die »Rocket« war in Rainhill der unbestrittene Favorit gewesen. Doch sofort nach diesem Sieg stellten sich die Stephensons dem Problem, Maschinen zu bauen, die weit größeren Anforderungen entsprachen als jenen des Rennens. Und dies bewies einmal mehr ihre Genialität. Klarerweise hatte an der Eröffnung der Strecke auch die »Rocket« teilgenommen, aber der eigentliche Mittelpunkt dieses Ereignisses war die viel stärkere und zuverlässigere »Northumbrian«. Weniger als drei Monate nach der Streckeneröffnung transportierte die erste Planet schon Züge von 80 t. Es folgte (1832) die Samson, die erste Lokomotive mit zwei gekoppelten Achsen, um bessere Bodenhaftung zu erzielen. 1833 entstand der Typ *Patentee,* so genannt, weil die Stephensons ihre Lokomotiven per Patentschutz vor Nachahmung durch die Konkurrenz sichern wollten. Diese Maschine öffnete den Stephensons den gesamten europäischen Markt: Alle europäischen Staaten, in denen Eisenbahnlinien gegründet wurden, hatten eine *Patentee* an der Spitze ihrer Eröffnungszüge. Nicht alle waren von den Stephensons gebaut worden, da diese Erzeugerlizenzen an andere Fabriken in Großbritannien und Europa vergeben hatten. Nicht selten wurden die Lokomotiven in Großbritannien erworben und dann vor Ort mehr oder weniger originalgetreu nachgebaut.

Diese Vorherrschaft führte dazu, dass der Eisenbahnwelt ein britischer Stempel aufgedrückt wurde. Wer in dieser Materie auf dem Laufenden bleiben wollte, ging nach Großbritannien. Riccardo Bianchi, der spätere Generaldirektor der staatlichen italienischen Eisenbahn, ging beispielsweise als Student nach England, um in einer Werkstätte zu arbeiten. Heute sind Lokomotiven in vielen Ländern der Erde linksgesteuert. Eine andere, wichtige (und positive) Folge der britischen Vorherrschaft ist, dass die um 1820 von George Stephenson festgelegte Spurweite (4 Fuß und 8 1/2 Zoll, das entspricht 1435 mm) zur Normalspurweite wurde.

Niemand weiß genau, warum der Vater der Lokomotive ein so bizarres Maß wählte; mit Sicherheit war es jedoch eine weise Entscheidung, wie die heutigen Hochgeschwindigkeitszüge beweisen. Auch wenn immer wieder auch größere Spurweiten favorisiert wurden, muss berücksichtigt werden, dass die Kosten für eine Eisenbahnstrecke im Verhältnis zu ihrer Spurweite stehen. Steigt der Abstand zwischen den Schienen, erhöht sich klarerweise auch der Kurvenradius. Das bereitet zwar im flachen Gelände kaum Probleme, bei Gebirgsstrecken wachsen die Kosten aber an. Nicht umsonst entschied man sich in vielen Ländern mit großen Höhenunterschieden für Spurweiten unter 1435 mm.

Diese Überlegungen mögen heute banal erscheinen. Im Vereinigten Königreich um 1835 war diese Frage jedoch Gegenstand heftiger Auseinandersetzungen und musste durch ein staatliches Gesetz geregelt werden.

DIE ENTWICKLUNG DER EISENBAHN IN GROSSBRITANNIEN

1835 wurde Isambard Kingdom Brunel zum Chefingenieur der neu erbauten Great Western Railway ernannt. Diese Gesellschaft beabsichtigte Strecken in den westlichen Gebieten des Landes zu errichten und hatte schon die Genehmigung für die Strecke London-Bristol erhalten. Als geniale Persönlichkeit – und nicht ganz frei von Größenwahn – baute er eine Strecke, die als Zeichen seiner Brillanz über monumentale Bahnhöfe verfügte. Darüber hinaus legte er die Spurweite auf 7 Fuß fest, das entspricht 2134 mm, und strich deren Vorteile gegenüber den weit verbreiteten 1435 mm hervor. Zu jener Zeit gab es keine diesbezüglichen gesetzlichen Beschränkungen und jede Eisenbahn hatte ihre eigene Spurweite. Die von Daniel Gooch, einem Stephenson ebenbürtigen Konstrukteur, gebauten Lokomotiven der GWR waren bezüglich Geschwindigkeit und Leistung konkurrenzlos. Die Gesellschaft wuchs und erweiterte ihre Geleise bis in den Norden des Landes, drang dabei in die rechtlich abgesicherten Territorien anderer Gesellschaften ein und rief dadurch große Streitereien hervor.

Die Befürworter von Stephensons Spurweite verwiesen auf die Kosten der Grundstücksenteignungen, des Streckenbaus und der Herstellung der weiten Geleise. Andere Einwände richteten sich gegen den Zeitaufwand und die Umstände, die sich aus dem Zusammentreffen verschiedener Spurweiten in manchen Bahnhöfen ergaben. In manchen Stationen kreuzten sich drei Spurweiten, die normale, die breite und die schmale, was zu erheblichen Behinderungen, vor allem im Güterverkehr, führte. Die Regierung sah sich gezwungen, eine Kommission einzusetzen, die sich letztendlich für die Spurweite »Stephenson« entschied. In der Folge wurde der Gauge Act (das »Spurweitengesetz«) erlassen, das der GWR einige Zugeständnisse machte, aber die 1435 mm zur Spurweitennorm erhob. Ab 1882 wurden alle Strecken der GWR auf die Einheitsspur umgestellt. Das Viktorianische Zeitalter bot in Großbritannien die besten Bedingungen für die Entwicklung der Eisenbahn. Die industrielle Revolution brach aus, die die Gründung der Eisenindustrie und daher großen Arbeitseinsatz notwendig machte, der Überfluss an Kohle war sprichwörtlich und ein Kolonialreich war im Entstehen begriffen. Gegen 1870 flammte jedoch eine Wirtschaftskrise auf, die als die »Große Depression« bekannt wurde. Sie dauerte bis in die 90er-Jahre und beendete den rasenden Bau neuer Eisenbahnstrecken, der im Vereinigten Königreich innerhalb von 30 Jahren 30.000 Streckenkilometer hervorgebracht hatte.

Das 20. Jahrhundert brachte eine Reihe von Schließungen, Fusionierungen und Zusammenschlüssen von Eisenbahngesellschaften mit sich, die 1923 zur Bildung von vier großen Gruppen führten: Southern Railway, Great Western Railway, London Midland & Scottish Railway und London & North Eastern Railway. 1949 kam es zur Verstaatlichung und zur Gründung der British Railways, die in den 90ern des vorigen Jahrhunderts aufgelöst wurde und als Privatunternehmen wieder an den Markt zurückkehrte.

Die Epoche der Dampflokomotiven war für die Eisenbahnen des Vereinigten Königreichs ein goldenes Zeitalter, in dem die legendären Züge London-Edinburgh und London-Glasgow verkehrten und in dem sich die Gesellschaften einen erbitterten Wettkampf um die komfortabelsten und schnellsten Züge lieferten. Man denke nur an den *Flying Scotsman,* der 1928 ohne einen einzigen Halt die 632 km zwischen London und Edinburgh mit einer Durchschnittsgeschwindigkeit von 130 km/h und Spitzen von 160 km/h zurücklegte.

Auf diesem Foto sehen wir die 01 der deutschen Eisenbahnen. Sie wurde 1926 gebaut und blieb bis 1973 in Betrieb.

Die Eisenbahnen der Welt

Kaum hatte sich der großartige wirtschaftliche Erfolg der Liverpool-Manchester-Strecke eingestellt, traten Unternehmer, Industrielle und Bankiers auf dem europäischen Kontinent auf den Plan. Wenn auch mit weniger Elan als in Großbritannien, öffneten sich in den 30er-Jahren des 19. Jahrhunderts alle europäischen Nationen für die Eisenbahn.

BELGIEN

Als erstes Land Europas, das die Wichtigkeit dieses neuen Verkehrsmittels erkannte, war Belgien. Dort wurde 1832 eine Linie zwischen Antwerpen und Lüttich geplant, die bis Köln verlängert werden sollte. 1834 wurde ein Gesetz verabschiedet, das die Durchführung dieses Projektes durch den Staat vorsah. Dies erscheint besonders wichtig, zeigt es doch, wie seit den Ursprüngen die Denkschulen bezüglich der Eisenbahn vom Liberalismus (wie in Großbritannien) bis zur Handhabung durch den Staat (wie in Belgien) reichten. Am 5. März 1835 wurde die 24 km lange Linie Brüssel-Mechelen eröffnet, die erste öffentliche Dampfeisenbahnstrecke für den Personen- und Güterverkehr auf dem europäischen Festland. Die Lokomotive des Eröffnungszuges war Le Belge, ein Typ *Patentee* – von Robert Stephenson geplant, aber in Seraing in Belgien vom gebürtigen Engländer John Cockerill gefertigt. Cockerill sollte in Folge eine der bedeutendsten Lokomotivfabriken Europas werden.
Zu Beginn des Jahres 1844 wurde in Belgien die Grundstruktur eines eigenen Streckennetzes mit einer Nord-Süd-Verbindung von Antwerpen bis zur französischen Grenze gelegt, die sich mit einer weiteren Ost-West-Verbindung von Mechelen bis zur deutschen Grenze bei Ostende kreuzte.
Ausgehend von der Richtungsentscheidung für einen staatlichen Betrieb sah sich Belgien aus wirtschaftlichen Gründen bald gezwungen, eine gemischte Politik zu verfolgen und Konzessionen an private Unternehmer auszugeben. Der darauf folgende starke Fluss von Fremdkapital und die Angst vor Abhängigkeit bewogen die Regierung zu einem stufenweisen Rückkauf der von privater Hand geführten Bahnlinien. Daraufhin erfolgte eine graduelle Verstaatlichung, die 1926 in der Gründung der belgischen Eisenbahn (Société Nationale des Chemins de Fer Belges) gipfelte.

DEUTSCHLAND

Es war der bayerische König, der im Deutschland vor der nationalen Einigung 1835 die erste Eisenbahn eröffnete. Klarerweise verfügte sie über eine *Patentee* von Stephenson, den »Adler«. Die erste Trasse von Nürnberg nach Fürth war 6,4 km lang. Im ersten Jahr ihres Betriebes fuhr die zu Ehren König Ludwig I. so getaufte Ludwigsbahn einen Gewinn ein, der 50% des investierten Kapitals entsprach. Dieser Erfolg führte zu regen Bemühungen, neue Linien zu errichten. 1850 hatten die deutschen Länder bereits ein Schienennetz von 6000 km.
Als Erste erkannten die Preußen die strategische und logistische Bedeutung von Eisenbahntransporten für militärische Zwecke. Sie ordneten daher die Organisation der Eisenbahn – sowohl was Planung als auch Ausführung anging – dem Militär unter, wobei der Staat das Vorrecht für den Betrieb bekam. Diese Entscheidung war für die preußische Militärmaschinerie bestimmt und wurde 1866 im Krieg gegen Österreich und 1870 gegen Frankreich getroffen. Vor allem wegen der Überlegenheit Preußens gegenüber kleineren Staaten wurde von Beginn an ein nationales Schienennetz und eine Eisenbahnindustrie eingerichtet. Die Verwendung einer Stephenson-Lok bei der Eröffnungsfahrt war nur eine Episode. 1837 gründete August Borsig in Berlin eine Fabrik, die dazu bestimmt sein sollte, weltbedeutend zu werden. 1841 nahm die erste Borsig ihren Dienst auf der Strecke Berlin-Anhalt auf. Im selben Jahr wurden die Fabriken Maffei in München und Kessler in Karlsruhe eröffnet. 1848 baute Henschel seine erste Lokomotive in Kassel. Im Laufe von wenigen Jahren verfügten alle deutschen Staaten über eigene gut funktionierende Fabriken, aus denen Zugmaschinen für die großen Expresszüge und Allzwecklo-

komotiven von großer technischer und stilistischer Qualität kamen. Sie waren mit austauschbaren Baukomponenten und einer unverwüstlichen Mechanik ausgestattet, waren langlebig und wurden in Stückzahlen von Abertausenden produziert.
Deutschen Technikern verdanken wir zahlreiche Innovationen wie die Dampfüberhitzung, die Perfektionierung der Doppelverbundlokomotive beim Dampfantrieb, die erste Anwendung des elektrischen Antriebs bei Geschwindigkeiten jenseits der 200 km/h bereits 1906 und den Dieselantrieb in den 30er-Jahren. Es ist bekannt, dass wir den ersten elektrischen Zug Werner von Siemens (1879) verdanken, während der nach seinem Erfinder benannte Dieselmotor von Rudolf Diesel schon 1898 gebaut wurde.
Die Eisenbahnen der deutschen Staaten vor der nationalen Einigung schlossen sich erst 1921 zur DRG (Deutsche Reichsbahn Gesellschaft) zusammen. Nach dem Zweiten Weltkrieg wurden durch die Teilung Deutschlands auch die Netze in DB (Deutsche Bundesbahn) in der Bundesrepublik und DR (Deutsche Reichsbahn) in der Deutschen Demokratischen Republik aufgegliedert. Mit der Wiedervereinigung beider deutscher Staaten (1990) wurden die beiden Eisenbahnen unter dem Zeichen DB zusammengeführt.

FRANKREICH

In Frankreich begann die Verbreitung der Eisenbahn mühevoll. 1829 wurde die zum Teil noch mit tierischer Kraft betriebene Strecke Saint Étienne-Lyon eröffnet, ohne dass die öffentliche Meinung diesem Ereignis übermäßige Aufmerksamkeit geschenkt hätte. Man musste sich bis 1837 gedulden, als die Gebrüder Emile und Isaac Periere den ersten Abschnitt der Linie Paris-Rouen eröffneten. Die Pariser begeisterten sich für die Züge, die teilweise die Stadt durchquerten, und die Ausbreitung der Eisenbahn nahm ihren Anfang.
1842 waren erst 563 Streckenkilometer gebaut. In diesem Jahr wurde ein Gesetz zur Planung und Ausführung eines nationalen Schienennetzes gebilligt, das seine Verzweigung durch Streuung des Kapitals vorsah. So setzte sich die Praxis durch, dem Staat direkt die Planung und den Bau von Eisenbahnstrecken zu unterstellen, während deren Betrieb nach und nach privaten Gesellschaften anvertraut wurde. Ein weiteres großes Verdienst des französischen Führungsstils war der Konzentrationsprozess, der in nur zehn Jahren (1850–1860) die Bildung von sechs großen Gesellschaften mit sich brachte, die an die Stelle der bis dahin bestehenden 77 traten. Dieser Zustand blieb im Wesentlichen bis 1930 in Kraft, als die große Wirtschaftskrise, eine Folge der amerikanischen im Jahre 1929, die privaten Gesellschaften in die Knie zwang. Die Verstaatlichung wurde eingeleitet, die 1938 mit der Gründung der Société Nationale de Chemins de fer Français (SNCF) angeschlossen war.
Von 1850 bis heute waren die französischen Eisenbahnen – zusammen mit den deutschen – die bestorganisierten und effizientesten in Europa. Und das in jedem Geschichtsabschnitt und mit jeder Antriebsart. Zur Zeit der Dampflokomotiven verfügten sie über großartige Maschinen und Züge. In der Nachkriegszeit gelang es, einige Probleme bei der Elektrifizierung zu überwinden, indem sie sich für eine Fahrdrahtspannung von 25.000 Volt entschieden. 1970 leiteten sie mit dem TGV die Ära der europäischen Hochgeschwindigkeitszüge ein.

RUSSLAND

Die erste russische Eisenbahn (1837) führte von St. Petersburg nach Pawlowsk, war 50 km lang und hatte eine Spurweite von 1827 mm. 1841 nahm man die Planung der 653 km langen Strecke St. Petersburg-Moskau auf, deren von amerikanischen Technikern geleiteten Bauarbeiten 1851 beendet wurden. Man wählte eine Spurweite von 1524 mm, sie sollte später zur russischen Einheitsspurweite werden. Zuvor hatte der Zar die erste Eisenbahnverbindung zwischen dem russischen Reich und Westeuropa genehmigt, die Linie Warschau-Wien mit einer Spurweite von 1435 mm. Sie wurde 1839 begonnen und 1848 fertig gestellt.
Auch Russland wollte eine eigene Eisenbahnindustrie. Zar Nikolaus I. lud die Amerikaner Eastwick und Harrison ein, die bereits für den Bau der ersten Lok vom Typ Ameri-

Die P36 ist eine der besten Dampfloks Russlands. Sie wurde bei den sowjetischen Staatsbahnen 1953 in Dienst gestellt.

can im Jahre 1839 bekannt waren, die Werkstätten der St. Petersburg-Moskau-Strecke in Alexandrowsk zu errichten.
Die beiden sicherten sich auch eine weitere Vorrangstellung als Konstrukteure. Unter den 200 für den russischen Zaren gebauten Lokomotiven waren die ersten 130 der Welt vom Typ »Mogul« (Mongole). Mogul-Lokomotiven erfreuten sich bis zu Beginn des 20. Jahrhunderts auf der ganzen Welt großer Beliebtheit.
Nach der Niederlage im Krimkrieg, in dem Züge eine wichtige strategische Rolle spielten, erbat das zaristische Russland Fremdkapital, um das Eisenbahnnetz auszubauen: so geriet man in fast totale Abhängigkeit vom Westen. Die Entwicklung der Eisenindustrie in der Donez-Region kehrte diese Tendenz um und ermöglichte den Bau der Transkaspischen und der Transsibirischen Eisenbahn. Vor allem die zweite muss wegen ihrer Länge, wegen der unwegsamen Landstriche, die sie durchquert und wegen des rauen Klimas, das die Arbeit an der Strecke nur für wenige Monate im Jahr zuließ, als legendäres Unternehmen betrachtet werden. Die Bahn durchfährt zwischen Moskau und Wladiwostok 9440 km und ist somit die längste Eisenbahnstrecke der Welt. Die Arbeiten begannen 1891, die Einweihung erfolgte 1903.

ÖSTERREICH

Salomon Rothschild erhielt als Erster eine Eisenbahnkonzession für die Gebiete der Doppelmonarchie: es handelte sich um die erste Trasse für eine 450 km lange Linie zwischen Wien und Krakau, die Kaiser-Ferdinand-Nordbahn. Auch diese Strecke wurde 1837 mit einer britischen Lok eröffnet.
Die bekannteste in Österreich erbaute Eisenbahnanlage ist jene über den Semmering. Sie wurde zwischen 1848 und 1854 errichtet, um Wien mit Triest zu verbinden. Ihr Scheiteltunnel misst 1431 m, im unwegsamen Gelände zwischen den steilen Hängen umfasst sie 14 Tunnels und 16 Viadukte mit einer Gesamtlänge von rund 6 km. 1998 wurde sie als einzige Eisenbahnanlage der Welt von der UNESCO als »Weltkulturerbe« anerkannt.
Zu Beginn des Ersten Weltkrieges wurden auf dem gewaltigen Staatsgebiet der Habsburgermonarchie etwa 46.000 Streckenkilometer von den österreichischen Staatsbahnen (kkStB, kaiserlich-königliche österreichische Staatsbahnen) verwaltet; die private Südbahngesellschaft verwaltete rund 6000. Das ungarische Netz wurde von der MAV betrieben, sie dehnte sich im Südwesten bis Fiume (Rijeka) aus. Der Vertrag von Versailles trug außer zum Zerfall der Monarchie auch zur Auflösung des Eisenbahnnetzes bei und teilte die Strecken unter den neuen Nationen auf. In den folgenden Jahren durchlief die österreichische Eisenbahn aus sozialen Überlegungen zahlreiche Veränderungen, bis am 5. August 1947 die Österreichischen Bundesbahnen (ÖBB) gegründet wurden.

ITALIEN

Am 3. Oktober 1839 transportierte die Vesuvio, eine von Longridge & Starbuck gebaute *Patentee,* König Ferdinand II. von Neapel nach Portici, dem ersten 7,5 km langen Abschnitt der Strecke Neapel-Castellammare – der ersten italienischen Eisenbahn. Planung und Finanzierung lagen wie auch die Ausführung der Arbeiten in französischer Hand: Armand Bayard de la Vingtrie. 1840 wurden die Werkstätten von Pietrarsa gebaut, die ersten italienischen Einrichtungen für die Reparatur und den Bau von Lokomotiven und Eisenbahnfahrzeugen. Zur Zeit des Königreichs beider Sizilien, 1840, wurde mit dem Bau der Strecke Lombardei-Veneto mit der Verbindung Mailand-Monza begonnen, 1842 Padua-Mestre, der erste Abschnitt der Strecke Mailand-Venedig. 1844 war die Zeit des Großherzogtums Toskana mit der Strecke Livorno-Pisa. Der König von Sardinien zog mit einigen Jahren Verspätung gleich: 1848 mit der 8 km langen Strecke Turin-Moncalieri. In dieser Zeit wurden jedoch Untersuchungen angestellt, ob im Piemont nicht bereits bis 1861 ein Schienennetz von 688 km errichtet werden könnte. 1853 wurde die Strecke Turin-Genua eröffnet, die erste wichtige italienische Strecke mit einem beachtlichen Tunnel von 3255 m unter dem Apenninpass Giovi. 1854 wurde auf Anordnung Cavours Giovanni Ansaldo in Sampierdarena (Genua) gegründet, um Piemont von der Abhängigkeit von importierten Lokomotiven zu befreien. Zu den vielen Verdiensten dieses Staatsmannes gehört auch der Weitblick, ein Eisenbahnnetz zu bauen, das sich nicht nur auf seine regionalen Erfordernisse beschränkt, sondern die Hauptverbindungen zwischen der Lombardei und der Emilia-Romagna sowie mit Frankreich berücksichtigte: von diesem Vorhaben sei der Tunnel von Fréjus (12.819 m) erwähnt, der am 17. September 1871 eröffnet wurde.
Österreich orientierte sich seinerseits beim Bau der Strecken Lombardei-Veneto und im Trentino an den Binnen- und transalpinen Verbindungen. Mit Ende des zweiten Unabhängigkeitskrieges waren die Linien von Mailand nach Magenta und Albate sowie die Strecke Mailand-Bergamo-Verona-Venedig in Betrieb. Von Mestre zweigte die Linie nach Udine-Triest-Laibach ab und von Verona aus die Brennerstrecke, die von Luigi Negrelli bis Bozen, später weiter in den Süden bis Sant'Antonio Mantovano weitergeführt wurde.
1861, dem Geburtsjahr des italienischen Königreiches, hatte der Kirchenstaat 101, das Großherzogtum Toskana 305 und das Königreich beider Sizilien 187 Streckenkilometer errichtet. Die Strecken Piacenza-Bologna (1859) und Bologna-Rimini-Ancona (1861) wurden nach dem Anschluss der Emilia-Romagna und Marken an das Königreich Sardinien eröffnet, aber ihr Bau dauerte noch einige Jahre an.
Die Einheit brachte zum Vorschein, dass jeder Staat mit Ausnahme Piemonts seine eigenen Eisenbahnen unter regionalen Aspekten, oder wie bei Österreich der Fall, mit In-

Eine perfekte und funktionstüchtige Rekonstruktion der Bayard, wie sie auf der ersten italienischen Eisenbahnstrecke zwischen Neapel und Portici eingesetzt wurde.

teressen jenseits der Alpen verbunden gebaut hatte. Daher wurden große Summen zur Vervollständigung der nationalen Strecken (Florenz-Rom) und zur Schaffung neuer Nord-Süd-Verbindungen (Adria und Tyrrhenisches Meer) investiert. Auch eine Phase des Abbaus der Eisenbahngesellschaften setzte ein, die ihren Höhepunkt 1885 in der Längsteilung der italienischen Halbinsel fand. Es wurden zwei Netze mit nord-südlicher Ausrichtung gegründet: das Rete Adriatica (RA) mit 5863 km Länge und Generaldirektion in Florenz sowie die Rete Mediterranea (RM) mit Generaldirektion in Turin, 6074 km Strecke. Beide Netze verfügten über Planungsbüros für das rollende Material: die Uffici d'Arte in Turin und Florenz. Gegründet, um die Abhängigkeit von Importen aus dem Ausland zu überwinden, hoben sie sich aus dem europäischen Produktangebot durch ihre eleganten Maschinen mit ihren klaren Linien ab, die für Streckenführungen mit verringertem Achsgewicht geeignet waren. Die Kurvenradien wurden kleiner und die Kurven erhöht. Dies alles geschah, weil man niemals den Verbrauch an Brennstoffen aus den Augen verlor, dessentwegen sich Italien erheblich vom Ausland abhängig machte. Es entstand auch eine Eisenbahnindustrie auf hohem Niveau. Auf Ansaldo in Genua folgten Breda und die Officine Mecchaniche (OM) in Mailand, Costruzioni Mecchaniche in Saronno, die Officine Ferroviarie in Neapel und die Officine Reggiane.
In der Zeit von 1885 bis 1905 waren RM und RA und auf den Inseln die Reta Sicula und die Ferrovie Reali Sarde (Königlich Sardische Eisenbahnen) in Betrieb. Positiv wirkten sich die bedeutenden Anstrengungen zur Erhöhung der Leistung der Eisenbahn und um neue Lokomotiven zu bauen aus. Besonders hervorheben muss man die Einführung eines zentralen Systems von hydrodynamischen Apparaten zur Fernsteuerung von Weichen und Signalen, eine Erfindung des genialen Riccardo Bianchi. Noch wichtiger waren die ersten Experimente mit dem elektrischen Antrieb, die es Italien erstmals ermöglichten, den Eisenbahnbetrieb auf Langstrecken mit schwereren Zügen und mit Hochspannungs-Drehstrom aus Oberleitungen angetriebenen Lokomotiven aufzunehmen.
Der Übergang zum Staatsbetrieb wurde 1905 nach einer langen Phase des Streits und der Kontroversen vom Parlament entschieden. Dies wurde als »staatliche Führung nach privatwirtschaftlichen Kriterien« definiert. Im Zentrum stand eine starke Generaldirektion, die in 13 technische und administrative Betriebe aufgeteilt war. Acht Bezirksdirektionen (1912 wurden es 12) waren nach regionalen Gesichtspunkten verteilt. Mit dieser Struktur wurden eine Reihe von Leistungsverbesserungen bei den Linien, den Gebäuden und den Maschinenparks erreicht. Die Neuordnung der Eisenbahn wurde während des Ersten Weltkrieges auf eine harte Probe gestellt: in dreieinhalb Jahren wurden 15 Millionen Mann und 20 Millionen Tonnen Material und Munition mit durchschnittlich 270 Zügen (und Spitzen von 500) pro Tag transportiert. In der Zeit des Faschismus gab es bemerkenswerte Investitionen, um das Schienennetz und das rollende Material zu modernisieren. So wurden die Direktverbindungen Rom-Neapel (1927) und Bologna-Florenz (1934) mit einem rund 18 km langen Scheiteltunnel eingerichtet. Sie stellen noch heute Hauptlinien für die Nord-Süd-Transporte des Landes dar; auch fällt in diese Zeit die Ausweitung der Elektrifizierung und der Bau der schnellen Elektrozüge ETR 200, eine neue und avantgardistische Idee, deren Eigenschaften in den 60er- und 70er-Jahren von den Japanern und Franzosen für den Bau von Hochgeschwindigkeitszügen wieder aufgenommen wurden. 1939, im Jahr, das dem Kriegseintritt Italiens vorausging, hatten die italienischen Eisenbahnen hohe Effizienz erreicht. Der Krieg hat viele Netze zerstört und ihr, wenngleich auch schnell durchgeführter, Wiederaufbau konfrontierte die Eisenbahnen mit der aufkommenden Motorisierung in den 50er-Jahren. Ursprünglich ein schwieriger Zeitabschnitt, endete er mit der Reform der Jahre 1985 bis 1991, die zur Privatisierung und zur Gründung einer Holding (FS SpA) führte, deren Organisation von der Europäischen Wirtschaftsgemeinschaft für alle europäischen Eisenbahnen vorgesehen ist.

VEREINIGTE STAATEN

Nach den glänzenden Anfängen in Großbritannien kamen die großen Neuerungen auf dem Gebiet der Eisenbahn bis 1945 immer aus den Vereinigten Staaten – dem Land der schnellsten und stärksten Lokomotiven, der sichersten und komfortabelsten Züge und der großen technischen Erfindungen. 1832 hauchte ein junger Konstrukteur, John B. Jervis, seiner »Experiment« Leben ein, die als »die wichtigste Erscheinung auf dem Eisenbahnsektor in der amerikanischen Geschichte der Dampflokomotive« bezeichnet wurde. Das Neue an ihr war ein drehbares Lenkgestell, das an einer zentralen Aufhängung unter der Rauchkammer saß und für hohe Kurvenstabilität sorgte. 1837 baute Henry R. Campbell die erste Lokomotive, die ebenfalls über ein Lenkgestell verfügte, dem jedoch zwei miteinander gekuppelte Achsen folgten, statt bis dahin von einer einzelnen Treibachse: der »American Type« war geboren, der in den folgenden Jahren zu Zehntausenden Exemplaren gebaut und in Hunderten Filmen und Abbildungen unsterblich gemacht werden sollte. Mit ihren geräumigen, überdachten Führerständen, den großen Lampen, die die Strecke ausleuchteten, und Schornsteinen mit Funkenfängern, durchquerten diese Maschinen den riesigen amerikanischen Kontinent von New York bis San Francisco. Diese 3000 km lange Strecke wurde von der Central Pacific und der Union Pacific in sieben Jahren errichtet und 1869 fertig gestellt. Seit ihren ersten Betriebsjahren wählten die nordamerikanischen Eisenbahnen Fahrwerke, die sich sowohl für Personen- als auch für Güterwaggons eigneten. Diese Entscheidung setzte sich auch dank der Einführung der automatischen Kupplung durch, die – müßig zu erwähnen – eine aus dem Jahre 1893 stammende amerikanische Konstruktion ist. Diese Einrichtung erlaubte es, Waggons ohne jegliche äußere Einwirkung miteinander zu kuppeln und ersetzte sogar die Puffer. Sie gewährleistete den Rangierarbeitern nicht nur größte Sicherheit, sondern ließ auch fast viermal höhere Zuglasten zu als die händisch bediente Kupplung. Dadurch konnten Züge von 10.000 t gezogen werden, während mit der herkömmlichen Kupplung lediglich 2500 t möglich waren. Dies war der Hauptgrund, weshalb die amerikanischen Eisenbahnen den Vorstoß machten, Züge von einem Gewicht und einer Länge zusammenzustellen, die auf dem europäischen Kontinent undenkbar waren.

Die letzte wichtige amerikanische Erfindung des 19. Jahrhunderts war die Druckluftbremse, die sich George Westinghouse 1868 ausgedacht hatte. »Ohne Unterschied sind alle amerikanischen Eisenbahnen, alle Lokomotiven, alle Tender und alle Waggons mit einer automatischen Bremse ausgestattet, die auf jedes einzelne Rad wirkt ... Die heute am häufigsten verwendete ist jene von Westinghouse, das neueste Modell, das allen anderen an Geschwindigkeit und Wirkungskraft überlegen ist.« Das schrieb 1877 Pietro Dogliotti, ein leitender Ingenieur bei den oberitalienischen Eisenbahnen, nach seiner Rückkehr von einer Reise durch die Vereinigten Staaten. Es dauerte aber noch einige Jahre, bis die Westinghouse-Bremse bei den europäischen Eisenbahnen zur Anwendung kam. Die seit jeher konservativen Engländer verwendeten weiterhin ihre viel weniger wirksame Unterdruckbremse, bis sie 1960 zur Umstellung auf die Druckluftbremse gezwungen wurden.

Der Achsfolge 2'B, die in Amerika so erfolgreich war, wurde in Europa mit Misstrauen begegnet. Man fürchtete, dass die Lokomotive durch das Lenkgestell an Stabilität verlieren würde. Die ersten Versuche reichen in die Mitte der 70er-Jahre zurück. Dann erreichte Europa die Nachricht, dass am 10. März 1983 eine »American«, die 999 der New York & Hudson River-Gesellschaft, vor einen regulären Zug, nämlich den *Empire State Express,* gespannt, eine Geschwindigkeit von 181 km/h erreicht hatte. Es handelte sich hierbei um eine besondere Maschine mit 2180 mm großen Antriebsrädern, großem Kesseldruck und großen Zylindern. In den 90er-Jahren konnte man auch in Europa die optimale Achsanordnung 2'B sehen. Zu dieser Zeit hatte man in den Vereinigten Staaten bereits andere, immer stärkere Modelle für den Personen- und den Güterverkehr eingesetzt.

Die erste »Consolidation« (eine 1D, mit einer vorderen Laufachse und vier Antriebsachsen) ging 1866 in Betrieb, die »Tenwheeler« (»zehn Räder«) mit der Achsanordnung 2'C folgte 1863, während die berühmte »Pacific 2'C1« erstmals 1889 von der Chicago, Milwaukee & St. Paul Railway-Gesellschaft in Dienst gestellt wurde. Sie sollte nach 1920 die Königin der großen europäischen Expresszüge werden.

Zu Beginn des 20. Jahrhunderts erreichte das amerikanische Schienennetz seine größte Ausdehnung: 400.000 km. Es war die Zeit der großen privaten Eisenbahngesell-

Eine 2'B American Type auf einer Holzbrücke während des amerikanischen Bürgerkrieges.

schaften, die zwischen den diametral gegenüberliegenden Küsten des Atlantischen und des Pazifischen Ozeans untereinander in Wettbewerb standen. Die besten Ergebnisse wurden ab 1935 hervorgebracht. Auf der Milwaukee Road von Chicago nach St. Paul begann der *Hiawatha* zu verkehren (sein Name erinnerte an einen berühmten indianischen Krieger), der von einer Lokomotive »Class A« mit der Achsanordnung »Atlantic« (2'B1) gezogen wurde. Sie dürfte 200 km/h erreicht haben. Sie war die erste stromlinienförmige Lokomotive und das beflügelte die Vorstellungskraft der Amerikaner so weit, dass die beiden wichtigsten Gesellschaften, die sich die reiche Kundschaft von der Ostküste teilten – die New York Central und die Pennsylvania – sich an berühmte Designer wandten, um neue Lokomotiven zu entwerfen. Unter den erfolgreichsten Lokomotiven der Central war die unvergleichliche »Class J-3a von 1937«, während die berühmteste der Pennsylvania die »S1-6100« eine Reisegeschwindigkeit von 226 km/h erreichte. Doch die bedeutendste der großen amerikanischen Dampflokomotiven war eine Güterzuglok, die »Big-Boy« der Union Pacific (1941), eine Mallet 2'D+D2 mit einfacher Dampfdehnung. Sie war 40 m lang, wog 541 t und konnte Züge von 4000 t mit 40 km/h über Steigungen von 11‰ schleppen; auf ebenem Gelände erreichte sie mit leichteren Zügen eine Durchschnittsgeschwindigkeit von 120 km/h.
Zwischen 1946 und 1958 verringerte sich die Anzahl der dampfgetriebenen Lokomotiven, die 90% des Verkehrs absicherten, von 37.500 auf 1700 und wurden durch rund 28.000 Dieselmaschinen ersetzt. Auch auf diesem Sektor gehörten die Amerikaner zur Avantgarde, bis in den 30er-Jahren die ersten Schnellzüge mit diesel-elektronischen Motoren und Karosserien aus rostfreiem Stahl der Serie *Zephyr* sowie elektrische oder diesel-elektrische Lokomotiven eingeführt wurden. Diesem Prinzip blieb man treu.
Es war jedoch nicht das Verschwinden des Dampfantriebs, der die große Krise der amerikanischen Eisenbahnen in den frühen 60er-Jahren herbeiführte, sondern die Konkurrenz durch Auto und Flugzeug. Im Gegensatz zu Europa führte die Privatisierung zum Zusammenbruch der wichtigsten Gesellschaften, und wie es in den USA üblich ist, blieben staatliche Eingriffe auf das Notwendigste beschränkt.
Was den elektrischen Antrieb betrifft, kann man sagen, dass die Vereinigten Staaten auch hier zu den Vorreitern gehören, obwohl nur ein kleiner Teil ihrer Linien elektrifiziert ist und sogar heute 1% des gesamten Netzes nicht übersteigt.
Es war die Baltimore & Ohio-Gesellschaft, die 1895 die ersten elektrischen Züge in den Verkehr brachte. Ihr Erfolg war eines der Argumente für die Elektrifizierung, das

die italienischen Befürworter dieser Antriebsart vorbrachten, unter ihnen Riccardo Bianchi. Die erste italienische Elektrolok, die E 420, war nichts anderes als ein Nachbau eines amerikanischen Vorbildes, mit Ausnahme der Dreiphasenstrom-Zufuhr. Als die italienischen Techniker berechneten, dass ein Antrieb mit Drehstrom eine unüberwindliche Begrenzung der benötigten Geschwindigkeit mit sich bringt und die Stromzufuhr über zwei Fahrdrähte kompliziert ist, erinnerten sie sich an die »Bi-Polar« der Chicago, Milwaukee, St. Paul & Pacific-Gesellschaft, die schon 1919 mit 3000 Volt Gleichstrom betrieben wurde. Also bauten sie zwölf 370-kV-Motoren ein, die ebenso viele Achsen antrieben. Dieses Thema lässt sich nicht abschließen, ohne die GG1 der Pennsylvania RR zu erwähnen, die, dank ihrer von Raymond Loewy entworfenen Karosserie, absolut schönste E-Lok.
Heutzutage ist der Passagierverkehr in den USA sehr beschränkt und spielt sich vorwiegend auf den Strecken Boston-New York-Washington-Philadelphia an der Ostküste und San Francisco-Los Angeles an der Westküste ab. Auf der transkontinentalen Verbindung verkehren nur noch wenige Züge für touristische Zwecke. Das immer noch enorm große Schienennetz dient dem Güterverkehr. Der besteht aus äußerst langen und schweren Zügen, auf denen sich die *double stack* (»übereinander liegende«) Container stapeln, die nur dann auf die Reise geschickt werden, wenn dies auch Gewinn verspricht, da die betreibenden Gesellschaften durchwegs privat geblieben sind.

DIE KRISE MITTE DES 20. JAHRHUNDERTS UND DER AKTUELLE WIEDERAUFSCHWUNG

Die Chronik der vergangenen 50 Jahre weist mehr Ereignisse auf als jemals zuvor in der Geschichte. Die Entwicklung des motorisierten Straßenverkehrs und der Luftfahrt, die in den 60er-Jahren in allen Industriestaaten der Erde einsetzte, hat die Umstände des Rücklaufs der Eisenbahn augenscheinlich gemacht: hohe Erhaltungskosten und geringe Effizienz. Mehr als über eine Modernisierung wurde an eine Senkung der Kosten bei nicht ausgelasteten Linien nachgedacht. So wurden allein in den USA rund 100.000 Streckenkilometer geschlossen, was beinahe einem Viertel des gesamten Netzes entspricht.
Dann änderte sich diese Situation jedoch auf Grund einiger neuer Fakten. 1964 wandten die Japaner modernste Technologie an und erfanden den Hochgeschwindigkeitszug, anstatt ein Autobahnnetz aufzubauen. Das ermöglichte Transporte von großen Menschenmassen zwischen den städtischen Ballungsräumen auf hohem Sicherheitsniveau bei Geschwindigkeiten, die jenen des Flugzeugs ähnlich sind. Frankreich folgte diesem Beispiel. Die TGV-Strecken wurden ausgeweitet, und Spanien, Belgien, die Niederlande und – mit Eröffnung des Ärmelkanaltunnels 1994 – auch Großbritannien mit einbezogen. Innerhalb von zehn Jahren verfügte Europa über ein Schienennetz für Hochgeschwindigkeitszüge.
Mit den 70er-Jahren tauchten auch die Probleme der Staus auf Straßen und Autobahnen auf, hinzu kamen der hohe Blutzoll und die Umweltverschmutzung. Die Europäische Union leitete eine Reformpolitik in der Eisenbahnorganisation ein, um die Bahn wettbewerbsfähiger zu machen. Ziel ist, das Gleichgewicht zwischen Schienen- und Straßenverkehr wiederherzustellen, vor allem was den Güterverkehr betrifft. Angestrebt wird auf lange Sicht eine Vereinheitlichung der Sicherheitssysteme, der Antriebsarten und des Verkehrs durch die Anwendung gleicher Standards in allen europäischen Ländern.
Der dritte Punkt, der für die Eisenbahn spricht, ist ihre einzigartige Eignung zur Automatisierung. Heute ist es tatsächlich so, dass die fortschrittlichsten Eisenbahnsysteme zu totalautomatisiert sind. Und zwar zu so einem Grad, dass sie selbstständig Züge steuern und an ein Computersystem angeschlossen sind. Das Zugpersonal hat lediglich die Aufgabe, die korrekte Funktion der Anlagen zu überwachen.
Leistungsstarke Elektronik, wie sie inzwischen in der Antriebstechnik eingesetzt wird, ermöglicht den Bau von Mehrspannungs-Lokomotiven, die in den verschiedensten Netzen, mit all ihren bestehenden Stromzufuhrsystemen, verkehren können.

Die technische Entwicklung der Eisenbahn

DAMPFANTRIEB

Wir haben uns bereits mit der Geschichte der Lokomotive beschäftigt, da sie unmittelbar mit der Entstehung der Eisenbahn einhergeht. Außerdem ist ihre Entwicklung anhand der folgenden, chronologisch geordneten Beschreibungen der einzelnen Lokomotiven nachvollziehbar. Es scheint daher eher angebracht, die prinzipiellen Umstände zu durchleuchten, die ihren Fortschritt ermöglicht haben.

Zuerst steht hier die Schiene. Um die Leistung der Lokomotiven zu steigern, musste man ihr Gewicht steigern: größere Kessel und Feuerbüchsen, eine größere Anzahl von Treibrädern, größere Vorräte an Kohle und Wasser. Aus den ersten, zerbrechlichen Schienen aus Gusseisen der Liverpool-Manchester-Linie (18 kg pro Laufmeter) wurden nach und nach die heutigen Stahlschienen mit 60 kg per Laufmeter.

Dampfmaschine mit einfacher Dampfdehnung

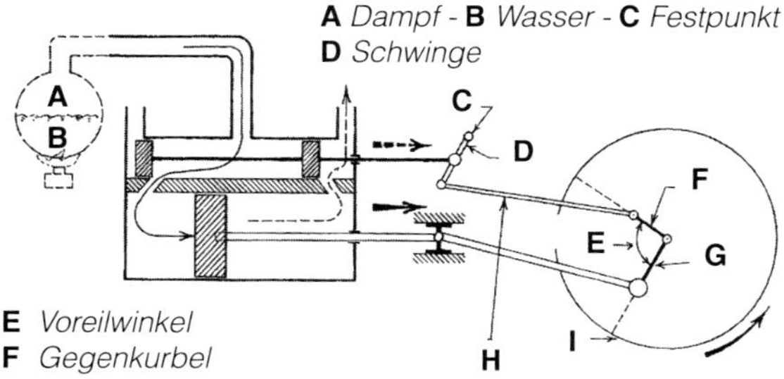

A *Dampf* - **B** *Wasser* - **C** *Festpunkt*
D *Schwinge*
E *Voreilwinkel*
F *Gegenkurbel*
G *Kurbel*
H *Schwingenstange*
I *Treibrad*

Der zweite, äußere Begleitumstand liegt in den Grenzen der Formgebung. Das größte Hindernis im Fahrzeugbau liegt darin, dass die Größe von Lokomotiven und Waggons mit dem lichten Maß von Tunnels und dem seitlichen Abstand zu Hindernissen wie Masten, Brückengeländern usw. vereinbar sein muss. Die Lokomotive wuchs daher in der Höhe, bis sie den langen Schornstein des Originals (»Rocket«) überstieg, in der Breite, bis Feuerbüchse und Kessel das Fahrwerk überragten und schließlich in der Länge, wie es bei der »Big-Boy« von 1941 ersichtlich war, die inklusive Tender mehr als 40 m lang war. So wuchs auch die Wandstärke von Feuerbüchse und Kessel, um einem Dampfdruck von mehr als 20 kg/cm^2 widerstehen zu können, es gab immer mehr Treibräder, um die Haftreibung, vor allem bei Güterzügen, zu erhöhen, und die Passagierwaggons wurden breiter. Dem Problem der Kurvendurchfahrten begegnete man durch verschiedene Erfindungen, wie mittlere Räder ohne Spurkranz, Lenkgestelle und regelrechte eigene »Züge« aus Vorspannlokomotiven, um die immer länger werdenden Waggonketten zu bewältigen.

Zu den wichtigsten technischen Innovationen zählt die Dampfüberhitzung, eine Vorrichtung, welche die Temperatur erhöht und

Verbunddampfmaschine

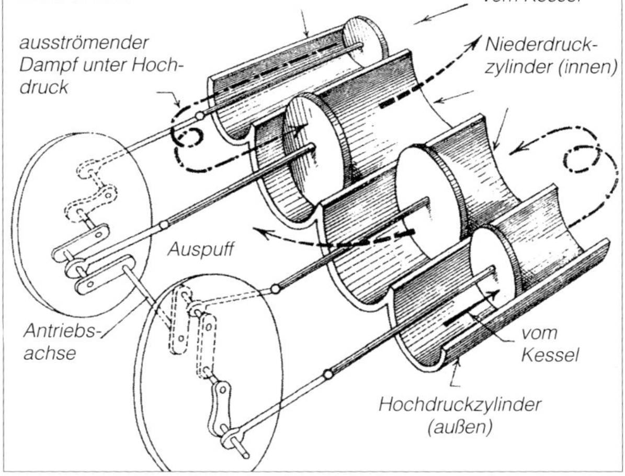

den Feuchtigkeitsanteil im Dampf reduziert. Sie ermöglicht eine Leistungssteigerung bei gleichzeitig verringertem Verbrauch.
Von großer Bedeutung ist auch die doppelte Dampfdehnung (oder Verbundmaschine). Dieses System nutzt die verbleibende Ausdehnungskraft des bereits einmal ausgestoßenen Dampfes, indem es ihn bei weniger Druck in einen zweiten Zylinder leitet. Eine höhere Beständigkeit der Antriebskraft wurde durch die Erhöhung der Zylinderzahl auf vier erreicht. Weitere Einsparungen im Betrieb brachten verschiedene Einrichtungen, die den ausgestoßenen Abdampf zum Vorheizen des Wassers zu nutzen, bevor es in den Kessel geleitet wurde.

DIE ELEKTROTRAKTION

Ende des 19. Jahrhunderts gab es als einzigen Elektroantrieb für Schienenfahrzeuge jenen der Straßenbahn mit einer Spannung von 600 V. Die erste elektrische Bahn, die Menschen beförderte, war jene, die bei der Gewerbeausstellung in Berlin 1879 vorgeführt wurde – mehr oder weniger ein Spielzeug. Um Züge von Hunderten Tonnen über Steigungen von 25‰ zu bewegen, brauchte man weit höhere Spannungen und die wenigen Erfahrungen, die man mit Isolationsmaterial hatte, veranlasste die Techniker, das Fließen höherer Ströme in Motoren für unmöglich zu halten.
Es waren die italienischen Eisenbahnen, die das Zeitalter des Verkehrs schwerer Züge über weite Strecken unter Benützung von Drehstrom mit 3600 V auf der Valtelina-Linie (1902) einleiteten. Die Achsanordnung der Lokomotiven war die gleiche wie bei den Dampflokomotiven mit durch Kuppelstangen verbundenen Treibrädern, die Oberleitung bestand aus zwei Fahrdrähten und die Geschwindigkeiten der ersten Triebwagen waren begrenzt (37 und 70 km/h). Doch die Ergebnisse im Betrieb waren vor allem auf Bergstrecken optimal. Im restlichen Europa, wo man weniger auf den Erwerb von Kohle aus dem Ausland angewiesen war, verfolgten die Techniker andere Lösungen.
Unter den Problemen, die sich aus der Elektrotraktion ergaben, waren die Oberleitungen, der Bau von Transformatoren und die Eigenschaften der Antriebsmotoren. Der Drehstrom- oder Asynchronmotor ist von seinen Eigenschaften wie Verlässlichkeit, Einfachheit und Leichtigkeit auch heute noch der beste.

Bahnstromsysteme der Eisenbahnnetze Europas

750 V Gleichstrom

15.000 V 16 2/3 Hz Wechselstrom

3000 V Gleichstrom

1500 V Gleichstrom

25.000 V Wechselstrom

Nicht elektrifiziert

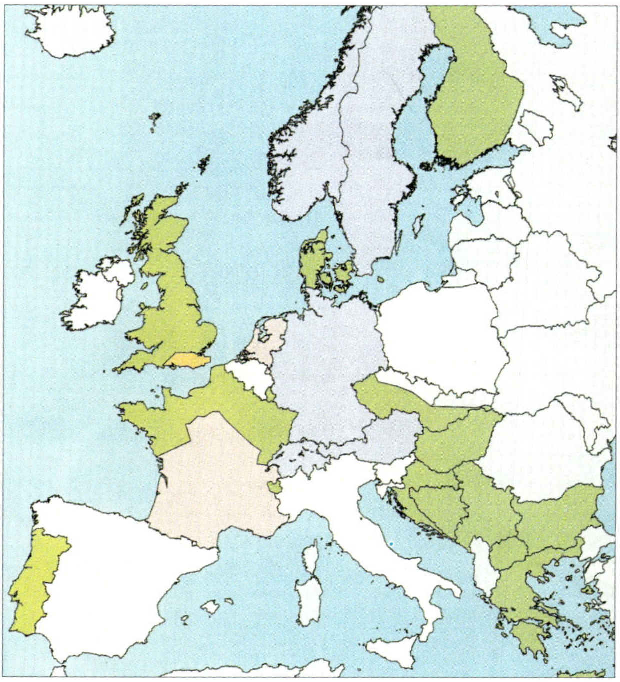

Aber das dreiphasige Bahnstromsystem brauchte zwei Fahrdrähte. Dies war kostspielig, kompliziert bei Abzweigungen, und die durch die Frequenz vorgegebenen Geschwindigkeiten setzen den Anwendungsmöglichkeiten und der Reisegeschwindigkeit beträchtliche Grenzen. In Deutschland, Österreich und der Schweiz zog man es vor abzuwarten, was sich aus dieser Technologie entwickeln würde und entschied sich dann für den Einsatz von einphasigem Wechselstrom mit 15.000 V. Dies vor allem deshalb, weil dabei der Durchmesser des Fahrdrahts sich umgekehrt proportional zur Spannung verhält, wodurch der ganze Oberleitungsapparat leichter und wirtschaftlicher ausfällt.
1928 bewegte die Herstellung neuer Quecksilberdampf-Gleichrichter die FS dazu, sich für die Elektrifizierung neuer Linien mit Gleichstrom von 3000 V zu entscheiden. Dieses System verbreitete sich stark in Italien, bis es durch den Drehstromantrieb ersetzt wurde.
Frankreich hatte seinerseits seine Bahnlinien mit Gleichstrom von 1500 V ausgestattet. Nach dem Krieg wurde die Bahn neu elektrifiziert und es erfolgte die Umstellung auf einphasigen Wechselstrom von 25.000 V Spannung (Starkstrom). Dieses System erwies sich bald als bestens geeignet, da es auf allen neuerrichteten Strecken auf der ganzen Welt eingesetzt werden kann.
Wie bereits angeführt, hat die Entwicklung der Leistungselektronik zur Konstruktion von Universallokomotiven geführt, was der Verwendung des GTO-Inverters zu verdanken ist, der von Asynchronmotoren angetrieben wird, die man wegen ihrer Leichtigkeit und Verlässlichkeit schätzt.

DIESELANTRIEB

Den von Rudolf Diesel 1897 erfundenen Motor konnte man wegen seines enormen Gewichts nicht von Anbeginn an für die Eisenbahn gebrauchen. Das Triebwerk war zu schwer und die Übertragung der Motorkraft auf die Treibräder gestaltete sich schwierig. Bis 1924 gelang es nicht, Dieselmotoren zu bauen, die weniger wogen als 45 kg pro erzeugter Pferdestärke. Erst in den 30er-Jahren sank das Gewicht auf 10 kg/PS und machte eine Verwendung für die Eisenbahn möglich.
Die ersten erfolgreichen Einsätze erfolgten 1934 in Triebwagenzügen wie dem deutschen *Fliegenden Hamburger* und dem amerikanischen *Burlington Zephyr,* in denen die Dieselaggregate als Generatoren für die Antriebs-Elektromotoren fungierten. Die leichte Bauweise der Triebwagen-Karosserien erlaubte gute Leistungen und hohe Geschwindigkeiten (180/160 km/h). Für weniger bedeutende Triebwagen erbrachte auch die mechanische Kraftübertragung (ähnlicher jener von Autos), manchmal sogar mit hydraulischer Kupplung, gute Resultate.
Viel schwieriger gestaltete sich die Konstruktion der schwereren Lokomotiven, da hier sehr hohe Leistungen ins Spiel kamen und eine mechanische Kraftübertragung nicht möglich war. In den Vereinigten Staaten schlug man den Weg des (diesel-)elektrischen Antriebs ein. Das Dieselaggregat war mit einem Hauptgenerator gekoppelt, der den Gleichstrom für die Antriebsmotoren lieferte. Diese Lokomotiven waren so schwer, dass sie zur damaligen Zeit nur für amerikanische Schienen geeignet waren, weil diese dem hohen Achsgewicht (35 t) standhielten.
Die deutschen Eisenbahnen hatten hingegen eine andere Lösungsmöglichkeit gewählt: hydraulische Kraftübertragung, womit sie anfangs auch gute Ergebnisse erzielten. Nachdem sich die italienischen Eisenbahnen dazu durchgerungen hatten, ihre Nebenlinien von Dampf- auf Dieselantrieb umzustellen, experimentierten auch sie mit beiden Kraftübertragungen. Später entschieden sie sich für die elektrische Variante. Der Einsatz immer leichterer und stärkerer Motoren und die Einführung der Leistungselektronik bei den elektrischen Bauteilen führte zur Herstellung von starken, schnellen und leichteren Lokomotiven. Eine bessere Umsetzung muss man aber ohne weiteres den amerikanischen Eisenbahnen zugestehen, die dazu übergingen, in Modulbauweise zu arbeiten. Eine mit einem Führerstand ausgestattete Lokomotive, an die weitere Triebwagenelemente angekuppelt werden, bis die gewünschte Leistung erreicht ist.

EINTEILUNG DER DAMPFLOKOMOTIVEN

Die Einteilung in Klassen nach Zahl und Anordnung der Achsen ermöglicht es, ein bestimmtes Lokomotivenmodell anhand der Räder zu bestimmen: vordere Laufachsen (kleine Räder) + Treibachsen (große Räder) + hintere Laufachse (kleine Räder). Die italienische **(I)**, *französische* **(F)** *und deutsche* **(D)** *Einteilung erfolgen nach der Gruppierung der vorderen Laufachsen, Treibachsen und hinteren Laufachsen. Beispiel: Die Lokomotive Gr. 691 FS hat 2 vordere Laufachsen, 3 Treibachsen und eine hintere Laufachse. In Italien und Frankreich wird sie daher als 231 klassifiziert. In Deutschland, wo die Anzahl der Treibachsen durch den entsprechenden alphabetischen Buchstaben angezeigt wird, ist sie eine 2C1. In Großbritannien* **(GB)** *und in den* **USA** *werden hingegen die Räder gezählt. Die Gr. 691 wird demnach zu einer 462. Die nebenstehende Tabelle veranschaulicht die verschiedenen Einteilungen.*

ACHSANORDNUNG	EINTEILUNG I – F	EINTEILUNG D*	AMERIKANISCHE BEZEICHNUNG GB-USA	
Oo	011	A1	0.2.2	
oO	110	1A	2.2.0	
oOo	111	1A1	2.2.2	
ooOO	220	2B	4.4.0	American**
ooOOo	221	2B1	4.4.2	Atlantic**
ooOOoo	222	2B2	4.4.4	Reading
OOO	030	C	0.6.0	
oOOO	130	1C	2.6.0	Mogul**
oOOOo	131	1C1	2.6.2	Prairie**
oOOOoo	132	1C2	2.6.4	Adriatic
ooOOO	230	2C	4.6.0	Tenwheeler**
ooOOOo	231	2C1	4.6.2	Pacific**
ooOOOoo	232	2C2	4.6.4	Baltic** oder Hudson
OOOO	040	D	0.8.0	Switcher
oOOOO	140	1D	2.8.0	Consolidation**
oOOOOo	141	1D1	2.8.2	Mikado**
oOOOOoo	142	1D2	2.8.4	Berkshire
ooOOOO	240	2D	4.8.0	Mastodon oder Twelvewheeler
ooOOOOo	241	2D1	4.8.2	Mountain**
ooOOOOoo	242	2D2	4.8.4	Niagara oder Northern
OOOOO	050	E	0.10.0	
oOOOOO	150	1E	2.10.0	Decapod**
oOOOOOo	151	1E1	2.10.2	Santa Fe**
oOOOOOoo	152	1E2	2.10.4	Texas
ooOOOOOo	251	2E1	4.10.2	Overland
oOOOOOO	160	1F	2.12.0	Centipede
ooOOOOOOo	261	2F1	4.12.2	Union Pacific
OOO+OOO	030+030	CC	0.6.6.0	Erie
ooOOO+OOOo	230+031	2CC1	4.6.6.2	Cabforward
ooOOO+OOOoo	230+032	2CC2	4.6.6.4	Challenger
oOOOO+OOOOoo	140+042	1DD2	2.8.8.4	Yellowstone
ooOOOO+OOOOoo	240+042	2DD2	4.8.8.4	Big-Boy

* *In der deutschen Einteilung gibt es noch weitere Symbole, die das Vorhandensein von Laufgestellen, die Dampfart, die Zylinderzahl und Art der Maschine angeben: ' zeigt die Laufachsen an, die Teil eines Lenkgestells bilden (zwei Achsen mit zentraler Aufhängung oder eine einzelne Achse wie beim Zara- oder Bisselgestell) bzw. bei Treibrädern, dass sie nicht gekuppelt sind;* ***h*** (Heißdampf) *gibt an, dass der Dampf vorgeheizt ist;* ***n*** *zeigt gesättigten Dampf an; den Angaben über die Dampfart folgt eine arabische Ziffer, welche die Zylinderzahl anzeigt;* ***v*** (Verbund) *bezeichnet eine Lokomotive mit doppelter Dampfdehnung;* ***t*** *steht für Tenderlok. Beispiel: 2'C'h4v bedeutet eine Achsanordnung von 2 Laufachsen in einem Lenkgestell, 3 nicht gekuppelte Treibachsen, Heißdampf und 4 Zylinder in einer Verbundmaschine.*

** *Diese Bezeichnungen sind auch in Europa gebräuchlich.*

EINTEILUNG DER ELEKTRO- UND DIESELLOKOMOTIVEN

Die deutsche Einteilung der Dampflokomotiven wird grundsätzlich in allen Ländern auch für Elektro- und Dieselloks verwendet. Ein »o« wird beigefügt, um Treibachsen anzuzeigen, wenn es sich dabei um von einem eigenen Motor angetriebene Achsen handelt (Einzelachsantrieb). Beispiel: Die Abkürzung 1BB1 bezeichnet eine Lokomotive mit einer vorderen Laufachse, vier Treibachsen, die entweder durch Pleuelstangen oder ein Getriebe zu Zweiergruppen gekuppelt sind und eine hintere Laufachse. Die Achsfolge 1BoBo1 bedeutet hingegen eine Lok mit einer vorderen Laufachse, zwei getrennten Drehgestellen mit eigenen Motoren für jede Achse und eine hintere Laufachse.

SPURWEITEN DER GLEISE

MM	GEBRÄUCHLICH IN DEN LÄNDERN	MM	GEBRÄUCHLICH IN DEN LÄNDERN
2134	die alte GWR (Großbritannien)	914	Kolumbien, Kuba, die östlichen Vereinigten Staaten, Großbritannien, Mexiko, Peru, San Salvador
1829[1]	Moskau-St. Petersburg, Erie-Linien (Vereinigte Staaten)	900	Österreich, Deutschland, Portugal
1676[2]	Indien, Sri Lanka, Argentinien, Chile	891	Schweden
1672[3]	Spanien, Portugal	826	Großbritannien
1600	Brasilien, Irland, Australien	800	Schweiz, Schweden
1524[4]	Russland, Rumänien, China, Finnland	785	Finnland, Deutschland
1435[5]	Europa, Vereinigte Staaten, Uruguay, Peru, Afrika	762[8]	Großbritannien, Brasilien, Kapprovinz, Sri Lanka, Zypern, Japan, Mexiko, Nigeria
1300	Brasilien	760	Österreich, Bulgarien, Jugoslawien, Polen
1270	Chile	750	Algerien, Argentinien, Estland, Ungarn, Lettland, Norwegen, Polen, Schweiz, Tansania
1190	Ostindien	724	Großbritannien
1118	Spanien	711	Großbritannien
1090	Schweden	700	Luxemburg
1067[6]	Afrika, Chile, Kolumbien, Australien, Ungarn, Japan, Norwegen, Neuseeland, Sudan, Venezuela, Tasmanien, Russland	686	Großbritannien
1050	Palästina, Algerien	610[9]	Indien, Japan, Vereinigte Staaten, Tasmanien, Südafrika, Venezuela
1000[7]	Europa (ausgenommen Großbritannien), Südafrika, Mexiko, Peru, Senegal, Uganda, Venezuela	600	Großbritannien, Marokko, Frankreich
950	Italien		

[1] 6 Fuß. [2] 5½ Fuß. [3] 6 Kastilische Fuß. [4] 5 Fuß. [5] Normalspurweite. [6] 3½ Fuß. [7] Spurweite 1 m. [8] 2 Fuß 6 Zoll. [9] 2 Fuß.

Die Spurweite von 1435 mm wird auch Normalspurweite genannt und ist die am weitesten verbreitete auf der Welt. Aber viele Länder wenden sie nicht an, sei es aus finanziellen (Schmalspuren sind weniger kostspielig) oder kulturellen Gründen (um nationale Maße anzuwenden, wie zum Beispiel den kastilischen Fuß). Spurweiten, welche die Normalspurweite über- oder unterschreiten werden »Schmalspur« oder »Breitspur« genannt.

Hinweise zur Anwendung dieses Nachschlagewerkes

VISITENKARTEN Die Hintergrundfarben der Visitenkarten beziehen sich auf die unten genannten vier Kategorien. Die Karten selbst geben einen kurzen Überblick über die wesentlichsten Daten wie Herkunft, Baujahr, Lokomotiventyp (Güterzuglokomotiven, Personenzuglokomotiven) und Antrieb. Weiters wird angegeben, wie viele Exemplare gebaut und wie viele Versionen hergestellt wurden.

Dampflokomotiven	Elektrolokomotiven	Diesellokomotiven	Legendäre Züge

Nach einer kurzen Einführung ist der Text in drei Absätze gegliedert:

EIGENSCHAFTEN Die wichtigsten technischen Daten, von der Achsfolge bis zur Spurweite und vom Gewicht bis zur Höchstgeschwindigkeit, sind hier aufgelistet.

GESCHICHTE Die geschichtlichen Zusammenhänge werden durchleuchtet, die zur Planung und zum Bau der jeweiligen Lokomotive geführt haben.

TECHNIK Hier wird ausführlich auf die technischen Inhalte eingegangen und auf die Vorteile, Fähigkeiten und eventuelle Innovationen der Lok verwiesen.

Anmerkung zur Walschaert-Steuerung: Diese Steuerung wurde 1844 vom Belgier Walschaert und davon unabhängig vom Deutschen Edmund Heusinger von Waldegg entwickelt. In vorliegendem Buch wird diese Steuerung, die im deutschen Sprachraum meist Heusinger-Steuerung genannt wird, daher als Walschaert-Steuerung bezeichnet.

Dampflokomotive von Trevithick

Visitenkarte

Herkunft
Großbritannien

Baujahr
1803

Typ
Prototyp

Antrieb
einfache Dampfdehnung

Diese Lokomotive stammt aus den ersten Jahren des 19. Jahrhunderts und gilt als die erste in der Geschichte der Eisenbahn. Sie hatte noch einen stark experimentellen Charakter und wurde durch einen Mann gesteuert, der hinter ihr herlief.

EIGENSCHAFTEN Achsfolge: A. **Zylinder:** ein innen liegender 210 x 1372 mm. **Maximaler Kesseldruck:** 2,8 kg/cm². **Treibraddurchmesser:** 1092 mm. **Geschwindigkeit:** 4 km/h. **Gewicht:** 5,1 t. **Adhäsionsgewicht:** 5,1 t.

GESCHICHTE In den Anfängen des Eisenbahn-Transportwesens dachte man, man müsse die Antriebsarten jeweils entsprechend den Eigenschaften einer Strecke wählen: Pferde für die ebenen Teile, ortsfeste Maschinen, um die Wagen über Steigungen emporzuziehen, bergab machte man sich einfach die Schwerkraft zunutze und setzte Bremsen ein. Der Dampflokomotive schlug jedoch Misstrauen entgegen und man befürchtete vor allem Kesselexplosionen. Daher wurde sie als Zugmaschine für Personenzüge abgelehnt.

TECHNIK In Wales, der Wiege der industriellen Revolution, bestand für die Eisenhütten die Notwendigkeit, schwere Lasten zu transportieren. Schienen erwiesen sich bald als besonders wirtschaftliche Lösung für dieses Problem, ihre Verwendung beschränkte sich jedoch auf den Betrieb mit Zugtieren. Der Eigentümer der berühmten Eisenwerke von Pen-y-Darren, Samuel Homfray, stellte seinen Freund Richard Trevithick (1771–1833) vor eine Herausforderung: er sollte eine Maschine bauen, die 10 t Eisen transportieren kann. So verwirklichte Trevithick die erste Dampflokomotive, indem er einen Kessel auf einen Karren montierte und ihn mit einem innen liegenden Zylinder ausstattete, vergleichbar mit jenen der Dampfpumpen in den Bergwerken. Der Kolben des Zylinders trieb ein schweres, außen liegendes Schwungrad an, das die Bewegung über den toten Punkt hinaus aufrechterhielt und über ein Zahnradgetriebe die Antriebsräder bewegte. Am 21. Februar 1804 zog die Lokomotive nicht nur die 10 t Eisen, sondern auch 60 Personen, die auf die Waggons geklettert waren, um die erste Eisenbahnfahrt zu absolvieren. Die 16 km lange Strecke wurde in 4 Stunden und 5 Minuten zurückgelegt und Trevithick gewann die Wette. Als geniale, aber sehr entrückte Persönlichkeit interessierte sich Richard Trevithick für alle Neuerungen seiner Zeit, ohne auf deren geschäftliche Nutzung Wert zu legen. Nachdem er die erste Lokomotive konstruiert und einige Nachbauten fertig gestellt hatte, verlor er bald das Interesse daran. Ein Exemplar endete als Attraktion in London.

Puffing Billy

Im Großbritannien des beginnenden 19. Jahrhunderts gab es bereits zahlreiche experimentelle Lokomotiven. William Hedley zeigte mit seiner Puffing Billy die Möglichkeiten der Dampflokomotive auf, die durch einfache Reibung zwischen Schiene und Rad Zugkraft erzeugt. Er bereitete so die Zukunft der Eisenbahn vor.

EIGENSCHAFTEN Achsfolge: A. **Zylinder:** zwei außen liegende 229 x 914 mm. **Maximaler Kesseldruck:** 3,3 kg/cm^2. **Treibraddurchmesser:** 991 mm. **Geschwindigkeit:** etwa 12 km/h.

GESCHICHTE Die ersten Ingenieure, die auf die Idee kamen, Dampfmaschinen mit einem Fahrzeug zu verbinden, dachten, dass die Antriebsräder durchdrehen würden, wenn man einen Zug an die Lokomotive hängt. Daher wurden einige der ersten Maschinen mit Zahnrädern ausgestattet, die in Zahnstangen entlang der Schienen griffen. Rein technisch ausgedrückt, hatten sie Recht: Bewegt sich eine Lokomotive auf glatten Schienen, kann sie einen Zug, der das Gewicht des Zugfahrzeugs übersteigt, nicht ziehen. Doch die Wirklichkeit sieht anders aus: Das Rad erzeugt Reibung auf der Schiene, indem die Berührungsflächen vergrößert werden. Außerdem greifen die Metallpartikel von Rädern und Schienen ineinander, wie die Zahnräder eines Getriebes.

TECHNIK Die Experimente, die Hedley mit seiner Puffing Billy im Bergwerk von Wylam nahe Newcastle unternahm, bewiesen, dass die bei den ersten Lokomotiven verwendeten Zahnstangen unnotwendig waren, die so genannte »einfache Reibung« reichte aus, um einen Zug zu ziehen – natürlich nur innerhalb gewisser Gewichtsgrenzen und abhängig von der Beschaffenheit der Eisenbahnstrecke (auf einigen Gebirgsstrecken wurden Zahnstangen trotzdem benötigt). Diese Lokomotive zeigte darüber hinaus die Vorteile auf, die eine Ableitung des Abdampfes durch den Schornstein bringt. Dies erhöht nämlich den Durchzug in der Feuerbüchse und somit auch die Leistung der Befeuerung. Hedleys Lokomotive wurde tatsächlich nach ihrem Auspuffgeräusch benannt: mit jeder Kolbenbewegung stieß sie unter Schnauben einen Schwall Dampf und Rauch aus. Auf der anderen Seite ging man von anderen technischen Eigenschaften dieser Maschine bald wieder ab: die senkrechten Zylinder, die Übertragung der Bewegung mittels Kipphebeln und die Kraftübertragung über Zahnräder, die sich alle zusammen als zu schwach erwiesen.

Visitenkarte

Herkunft
Großbritannien

Baujahr
1813

Typ
Güterzuglokomotive

Antrieb
einfache Dampfdehnung

Die Puffing Billy auf einem Foto von 1862, kurz bevor sie außer Dienst gestellt wurde. Auf der gegenüberliegenden Seite eine Abbildung der Lokomotive von Trevithick.

Locomotion

Visitenkarte

Herkunft
Großbritannien

Baujahr
1825

Typ
Personen- und Güterzuglokomotive

Antrieb
einfache Dampfdehnung

Die Locomotion bei den Feierlichkeiten zum 100-jährigen Bestehen der Linie Stockton-Darlington.

Hierbei handelt es sich um die erste Lokomotive, die von der eben erst gegründeten Werkstatt Robert Stephenson & Co gebaut wurde. Sie konnte als erste der Welt den Beweis antreten, dass man einen eigenen, regelmäßig verkehrenden öffentlichen Liniendienst auf Basis einer kommerziell geführten Eisenbahn betreiben kann – die 1825 in England eröffnete Strecke von Stockton nach Darlington.

EIGENSCHAFTEN Achsfolge: A. **Spurweite:** 1435 mm. **Zylinder:** zwei außen liegende 241 x 610 mm. **Maximaler Kesseldruck:** 1,76 kg/cm². **Treibraddurchmesser:** 1219 mm. **Geschwindigkeit:** 6 km/h. **Gewicht** (ohne Tender): 6,5 t. **Adhäsionsgewicht:** 6,5 t.

GESCHICHTE Am Tag der Eröffnung der Stockton-Darlington-Linie befand sich im Konvoi der Kohlenwagen auch ein Reisewaggon, der für alle bereitstand, die mutig genug waren, um an dem Experiment teilzuhaben. Viele waren jedoch überzeugt, dass die Locomotion mit einem gewaltigen Feuerwerk explodieren würde. Stephenson war daher der Lokomotivführer und gleichzeitig der einzige Passagier. Als sich der Zug in Bewegung setzte, waren die Zuschauer verblüfft. Alle applaudierten und die Menge stürmte trotz der eleganten Kleidung auf die Kohlenwaggons los, nahm auf der Ladung Platz und ließ sich kilometerweit transportieren. Mit diesem Triumph Stephensons hielt die industrielle Revolution auch im Transportwesen Einzug.

TECHNIK Kurioserweise war die Locomotion eine Lokomotive, deren Bauweise sich 1825 bereits ziemlich veraltet darstellte. Vier Jahre zuvor hatte Stephenson mit der Rocket, mit ihren direkt mit den Treibrädern verbundenen Zylindern, das Zeitalter der modernen Lokomotive eingeläutet. Die Locomotion hingegen verfügte noch über vertikale Zylinder (ein den stationären Dampfmaschinen in den Fabriken analoges System), die im Kessel angebracht, ihre Bewegung über Kipphebel auf die Treibräder übertrugen. Die Steuerung war etwas unbequem: Die hintere Plattform war zu diesem Zeitpunkt nämlich noch nicht erfunden. Stephenson steuerte die Maschine, indem er an einer Seite des Kessels stand. Dabei versperrten ihm die Steuerhebel die Sicht und ein Bretterverschlag schützte ihn teilweise vor dem ausströmenden Dampf. Der Kessel war noch nicht röhrenförmig angelegt, obwohl Stephenson bereits diesbezüglich Überlegungen angestellt hatte. Der Kessel der Locomotion bestand damals vielmehr aus einem großen »Fass«, in dem einfach ein großes Rohr verlegt war, durch welches das heiße Gas aus dem Heizraum strömte.

Novelty

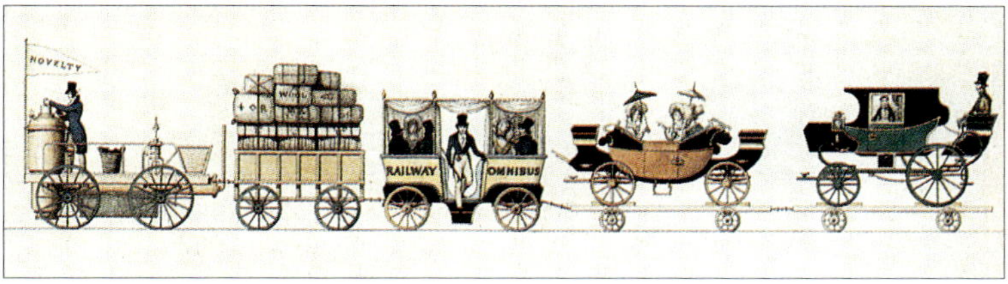

Das Rennen von Rainhill, das 1829 ausgetragen wurde, um die Lokomotive für den zukünftigen Betrieb auf der Strecke Liverpool-Manchester zu ermitteln, wurde zur eigentlichen Geburtsstunde der modernen Dampflokomotive, deren Grundstein die Rocket von Stephenson war. Unter den Teilnehmern hatte auch die Novelty gute Chancen auf einen Sieg.

EIGENSCHAFTEN Achsfolge: A. **Spurweite:** 1435 mm. **Zylinder:** zwei vertikale 152 x 305 mm. **Treibraddurchmesser:** 1270 mm. **Geschwindigkeit:** 64 km/h. **Gewicht:** 3,1 t. **Adhäsionsgewicht:** 3,1 t.

GESCHICHTE Beim Rennen von Rainhill musste ein Zug (ca. 18 t), der drei Mal so schwer wie die Lokomotive, über 70 Meilen (112 km) bei 10 Meilen pro Stunde (16 km/h) gezogen werden. Fünf Lokomotiven nahmen daran teil: die Perseverance, die Cyclopède, die Novelty, die Sans Pareil und die Rocket.

TECHNIK Die von den Ingenieuren Braithwaite und Ericsson gebaute Novelty stand im Kontrast zum damaligen Zeitgeist, der nach massiven, schweren Maschinen verlangte. Sie hatte einen T-förmigen Kessel. Im waagrechten Teil lag eine lange Schlange, durch die das Verbrennungsgas strömte, während der vorne gelegene senkrechte Teil die Feuerbüchse enthielt, die von oben zu befüllen war. Der Schornstein saß hinten. Die zwei senkrechten Zylinder übertrugen ihre Kraft über eine Anzahl von Stangen und Hebeln, die sich als sehr schwach erwiesen. Dank ihrer Leichtigkeit erreichte sie eine Geschwindigkeit von 64 km/h – im Gegensatz zu den 47,5 der Rocket. Sie wurde jedoch mit Strafpunkten belegt, da sie durch eine Reihe von mechanischen Unzulänglichkeiten zum Anhalten gezwungen wurde. Sie gilt als erste Tenderlok, da auf ihrem Fahrgestell ein Wassertank und Kohlenbehälter untergebracht waren.

Visitenkarte

Herkunft
Großbritannien

Baujahr
1829

Typ
Prototyp

Antrieb
einfache Dampfdehnung

Oben: Fantasieabbildung der Novelty.
Links: Eine Rekonstruktion, die im Science Museum in London zu sehen ist.

Rocket

Visitenkarte

Herkunft
Großbritannien

Baujahr
1829

Typ
Prototyp

Antrieb
einfache Dampfdehnung

Sie war nicht die erste Lokomotive der Geschichte, stellte jedoch wie keine andere die erste wirklich moderne dar. Ihre Grundstruktur findet sich in allen Lokomotiven wieder, die später gebaut wurden. Ihre Berühmtheit rührt unter anderem auch daher, dass sie mit 56 km/h den ersten Geschwindigkeitsweltrekord erzielte.

EIGENSCHAFTEN Achsfolge: A1. **Spurweite:** 1435 mm. **Zylinder:** zwei außen liegende 203 x 432 mm. **Maximaler Kesseldruck:** 3,5 kg/cm^2. **Länge** (mit Tender): 6560 mm. **Treibraddurchmesser:** 1435 mm. **Geschwindigkeit:** 47 km/h. **Gewicht** (ohne Tender): 4,3 t. **Adhäsionsgewicht:** 2,5 t.

GESCHICHTE Die moderne Eisenbahn entsprang einem Rennen. Um die Tauglichkeit der angebotenen Möglichkeiten des mechanischen Antriebs zu bewerten, veranstalteten die Verantwortlichen, die sich mit der Verwirklichung der Linie zwischen Liverpool und Manchester befassten, in Rainhill einen Wettbewerb für Lokomotiven, die folgenden Kriterien entsprechen mussten: ein Gewicht von weniger als 6 t; eine Länge von unter 4,57 m; gefederte Aufhängung; Antrieb nur durch Dampfkraft; ein Zuggewicht, das dreimal so hoch ist wie das der Maschine (maximal 18 t); eine Geschwindigkeit von mindestens 10 Meilen pro Stunde (16 km/h); eine zurückzulegende Strecke von 70 Meilen (112 km) in mehreren Durchläufen; Kosten von weniger als 550 Pfund Sterling.

TECHNIK Stephensons Rocket, die Siegermaschine von Rainhill, war von Grund auf anders als die anderen Lokomotiven. Darüber hinaus hatte sie alle Eigenschaften der zukünftigen Loks: ein Rohrkessel mit 25 Heizrohren, die eine größere Dampfentwicklung erzeugten. Feuerbüchse und Rost waren vom Kessel getrennt und hinter diesem angebracht; die Zylinderkolben trieben die Treibräder über Kurbelstangen direkt an. Sie waren schräg gestellt, um der Federung Platz zu machen; der Abdampf wurde durch einen Schornstein ausgestoßen, was für besseren Durchzug und schnelleren Kreislauf des heißen Gases im Kessel sorgte. Weitere Merkmale waren: Schieberkästen, die über exzentrisch angeordnete Stangen von der Treibachse gesteuert wurden; eine Pumpe zur Wasserversorgung; große Treibräder. Die Einrichtungen zur Verdampfung, Dampfverteilung und Auspuff, die auf den von Stephenson für die Rocket erfundenen Prinzipien basieren, wurden verschiedentlich verbessert und etwa ein Jahrhundert lang in allen Dampflokomotiven angewandt.

Ein Nachbau der Rocket.

Best Friend of Charleston

Visitenkarte

Herkunft
USA

Baujahr
1830

Typ
Güterzuglokomotive

Antrieb
einfache Dampfdehnung

gebaute Exemplare
1

hergestellte Versionen
1

Oben: Ein Nachbau der Best Friend of Charleston.

Diese sonderbare Lokomotive stammt aus den Anfangstagen der Eisenbahn. Sie wurde 1930 von der West Point Foundry in New York gebaut. Kennzeichnend sind der senkrechte Kessel und die schrägen Zylinder.

EIGENSCHAFTEN Achsfolge: B. **Spurweite:** 1435 mm. **Zylinder:** zwei außen liegende 152 x 406 mm. **Maximaler Kesseldruck:** 3,5 kg/cm^2. **Länge** (mit Tender): 4500 mm. **Treibraddurchmesser:** 1371 mm. **Geschwindigkeit:** 40 km/h. **Gewicht** (ohne Tender): 4 t. **Adhäsionsgewicht:** 4 t. **Fassungsvermögen Wasser:** 0,64 m^3.

GESCHICHTE Sie wurde im Auftrag der South Carolina & Hamburg RR gebaut, die neben der Baltimore Ohio RR eines der ersten amerikanischen Schienennetze betrieb. Die Best Friend of Charleston war die erste von 170.000 Lokomotiven, die von der amerikanischen Eisenbahnindustrie im Dampfzeitalter gebaut wurden (78.000 allein von der American Locomotive Company und 59.000 von Baldwin). Generell handelte es sich um eine gute Maschine. Die großen Räder verliehen ihr besondere Stabilität, Laufruhe und eine recht gute Spitzengeschwindigkeit. Aus mechanischer Sicht war sie präzise gebaut und konnte ohne Schwierigkeiten Züge von vier bis sechs Waggons mit 30 bis 40 km/h ziehen. Der Best Friend of Charleston ist auch einer der ersten Eisenbahnunfälle zuzuschreiben: Ihr Heizer starb nämlich an den Folgen einer Kesselexplosion, die er selbst durch das Verschließen des Sicherheitsventils verursacht hatte.

TECHNIK Die vom Ingenieur E. L. Miller entworfene Lokomotive besaß einen senkrechten Kessel, einen im Rahmen integrierten Wassertank, vier Treibräder und zwei schräg stehende, vorne angebrachte Zylinder. Zu dieser Zeit bevorzugten viele Ingenieure senkrechte Kessel, um die Strömung des erhitzten Gases über die Röhren zu begünstigen und einen besseren Abzug zu gewährleisten, da, wie bei den Schornsteinen von Häusern oder Fabriken, heißes Gas von selbst nach oben steigt. Aus technischer Sicht ist diese Anordnung jedoch ungünstig für das Erreichen höherer Geschwindigkeiten und außerdem schwer in die Form der Eisenbahn zu integrieren. Der senkrechte Kessel wurde daher bald abgeschafft, außer bei kleinen Rangierlokomotiven, bei denen sich dieser Aufbau noch eine Zeit lang einer gewissen Beliebtheit erfreute.

Northumbrian

Visitenkarte

Herkunft
Großbritannien

Baujahr
1830

Typ
Personen- und Güterzuglokomotive

Antrieb
einfache Dampfdehnung

gebaute Exemplare
4

hergestellte Versionen
1

Ein Jahr nach ihrem Triumph in Rainhill hatte die Rocket schon bemerkenswerte Fortschritte gemacht. Die Northumbrian stellte ihre schwerere Version vor und zeugte vom Innovationsgeist George und Robert Stephensons.

EIGENSCHAFTEN Achsfolge: A1. **Spurweite:** 1435 mm. **Zylinder:** zwei außen liegende 280 x 406 mm. **Maximaler Kesseldruck:** 3,5 kg/cm^2. **Länge** (mit Tender): 7300 mm. **Treibraddurchmesser:** 1321 mm. **Geschwindigkeit:** 40 km/h. **Gewicht** (mit Tender): 11,5 t. **Adhäsionsgewicht:** 3 t. **Fassungsvermögen Wasser:** 1,5 m^3. **Fassungsvermögen Kohle:** 1 t.

GESCHICHTE Nach dem Rennen von Rainhill kaufte die Liverpool & Manchester-Eisenbahn außer sieben weiteren Lokomotiven vom Typ Rocket noch vier weitere, die in ihrer Klasse als historisch wichtig zu betrachten sind: Northumbrian, Phoenix, North Star und Majestic. Bei diesen Lokomotiven handelte es sich in Wahrheit um eine andere Baureihe als bei der Rocket und sie übertrafen die für den Rainhill-Bewerb vorgeschriebenen Gewichts- und Leistungsbeschränkungen. Diese Entwicklung hatte mit dem gewinnversprechenden kommerziellen Betrieb zu tun, der sich bereits vor Eröffnung der Linie abzeichnete. Die Northumbrian war zusammen mit der Rocket am unglückseligen Eröffnungstag der Liverpool-Manchester-Linie im Einsatz, der das erste Opfer eines Eisenbahnunfalls der Geschichte fordern sollte. Die (von Stephenson gesteuerte) Rocket verletzte nämlich den Abgeordneten William Huskisson, der die Gleise unachtsam betreten hatte. In einem erfolglosen Rettungsversuch transportierte Stephenson den Verletzten mit der Northumbrian ins Krankenhaus.

TECHNIK Die Northumbrian wog (ohne Tender) 7,35 t und verfügte über eine Zugkraft von 720 kg. Die Feuerbüchse saß im Kessel, was die Leistung erhöhte; die Neigung wurde herabgesetzt, was die Steuerung und Bedienung erleichterte; die Treibräder waren kleiner als bei der Rocket. Neu war die Rauchkammer, durch welche die Rückstände und Asche aus der Feuerbüchse leichter beseitigt werden konnten. An negativen Eigenschaften fiel auf, dass der Hauptanteil des Gewichts von der Schleppachse herrührte. Das Adhäsionsgewicht lag gegenüber dem Gesamtgewicht von 7,35 bei nur 3 t. Dies verursachte Schlingerbewegungen und Schlupf.

Planet

Man kann sagen, dass die Planet die erste Serienlokomotive der Welt war. Sie wurde auf den ersten öffentlichen Linien und im Güterverkehr eingesetzt und von Großbritannien in alle Welt exportiert.

EIGENSCHAFTEN Achsfolge: 1A. **Spurweite:** 1435 mm. **Zylinder:** zwei innen liegende 292 x 406 mm. **Maximaler Kesseldruck:** 3,5 kg/cm^2. **Länge** (mit Tender): 7420 mm. **Treibraddurchmesser:** 1575 mm. **Geschwindigkeit:** 40 km/h. **Gewicht** (mit Tender): 13,5 t. **Adhäsionsgewicht:** 5 t. **Fassungsvermögen Wasser:** 1,8 m^3. **Fassungsvermögen Kohle:** 1 t.

GESCHICHTE 1830 produzierten George & Robert Stephenson für die Liverpool & Manchester-Gesellschaft die Northumbrian und die Planet, Letztere einige Monate nach der Erstgenannten. Die rasche Entwicklung hatte ihre Ursachen in den praktischen Erfahrungen der beiden Lokomotivkonstrukteure. Gegenüber den 17 t Zuggewicht, welche die Rocket noch im Jahr zuvor bewältigt hatte, bewegte die Planet bereits einen 80-t-Zug zwischen Liverpool und Manchester und legte dabei die 50 km in 2 Stunden und 54 Minuten zurück. Zwei Jahre später schaffte eine Maschine dieses Typs den Weg mit einem gleichen Zug in 68 Minuten. Die Planet war so erfolgreich, dass Stephenson & Co den zahlreichen Nachfragen nicht mehr entsprechen konnten und es gab so viele Nachahmungen, dass sich Stephenson gezwungen sah, sich durch eine Patentanmeldung zu schützen.

TECHNIK Im Unterschied zur Rocket und zur Northumbrian waren bei der Planet die Zylinder vorne, zwischen den Trägern des Rahmens, waagrecht unter der Rauchkammer angebracht. Außen liegende Zylinder kühlten stark ab, was den Dampf zum Kondensieren brachte und daher zu Leistungsverlusten führte. Die geschützte Lage unter der Rauchkammer verminderte den Temperaturabfall und bremste somit auch das Kondensieren. Die Bewegung der Kolben wurde durch zwei innen liegende Treibstangen, welche die gekröpfte Treibachse in Betrieb setzten, auf die Hinterräder übertragen. Diese Verbindung von Triebwerk und Kröpfachse war eine große technische Neuigkeit, ebenso wie der hölzerne Rahmen mit den darauf montierten Achshalterungen und der dazugehörigen Federung. Mit diesem Fahrgestell wurden auch die Puffer als fixer Bestandteil eingeführt, während sich der Tender seiner endgültigen Form annäherte.

Visitenkarte

Herkunft
Großbritannien

Baujahr
1830

Typ
Personen- und Güterzuglokomotive

Antrieb
einfache Dampfdehnung

gebaute Exemplare
etwa 100

Dieses Bild zeigt einen modernen Nachbau der Planet.

Adler

Visitenkarte

Herkunft
Großbritannien

Baujahr
1836

Typ
Personenzuglokomotive

Antrieb
einfache Dampfdehnung

Der Erfolg der Liverpool-Manchester-Linie und der Lokomotiven von Stephenson führte zum Bau von neuen Eisenbahnen in allen Ländern Europas. Von Belgien bis Russland wurden alle Eröffnungszüge von Lokomotiven aus der Werkstatt Stephenson & Co angeführt. Sie wurden *Patentee* genannt, weil sie patentrechtlich vollkommen abgesichert waren. Auch der Adler, der das Eisenbahnzeitalter in Deutschland einläutete, war eine *Patentee*.

EIGENSCHAFTEN Achsfolge: 1A1. **Spurweite:** 1435 mm. **Zylinder:** zwei innen liegende 229 x 406 mm. **Maximaler Kesseldruck:** 4,2 kg/cm². **Länge** (mit Tender): 7620 mm. **Treibraddurchmesser:** 1371 mm. **Höchstgeschwindigkeit:** 50 km/h. **Gewicht** (ohne Tender): 14,5 t. **Adhäsionsgewicht:** 6 t.

GESCHICHTE 1834 gab Bayerns König Ludwig I. seine Zustimmung zum Bau einer Eisenbahn zwischen Nürnberg und Fürth, der Ludwigsbahn. Nach einem fehlgeschlagenen Versuch mit einer einheimischen Fabrik wandten sich die Verantwortlichen der bayerischen Eisenbahn an die Firma Stephenson & Co, die ihre beste Lokomotive lieferte: eine *Patentee* in der kleinen Ausführung, die man »Adler« taufte. Sie war die erste Personenzuglokomotive in Deutschland. Sie trug die Fabrikationsnummer 118, kostete 13.930 Gulden und wurde am Eröffnungstag, dem 26. Oktober 1835, vom Engländer Wilson gesteuert. Im ersten Betriebsjahr transportierte die Ludwigsbahn 450.000 Personen und warf 50% des investierten Kapitals ab. Dieses Ergebnis beschleunigte die Entwicklung der Eisenbahnen in Deutschland.

TECHNIK Stephensons Planet hatte einige Schwachstellen aufgewiesen. Wie bei allen zweiachsigen Lokomotiven, konnte ein Achsbruch zu schweren Unfällen führen. Dieses Risiko war deswegen so groß, weil die Feuerbüchse über der hinteren Achse war, was zu starken Stampfbewegungen führte. Die neue Lokomotive von Stephenson, die Adler, war im Grunde eine Planet mit einer zusätzlichen Achse, nämlich der hinteren Laufachse. Das Vorhandensein von drei Achsen gewährleistete, dass die Maschine in der Spur gehalten werden konnte, auch wenn eine von ihnen kaputtging. Um unerwünschte Nachbauten zu verhindern, war die neue Lokomotive mit einer Patentnummer versehen. Zu den weiteren Neuheiten zählten die Gegendampfbremse, das Fehlen von Spurkränzen an den Treibrädern und die Verkleidung des hölzernen Rahmens mit schwerem vernietetem Blech.

Dieses Bild zeigt eine Rekonstruktion der Adler.

Bury

Für die Teilnahme am Rennen von Rainhill, das 1829 von Stephenson und seiner Rocket gewonnen wurde, war Edward Bury zu spät dran. Er schlug seine kurz danach gebaute Lokomotive für den Betrieb auf der 1837 eröffneten Linie London-Birmingham vor. Das Angebot wurde akzeptiert und Bury zum Verantwortlichen für die Ausstattung der Gesellschaft mit Zugmaschinen erklärt.

Visitenkarte

Herkunft Großbritannien

Baujahr 1837

Typ Personen- und Güterzuglokomotive

Antrieb einfache Dampfdehnung

gebaute Exemplare 56

hergestellte Versionen 2

EIGENSCHAFTEN Achsfolge: 1A. **Spurweite:** 1435 mm. **Zylinder:** zwei innen liegende 280 x 415 mm. **Maximaler Kesseldruck:** 3,5 kg/cm². **Länge** (mit Tender): 8160 mm. **Treibraddurchmesser:** 1546 mm. **Höchstgeschwindigkeit:** 30 km/h. **Gewicht** (ohne Tender): 10 t. **Adhäsionsgewicht:** 5,7 t. **Fassungsvermögen Wasser:** 1,8 m³. **Fassungsvermögen Kohle:** 1 t.

GESCHICHTE Edward Bury erschien mit seiner Lokomotive 1830 am Markt, gerade zu der Zeit, als der mit dem Bau der Liverpool-Manchester-Linie (der ersten wirklich modernen Eisenbahn) beschäftigte George Stephenson nach rollendem Material suchte, um den steigenden Bedarf an Transportmitteln zu decken. Die Liverpool-Manchester-Gesellschaft erwarb die erste Bury. Sie hieß Liverpool, hatte zwei gekuppelte Achsen und 1829 mm große Treibräder. Danach wurde Bury einer der ersten Lokomotivenlieferanten und Aufsichtführender der 1837 eröffneten London-Birmingham-Linie. Von ihm stammen 58 Lokomotiven, die alle vor 1841 gebaut wurden. Es handelte sich um unzweifelhaft brauchbare Maschinen, allerdings waren sie bereits überholt und darüber hinaus zu klein: sie verfügten über keine ausreichende Zugkraft und ihre Leistung war durch die kleinen Ausmaße des Kessels beschränkt.

TECHNIK Mehr als ihren ausgeklügelten Entwurf schätzte man die Effizienz und Verlässlichkeit von Burys Lokomotive. Sie unterschied sich von anderen durch die zylindrische Feuerbüchse, die mit einer Kuppel (Kugelkappe) bedeckt war. Der hintere Teil der Lokomotive war D-förmig, wobei der runde Teil dem Tender zugekehrt war. Das Neueste und verglichen mit Stephensons Lokomotiven Originellste war der Rahmen, der im Gegensatz zu den bisherigen Holzträgern komplett aus Metallstangen gebaut war (englisch: *bar frame*). Diese Eigenschaft machte die Lokomotive robust und elegant zugleich und wurde in den Vereinigten Staaten sehr geschätzt, wo die Bury gut ankam; es ist kein Zufall, dass der *bar frame* ein beständiges Bauelement der amerikanischen Lokomotiven wurde. Obwohl sich alle Konstrukteure nunmehr dreiachsigen Lokomotiven zuwandten, blieb Edward Bury seinem ursprünglichen Konzept mit den einzelnen oder gekuppelten Treibachsen treu. Man kann daher sagen, dass seine Lokomotiven schon bei ihrer Entstehung überholt waren, vor allem was ihre beschränkte Leistung und Geschwindigkeit betrifft. Sie waren jedoch auch sehr zuverlässig.

Bayard der Napoli-Portici-Linie

Visitenkarte

Herkunft
Großbritannien

Baujahr
1839

Typ
Personen- und Güterzug-lokomotive

Antrieb
einfache Dampfdehnung

gebaute Exemplare
1

hergestellte Versionen
1

Am 3. Oktober 1839 begann das Eisenbahnzeitalter in Italien mit einer englischen Lokomotive auf einer von Franzosen gebauten Strecke. Sie war auf Befehl Ferdinands II. von Bourbon errichtet worden. 1844 transportierte die Bahn bereits eine Million Passagiere pro Jahr. Die erste Lokomotive im Dienst dieser Linie war eine Bayard/Vesuvio.

EIGENSCHAFTEN Achsfolge: 1A1. **Spurweite:** 1435 mm. **Zylinder:** zwei innen liegende 356 x 425 mm. **Maximaler Kesseldruck:** 3,5 kg/cm^2. **Länge** (mit Tender): 9480 mm. **Treibraddurchmesser:** 1680 mm. **Höchstgeschwindigkeit:** 50 km/h. **Gewicht** (ohne Tender): 13 t. **Adhäsionsgewicht:** 6,58 t.

GESCHICHTE Oft finden Gemeinplätze ihren Weg in die Geschichte. So steht geschrieben, dass die erste italienische Eisenbahn auf den alleinigen Wunsch Ferdinands II. hin entstanden ist, die Hauptstadt des Königreichs beider Sizilien mit dem königlichen Palast in Portici zu verbinden. Dem ist nicht so. 1844 wurde die Bahn, mit Abzweigungen nach Torre Annunziata und Castellammare di Stabia, bis Nocera verlängert. Auch wurde die Linie Neapel-Cancello mit Abzweigungen nach Caserta und Capua errichtet. Insgesamt waren das 87 km Schienenstrecke – mehr als alle anderen italienischen Staaten zusammengenommen hatten.

TECHNIK Am 3. Oktober 1839, dem Tag der Eröffnung der Strecke Neapel-Portici, erreichte der aus der Lokomotive und sieben Waggons zusammengesetzte Zug eine Höchstgeschwindigkeit von 50 km/h. Die 7640 m, die zwischen Neapel und Portici liegen, wurden mit einer Durchschnittsgeschwindigkeit von 38 km/h in 12 Minuten zurückgelegt. Ein Missverständnis betrifft die Lokomotive, die den ersten Zug transportierte. Vielfach wird sie zu Ehren des Planungsingenieurs der Strecke »Bayard« genannt. In Wirklichkeit hieß die Maschine jedoch »Vesuvio«. Dieser Irrtum entstand so: 1939 entschied man aus Anlass der 100-Jahr-Feiern, die Lokomotive und vier Waggons zu rekonstruieren. In den Eisenbahnarchiven fanden sich jedoch nur Pläne Bayards, die zwar auf dem gleichen Konzept beruhten, jedoch erst später verwirklicht worden waren. Auf der nachgebauten Lok wurde die Tafel »Vesuvio« angebracht. In der Nachkriegszeit wurde sie richtigerweise durch die Aufschrift »Bayard« ersetzt. Das Modell Bayards war die für die erste Hälfte des 19. Jahrhunderts typische *Patentee,* das heißt »Patent«. Der Name kommt von der Vielzahl an Patenten, welche die von den Stephensons eingeführten Neuerungen begleiteten, unter ihnen die Gegendruckbremse und eine neu konzipierte Exzentersteuerung.

Borsig

Gegen Mitte des 19. Jahrhunderts wurden die wichtigsten europäischen Eisenbahnnetze gegründet. Es herrscht jedoch große Unsicherheit bezüglich der einzusetzenden Zugmaschinen: welchen Lokomotiventyp sollte man wählen, mit welcher Leistung und welcher Achsanordnung? Die Forschung rund um die Bahn steckte noch in den Kinderschuhen und der deutsche Konstrukteur August Borsig beschloss, sich an den Ideen seines berühmten amerikanischen Kollegen William Norris, dem Vater der Lafayette, zu orientieren.

EIGENSCHAFTEN Achsfolge: 2'A1. **Spurweite:** 1435 mm. **Zylinder:** zwei innenliegende 279 x 457 mm. **Maximaler Kesseldruck:** 5,8 kg/cm^2. **Länge** (ohne Tender): 4300 mm. **Treibraddurchmesser:** 1372 mm. **Höchstgeschwindigkeit:** 50 km/h. **Gewicht** (ohne Tender): 19,2 t. **Adhäsionsgewicht:** 9,6 t.

GESCHICHTE Als August Borsig zu Beginn des 19. Jahrhunderts eine Werkstatt in Berlin eröffnete, hätte er sich nicht träumen lassen, dass er einst einer der wichtigsten Lokomotivkonstrukteure der Welt werden sollte. 1841 erfüllte er mit dem Bau seiner ersten Lokomotive einen Auftrag der Berlin-Anhalt-Linie. Es handelte sich dabei um eine ziemlich genaue Kopie einer Maschine, die vom Amerikaner William Norris gebaut worden war. Allerdings hatte sie einen verlängerten Kessel und eine zusätzliche hintere Laufachse. Die Lokomotive wurde 1844 in Dienst gestellt, der Einfachheit halber Borsig genannt und erwies sich als ziemlich schnell. Wegen ihrer schwachen Leistung wurde sie 1850 jedoch wieder aus dem Verkehr gezogen.

TECHNIK Die von August Borsig gebaute Lokomotive, zu der er sich von Norris inspirieren ließ, verkehrte im Schienennetz von Niederschlesien-Brandenburg. Trotz ihrer eher mäßigen Geschwindigkeit hatten die Norris doch eine beachtliche Zugkraft. Das Lenkgestell verlieh diesen Lokomotiven außerdem eine ausgezeichnete Stabilität und gewährleistete ein gutes Einlenken in Kurven. Zweifelsohne handelte es sich hierbei um eine grundsätzliche, um nicht zu sagen, die einzige Qualität dieser Maschinen. Das Lenkgestell war unerlässlich für schnelle Lokomotiven. Doch nachdem der deutsche Konstrukteur diese Lokomotive gebaut hatte, verzichtete er auf das Lenkgestell und kehrte zum Konzept einer einzelnen Laufachse zurück. Das Lenkgestell der Norris-Lokomotiven hatte sehr eng beieinanderliegende Achsen, was in Kurven Schlingerbewegungen verursachte und eine korrekte Steuerung der Lokomotive sehr gefährlich machte. Es war daher erforderlich, das Lenkgestell zu verlängern, die beiden Achsen weiter auseinander zu setzen, es mit einer wirksamen Federung und einem zweckmäßiges System zur Verteilung der Gewichte und Belastungen auszurüsten. Erst damit wurde das Lenkgestell ab 1870 wirklich brauchbar. Borsig kam also 1843 von der Achsfolge 2'A1 wieder ab, als er die Lokomotive Beuth plante: diese war eine 1A1, das heißt, sie hatte die Treibachse in der Mitte und je eine vordere und hintere Laufachse. Dies war eine Rückkehr zu Stephensons *Patentee*. Die Beuth wurde mit Erfolg bei der Berliner Gewerbeausstellung präsentiert und blieb für ungefähr zehn Jahre der Prototyp aller schnellen deutschen Lokomotiven mit einer Treibachse.

Visitenkarte

Herkunft
Deutschland

Baujahr
1841

Typ
Personenzuglokomotive

Antrieb
einfache Dampfdehnung

gebaute Exemplare
1

hergestellte Versionen
1

Lokomotive Typ Buddicom Crewe

Visitenkarte

Herkunft
Großbritannien

Baujahr
1843

Typ
Personen- und Güterzuglokomotive

Antrieb
einfache Dampfdehnung

gebaute Exemplare
etwa 50

hergestellte Versionen
1

Diese von William Buddicom entworfene und in den Crewe-Werkstätten umgesetzte Maschine zeichnete sich durch eine derart unglaubliche Lebensdauer aus, dass einige davon 70 Jahre in Betrieb standen! Einfach und robust wie sie waren, wurden sie die Lokomotiven der Anfangszeit der Eisenbahn. Ihr englischer Konstrukteur verkaufte sie in ganz Europa, vor allem aber in Frankreich an die Paris-Rouen-Le Havre-Gesellschaft.

EIGENSCHAFTEN Achsfolge: 1A1. **Spurweite:** 1435 mm. **Zylinder:** zwei innen liegende 318 x 533 mm. **Treibraddurchmesser:** 1800 mm. **Höchstgeschwindigkeit:** 90 km/h. **Gewicht** (ohne Tender): 18,9 t. **Adhäsionsgewicht:** 6,6 t. **Fassungsvermögen Wasser:** 2,1 m³. **Fassungsvermögen Kohle:** 1,5 t.

GESCHICHTE 1840 dominierten die Engländer den Eisenbahnmarkt. Sie bauten weltweit die ersten Eisenbahnen, lieferten das rollende Material und die Zugführer. In Frankreich wirkten sie wesentlich an den Linien Paris-Caen, Amiens-Boulogne, Orléans-Bordeaux und Paris-Rouen-Le Havre mit. Bei letztgenannter Gesellschaft machte Buddicom eine beachtliche Karriere: er trat 1843 ein und blieb bis 1916, als auch die allerletzte seiner Lokomotiven aus dem Dienst genommen wurde.

TECHNIK Die Buddicom war eine typisch englische Lokomotive dieser Zeit (drei Achsen, von denen die mittlere die Treibachse war) und verfügte über alle technischen Eigenschaften, die sich in über hundert Jahren Dampfantrieb nicht ändern sollten: Schornstein vorne, Feuerbüchse hinten, ein zylindrischer Hauptkörper, Röhrenkessel, waagrechte, vorne angebrachte Zylinder, Führerstand hinten, ein separater, an die Lokomotive gekuppelter Tender für den Transport von Kohle und Wasser. Mit ihrem Gewicht von 18 t konnte diese Lokomotive durchschnittliche Reisegeschwindigkeiten von 60 bis 80 km/h erreichen, wenn sie Personenzüge von 100 t zog. Bei Güterzügen von 150 t betrug die Geschwindigkeit 30 km/h. Sie zog zweiachsige Waggons mit Holzaufbau, die sicherlich bequem waren, die aber gegenüber den langsamen und instabilen Postkutschen kaum einen Fortschritt darstellten.

Dieses Bild zeigt eine Buddicom im französischen Eisenbahnmuseum in Mulhouse.

Iron Duke

Visitenkarte

Herkunft
Großbritannien

Baujahr
1847

Typ
Schnellzug-lokomotive

Antrieb
einfache Dampfdehnung

gebaute Exemplare
30

hergestellte Versionen
1

Die Befürworter der Breitspur, nämlich jener von 7 Fuß, setzten all ihre Hoffnungen in den Iron Duke. Auf dieser Spurweite verkehrten in Großbritannien berühmte Schnellzüge mit optimalen Leistungen. 1892 mussten sie jedoch aus Gründen der Standardisierung der aktuellen Spurweite weichen.

EIGENSCHAFTEN Achsfolge: 2A1. **Spurweite:** 2134 mm. **Zylinder:** zwei innen liegende 457 x 610 mm. **Maximaler Kesseldruck:** 7 kg/cm². **Länge** (mit Tender): 14.470 mm. **Treibraddurchmesser:** 2438 mm. **Höchstgeschwindigkeit:** 130 km/h. **Gewicht** (ohne Tender): 36 t. **Adhäsionsgewicht:** 12,5 t. **Fassungsvermögen Wasser:** 14 m³. **Fassungsvermögen Kohle:** 3 t.

GESCHICHTE Die englische Great Western-Gesellschaft griff die Vorschläge von Isambard Kingdom Brunel auf, der ein Verfechter der Breitspur (7 Fuß = 2134 mm) war. Verglichen zur Normalspur konnten hier größere und schnellere Züge verkehren. Zwischen London und Wales wurden viele Linien mit dieser beeindruckenden Spurweite eingerichtet. Ab 1840 wurden von Lokomotiven, die wie vergrößerte Ausgaben von Normalspurloks mit der Achsfolge 1A1 wirkten, täglich Durchschnittsgeschwindigkeiten von 120 km/h erreicht. Die Fläche ihres Rostes war um 68% größer als bei herkömmlichen Lokomotiven und steigerte die Leistung um 36%. 1846 entwarf Daniel Gooch eine 1A1-Lokomotive mit breiter Spur, die eine Reisegeschwindigkeit von über 130 km/h erzielen sollte. Schon bald verdoppelte er die vorderen Laufachsen und veränderte sein Projekt in eine 2A1. Diese Maschine war die erste einer Großserie an Schnellzuglokomotiven, von denen einige, wie der Iron Duke, beinahe ein halbes Jahrhundert in Betrieb waren. Sie versahen ihren Dienst als Schnellzuglokomotiven bis 1892, jenem Jahr, in dem die Breitspur durch die Normalspur ersetzt wurde.

Das Bild oben zeigt den Iron Duke, der in Kensington, einem Londoner Vorort, aufgestellt ist.

TECHNIK Die Iron Duke verfügte über alle Einrichtungen, die zu dieser Zeit typisch für englische Lokomotiven waren: zwischen den Trägern des Rahmens angebrachte Zylinder, innen liegende Mechanik, Crampton-Schornstein mit rundem Abschluss und eine einzelne Treibachse mit großen Rädern. Die Größe des Rahmens bot zwischen den Trägern gut 70 cm mehr Platz als bei Normalspurlokomotiven. Dieser Aufbau ließ die Verwendung von viel größeren Zylindern und einer geräumigeren und daher leistungsfähigeren Feuerbüchse zu. Daraus ergaben sich Leistungen, die zu erreichen den Normalspurlokomotiven erst im folgenden Jahrhundert gelang, als man fortfuhr, die Antriebseinheit zu vervollkommnen.

American Type (2’B)

In Büchern und Filmen über die Eroberung des Westens wird diese Lokomotive gefeiert – sie ist auf Grund des für die Neue Welt typischen, pragmatischen Geistes, der hinter dem technischen Konzept steckt, die amerikanischste aller Loks. Nach heftigen Diskussionen und der Überwindung der herrschenden Unsicherheiten setzte sich das Lenkgestell der »American Type (2’B)« auch in Europa durch.

Visitenkarte

Herkunft
USA

Baujahr
1848

Typ
Personen- und Güterzuglokomotive

Antrieb
einfache Dampfdehnung

gebaute Exemplare
25.000

hergestellte Versionen
ca. 100

EIGENSCHAFTEN Achsfolge: 2’B. **Spurweite:** 1435 mm. **Zylinder:** zwei außen liegende 381 x 610 mm. **Maximaler Kesseldruck:** 6,35 kg/cm^2. **Länge** (mit Tender): 15.926 mm. **Treibraddurchmesser:** 1524 mm. **Höchstgeschwindigkeit:** 96 km/h. **Gewicht** (ohne Tender): 41 t. **Adhäsionsgewicht:** 19,5 t. **Fassungsvermögen Wasser:** 5,75 m^3. **Fassungsvermögen Kohle oder Holz:** 7,25 t.

GESCHICHTE 1876 besuchte der Ingenieur Pietro Dogliotti, Abteilungsleiter und Verantwortlicher für die Lokomotiven der oberitalienischen Eisenbahnen, die Vereinigten Staaten und besichtigte deren Eisenbahnsystem. Zu dieser Zeit gab es in Italien vier Eisenbahngesellschaften, und jede war bestrebt, Lokomotiven zu besitzen, die sich von denen der anderen unterschieden. Dies berichtete er über die USA: »Einige hundert Eisenbahngesellschaften teilen sich die zur Zeit 125.000 in Betrieb befindlichen Streckenkilometer in den Vereinigten Staaten von Amerika. Die 15.000 hier im Jahre 1867 insgesamt vorhandenen Lokomotiven unterscheiden sich untereinander kaum, weder in der äußeren Erscheinung, noch in den Abmessungen ihrer Hauptbestandteile. Alle verfügen unverrückbar über außen liegende Zylinder, vier gekoppelte Treibräder ...« Die Ingenieure machten immer größere Fortschritte, und diese Lokomotiven wurden immer eleganter und vollendeter. Was Haltbarkeit und Effizienz betrifft, standen sie den europäischen um nichts nach, kosteten aber so wenig, dass man überlegte, sie nach Europa zu importieren. Von 1885 bis zum Ende des Jahrhunderts wurden rund 25.000 Exemplare gebaut.

TECHNIK Die erste Lokomotive mit der Achsanordnung 2’B war die Campbell (1837). Die moderne American entstand jedoch 1847 und war von William Norris gebaut worden, der sie mit einem Lenkgestell ausstattete. Außen liegende Zylinder, ein Schornstein aus Stahl statt aus Kupfer, alle Heizrohre aus Eisen, statt aus Messing, gusseiserne Räder von 5 bis 6 Fuß (um 1600 bis 1800 mm) Durchmesser, Geschwindigkeiten von 60 Meilen pro Stunde (96 km/h): das waren die wesentlichsten Eigenschaften. Andere typische Besonderheiten des American Type waren der geschlossene und vor Wind und Wetter geschützte Führerstand, der große Wildfänger (Rammschutz), die große bronzene Glocke, die an der Pfeife angebracht war, und die große Laterne in der Mitte der Front.

Die Jupiter, eine 2’B American Type, die in Promontory Point in Utah erhalten geblieben ist.

Crampton

Die Crampton war die gefeiertste Schnellzuglokomotive des 19. Jahrhunderts, der TGV der Zeit Napoleons III. Sie stellte verschiedene Geschwindigkeitsrekorde auf und fuhr im täglichen Betrieb mit 120 km/h – als man auf den Straßen noch zu Fuß oder mit dem Pferd reiste.

EIGENSCHAFTEN Achsfolge: 2A. **Spurweite:** 1435 mm. **Zylinder:** zwei innen liegende 400 x 550 mm. **Maximaler Kesseldruck:** 6,5 kg/cm^2. **Länge** (ohne Tender): 7740 mm. **Treibraddurchmesser:** 2100 mm. **Höchstgeschwindigkeit:** 120 km/h. **Gewicht** (ohne Tender): 29 t. **Adhäsionsgewicht:** 12,6 t. **Fassungsvermögen Wasser:** 7 m^3. **Fassungsvermögen Kohle:** 7 t.

GESCHICHTE Der englische Ingenieur Thomas Crampton schlug seit 1845 verschiedenen Eisenbahngesellschaften seiner Heimat eine neue Lokomotive vor, deren wichtigste Eigenschaft hohe Geschwindigkeit sein sollte. London & North Western baute einen Prototyp, der eine Strecke von 25 km mit 119 km/h fuhr. Doch das Experiment wurde nicht weiter verfolgt. Crampton gelang es aber die Direktoren der belgischen, amerikanischen und französischen Eisenbahnen zu überzeugen, weitere Prototypen zu bauen. Schließlich war es das Frankreich des Zweiten Empire, das sich dafür entschied, diese Maschine in Betrieb zu nehmen.

TECHNIK Dass sich die von den französischen Eisenbahnen eingesetzte Crampton von den englischen Lokomotiven unterschied, geht auf das Konto des Ingenieurs Houel. Der Aufbau blieb mit zwei großen, hinten sitzenden Treibrädern unverändert, doch fügte Houel weitere Träger zur Verstärkung des Rahmens hinzu, gestaltete den Dampfkreislauf neu und veränderte das System der Dampfverteilung auf die Zylinder. Die Lokomotive nahm ihren Dienst zwischen 1845 und 1849 zunächst auf den nördlichen und östlichen Strecken Frankreichs auf. 1849 bestellte eine weitere französische Eisenbahngesellschaft, die PLM (Paris-Lyon-Méditerranée) weitere Crampton-Loks. 1853 beschränkte Napoleon III. per Dekret die Höchstgeschwindigkeit auf 120 km/h, obwohl sehr oft Spitzengeschwindigkeiten weit über diesem Limit erreicht wurden! Diese Lokomotiven blieben bis 1870 in Betrieb, dann wurden sie von Maschinen mit zwei Treibachsen an der Spitze der schweren Schnellzüge ersetzt.

Visitenkarte

Herkunft
Frankreich

Baujahr
1852

Typ
Schnellzug-lokomotive

Antrieb
einfache Dampfdehnung

gebaute Exemplare
320

Oben: Eine Crampton, die im französischen Eisenbahnmuseum in Mulhouse ausgestellt ist. Links: Die N. 117, Baujahr 1855, auf einem der wenigen zeitgenössischen Fotos.

Lokomotive Typ Bristol & Exeter

Visitenkarte

Herkunft
Großbritannien

Baujahr
1854

Typ
Schnellzuglokomotive

Antrieb
einfache Dampfdehnung

gebaute Exemplare
8

hergestellte Versionen
1

Diese Lokomotiven fuhren mit 130 km/h, als andere gerade einmal 40 bis 50 km/h erreichten. Diese Leistung wurde durch die Breitspur von Brunel möglich, die beachtliche Spitzengeschwindigkeiten erlaubte. Auf der Normalspur konnten solche Ergebnisse erst Jahre später erreicht werden.

EIGENSCHAFTEN Achsfolge: 2A2't. **Spurweite:** 2134 mm. **Zylinder:** zwei innen liegende 457 x 610 mm. **Maximaler Kesseldruck:** 8,4 kg/cm^2. **Länge:** 9370 mm. **Treibraddurchmesser:** 2743 mm. **Höchstgeschwindigkeit:** 130 km/h. **Gewicht:** 50 t. **Adhäsionsgewicht:** 18,5 t. **Fassungsvermögen Wasser:** 6,5 m^3. **Fassungsvermögen Kohle:** 2 t.

GESCHICHTE Die Loks der Bristol & Exeter-Gesellschaft wurden von Pearson entworfen und von Rothwell & Co 1854 gebaut. Diese Maschinen zogen auch den berühmten *Flying Dutchman*, den zu seiner Zeit schnellsten Zug der Welt, der London mit Exeter verband. Diese Lokomotiven erfüllten ihre Aufgaben gut, doch warf eine Entgleisung einen Schatten des Misstrauens auf sie, der letztendlich zum Ende ihres Einsatzes führte. Man baute sie um und veränderte die Achsanordnung in die herkömmlichere Folge 2'A1, entfernte das hintere Laufgestell und kuppelte einen Tender an. Die Lokomotiven wurden mit der Umstellung von Breit- auf Normalspur 1892 endgültig aus dem Verkehr gezogen.

TECHNIK Mit einem Durchmesser von 2743 mm verfügte die Bristol & Exeter über die größten Treibräder, die jemals in der Geschichte der Eisenbahn zur Anwendung kamen. Darüber hinaus hatte sie zwei Lenkgestelle, ein vorderes und ein hinteres. Die mittig angebrachten Treibräder ohne Spurkranz dienten allein der Traktion. Diese Lok war auch wegen einer anderen Besonderheit interessant: Beim genauen Hinsehen konnte man erkennen, dass sie ihre Wasser- und Kohlenvorräte eigenständig transportierte. Ihr Konstrukteur Pearson wollte die Komplikationen vermeiden, die ein – noch dazu der Geschwindigkeit abträglicher – Schlepptender mit sich bringt. Wie alle Tenderloks mit symmetrischer Achsanordnung konnten die Bristol & Exeter-Typen in beide Richtungen mit derselben Geschwindigkeit fahren. Dank der beachtlichen Ausmaße, welche die Breitspur bot, konnten Wassertanks zwischen den Trägern des Rahmens eingebaut werden. Auch die Zylinder sowie Treib- und Steuerstangen waren innerhalb des Rahmens angeordnet, was der Lokomotive zu einem ruhigen Lauf verhalf.

Sampierdarena

Graf Cavour, der Vater der italienischen Unabhängigkeit, war auch Geburtshelfer der italienischen Eisenbahnindustrie, insbesondere der Firma Ansaldo in Genua. Die Sampierdarena war die erste Lokomotive, die komplett in Italien geplant und gebaut wurde. Sie repräsentiert daher den Beginn der Unabhängigkeit des Landes von auswärtigen Konstrukteuren und seines Wandels vom Importeur zum Exporteur von Lokomotiven.

EIGENSCHAFTEN Achsfolge: B1. **Spurweite:** 1435 mm. **Zylinder:** zwei innen liegende 406 x 560 mm. **Maximaler Kesseldruck:** 8 kg/cm². **Länge** (mit Tender): 13.460 mm. **Treibraddurchmesser:** 1555 mm. **Höchstgeschwindigkeit:** 65 km/h. **Gewicht** (ohne Tender): 27,4 t. **Adhäsionsgewicht:** 21 t. **Fassungsvermögen Wasser:** 7 m³. **Fassungsvermögen Kohle:** 3 t.

GESCHICHTE Eigentlich waren es zwei Lokomotiven: die Sampierdarena und die Alessandrina mit den Stammnummern 68 und 69 der Piemontesischen Eisenbahnen. Sie waren die ersten beiden von insgesamt 29, die Ansaldo zwischen 1854 und 1869 baute. Es handelte sich um Loks mit der Achsanordnung B1, die damals in ganz Europa weit verbreitet war und von denen auch Stephenson 1853 einige Exemplare an die Piemontesische Eisenbahn geliefert hatte.

TECHNIK Die vorne platzierten Treibräder dieser Maschine entwickelten zwar keine hohen Geschwindigkeiten, trugen aber den größten Teil des Gewichts der Lokomotive und erzeugten so eine gute Haftreibung. Die Schleppachse trug den verlängerten Kessel, der dadurch ausreichend Dampf erzeugte. Anders als bei anderen Loks dieses Typs waren sowohl Zylinder als auch Dampfleitungen innen angebracht, um unerwünschte Kondensbildung zu vermeiden. Weil auch die Räder innen am Rahmen befestigt waren, bot die Lokomotive einen für ihre Zeit ungewohnt schnittigen Anblick. Das Weglassen des Domes (was sich nicht als Vorteil erwies) und das Fehlen der Sandkästen an ihrem angestammten Platz unterstrichen das klare Design. Die beiden Sandkästen waren seitlich am Führerstand angebracht. Die B1 von Ansaldo versahen gute 40 Jahre ihren Dienst auf den Linien in Piemont. Von den 29 ausgelieferten Lokomotiven wurden 25 im Jahre 1905 der Gattung 113 der FS einverleibt, wo sie bis 1910 in Betrieb standen. Sie wurden mehrmals modernisiert, indem man einen Dom einbaute, die Sandkästen unter den Kessel versetzte und ihnen zuerst einen Windschutz, später richtige Führerhäuser verpasste. Lange Zeit waren die Lokomotivführer nämlich gezwungen gewesen, offen zu fahren, weil man dachte, dies würde ihre Aufmerksamkeit wach halten. Die Sampierdarena (*einen Nachbau sieht man auf dem Bild unten*) endete nicht bei den staatlichen Eisenbahnen, da sie 1904 an eine andere Gesellschaft verkauft wurde.

Visitenkarte

Herkunft
Italien

Baujahr
1854

Typ
Personen- und Güterzuglokomotive

Antrieb
einfache Dampfdehnung

gebaute Exemplare
29

hergestellte Versionen
1

Genf

Visitenkarte

Herkunft
Deutschland

Baujahr
1858

Typ
Personenzuglokomotive

Antrieb
einfache Dampfdehnung

gebaute Exemplare
110

hergestellte Versionen
2

Das Bild oben zeigt die Genf im Verkehrshaus Luzern.

Die vom Österreicher Wilhelm Engerth entworfenen Stütztender-Lokomotiven – die Genf ist ein typisches Exemplar davon – wurden ab den 50er-Jahren des 19. Jahrhunderts äußerst erfolgreich auf den alpinen Strecken eingesetzt. Die Genf wurde 1858 in Dienst gestellt und erwies sich auf den Strecken der Zentralschweiz als sehr effiziente Personenzuglokomotive.

EIGENSCHAFTEN Achsfolge: B3t. **Spurweite:** 1435 mm. **Zylinder:** zwei außen liegende 408 x 561 mm. **Maximaler Kesseldruck:** 9 kg/cm^2. **Länge:** 10.941 mm. **Treibraddurchmesser:** 1375 mm. **Höchstgeschwindigkeit:** 50 km/h. **Gewicht:** 45 t. **Adhäsionsgewicht:** 26 t.

GESCHICHTE Die Genf wurde 1858 auf der Hauenstein-Linie der Schweizerischen Central-Bahn, die Basel mit Olten verbindet, in Betrieb genommen. Sie wurde von Kessler in Deutschland gebaut und die Serie wurde – wie alle Engerth-Loks – sehr geschätzt. Als Personenzuglokomotive konnte sie 360 t auf ebenem Gelände, über Steigungen von 10‰ 220 t und auf der steilen Hauenstein-Strecke maximal 75 t ziehen.

TECHNIK Diese Lok verfügte über zwei Treibachsen, während der Tender drei Achsen hatte, die über ein Zahnradgetriebe von der hinteren Treibachse in Bewegung gesetzt wurden. Zylinder und Steuerung waren außen liegend. Letztere funktionierte über zwei Exzenter und Führungsschienen. Die Wasserreserven waren in den Seitenelementen beiderseits des zylinderförmigen Kessels untergebracht, wie man sie für Tenderlokomotiven verwendete. Die starre Verbindung von Lokomotive und Tender und das Vorhandensein eines Getriebes zwischen den beiden Fahrzeugen verkomplizierte die Sache beträchtlich und führte oft zu kleineren Entgleisungen auf Güterbahnhöfen. Bei herkömmlichem rollendem Material konnte das Problem von ein oder zwei aus den Gleisen gesprungenen Achsen normalerweise mit Keil und Seilwinde behoben werden. Aber eine Engerth konnte nicht mit traditionellen Methoden angehoben werden, ohne dass man riskierte, die Auflegerverbindung zwischen Lok und Tender zu beschädigen oder das Getriebe zu demolieren. Außerdem nutzten sich auch die mechanischen Verbindungen (Bolzen, Führungsschienen) sehr schnell ab, da sie durch die Antriebskräfte und die (durch die holprige Strecke verursachten) seitlichen Verschiebungen stark belastet wurden. Nach und nach erkannte man daher die Notwendigkeit, Lokomotive und Tender zu trennen und auf das Getriebe zu verzichten: die Engerths verwandelten sich wieder in normale Loks, legten aber immer noch ausgezeichnete Leistungen an den Tag.

Gr. 400-450 FS

»Wir haben Eisenbahnen geschaffen, jetzt müssen wir Lokomotiven schaffen«, so könnte man in Anlehnung an den italienischen Politiker und Schriftsteller Massimo d'Azeglio sagen, wenn man an die ersten steilen Gebirgsstrecken denkt, die in der Hoffnung errichtet wurden, dass man in der Zwischenzeit auch die passenden Lokomotiven erfinden würde. Einigen gelang es tatsächlich, starke Maschinen mit vier gekuppelten Achsen zu bauen. 1905 versah die FS alle diese Lokomotiven, die an verschiedenen Orten und zu verschiedenen Zeiten gebaut wurden, mit den Stammnummern 400-450.

EIGENSCHAFTEN Achsfolge: D. **Spurweite:** 1435 mm. **Zylinder:** zwei außen liegende 530 x 610 mm. **Maximaler Kesseldruck:** 10 kg/cm². **Länge** (mit Tender): 16.320 mm. **Treibraddurchmesser:** 1220 mm. **Höchstgeschwindigkeit:** 45 km/h. **Gewicht** (ohne Tender): 55,7 t. **Adhäsionsgewicht:** 55,7 t. **Fassungsvermögen Wasser:** 9 m³. **Fassungsvermögen Kohle:** 4 t.

GESCHICHTE Auf die Erfahrungen Engerths gestützt, entwarf Edouard Beugniot 1859 La Rampe, eine Lokomotive mit vier gekuppelten Achsen, von denen die ersten zwei über ein seitliches Spiel verfügten, um das Einlenken in enge Kurven zu erleichtern. Der hintere Teil der Lokomotive saß auf dem Tender auf, der sie stützte (Stütztender). Die so genannte Beugniot tauchte erstmals 1861 in Italien auf, und zwar auf der Porrettana-Linie. Sie war von der »Società per le Strade Ferrate del Lombardo-Veneto e dell'Italia Centrale« gekauft worden. Nach 1885 wechselte sie zur Mediterranea-Gesellschaft und ersetzte auf der Giovi-Linie die bis dahin dort im Einsatz befindlichen Mastodon-Loks. 13 dieser Maschinen, die 1905 noch im Dienst standen, wurden von der FS der Baureihe 400 zugeordnet.

TECHNIK Die wahrscheinlich populärsten italienischen Lokomotiven mit vier Treibachsen waren die Gr. 420 Sigl (*siehe Bild unten*). 1873 kaufte die SFA (Società Ferrovie Alta Italia) 60 neue vierachsige Maschinen bei Sigl in Wiener Neustadt. Sie hatten einen separaten Tender, Sattdampf, einfache Dampfdehnung und Stephenson-Steuerung. Diese Loks waren für den Einsatz auf der Giovi-Strecke bestimmt. Sie waren optimale Lokomotiven und wurden in Folge auch in Italien von Ansaldo, Breda, den Werkstätten in Pietrarsa und anderen gebaut. Für die italienischen Eisenbahner blieb »die Sigl« der Inbegriff für diese Lok. Sie war die charakteristische Maschine der SFAI, wurde 1885 der Rete Mediterranea (Mittelmeerbahn) zugeteilt und 1905 der FS. Diese ordnete 293 Exemplare der Baureihe 420 zu. Die Maschinen arbeiteten so effizient, dass einige Einheiten sogar bis 1947 im Dienst blieben. Der großen Familie der 400er gehörten auch die von der Rete Sicula (Sizilianische Bahn) stammenden Gr. 410 und die Gr. 450/451 der Rete Adriatica (Adriabahn) an.

Visitenkarte

Herkunft
Frankreich, Österreich, Italien

Baujahr
1861

Typ
Personen- und Güterzuglokomotive

Antrieb
einfache Dampfdehnung

gebaute Exemplare
293

hergestellte Versionen
2

Romont

Visitenkarte

Herkunft
Deutschland

Baujahr
1862

Typ
Personen- und Güterzuglokomotive

Antrieb
einfache Dampfdehnung

gebaute Exemplare
12

hergestellte Versionen
1

Diese Lokomotive wurde eingesetzt, um die starken Steigungen auf der Strecke Lausanne-Freiburg-Bern, vor allem jene zwischen Romont und Bulle, zu bewältigen. Die Suche nach dem größtmöglichen Adhäsionsgewicht auf den Treibrädern war die Frage jener Zeit. Deswegen entschied man sich für einen Sattel-Wassertank über dem Kessel. Eine Besonderheit, welcher die Lokomotive den Beinamen »Schildkröte« verdankt.

EIGENSCHAFTEN Achsfolge: 2'Bt. **Spurweite:** 1435 mm. **Zylinder:** zwei außen liegende 410 x 612 mm. **Maximaler Kesseldruck:** 8 kg/cm². **Länge:** 10.120 mm. **Treibraddurchmesser:** 1374 mm. **Höchstgeschwindigkeit:** 60 km/h. **Gewicht:** 41 t. **Adhäsionsgewicht:** 27 t.

GESCHICHTE Die Achsanordnung 2B war relativ selten für eine Tenderlokomotive, die dafür konzipiert war, in beide Richtungen zu fahren (wie im besonderen Fall der Vorortelinien). Tenderloks wurden im Allgemeinen mit einer Treibachse oder mit einer symmetrischen Achsfolge gebaut, dann meist mit einer führenden Achse, einem Bissel-Gestell oder einem Lenkgestell ausgestattet (zum Beispiel bei den Typen 1'B1', 2'B2', 1'C1', 1'D1', 2'D2' usw.). Es ist vorstellbar, dass die Wahl einer 2'B-Tenderlokomotive auf Grund der Erfahrungen getroffen wurde, die man mit den zahlreichen 2'B-Schlepptenderlokomotiven gemacht hatte, die in der zweiten Hälfte des 19. Jahrhunderts verbreitet waren. Bei der 2'Bt schien es ausreichend, den Wassertank so gut wie möglich auf die Treibachsen zu setzen und den Kohlenkasten für den Heizer erreichbar anzubringen. Der einzige Nachteil war die mangelnde Reichweite, die alle Tenderlokomotiven nur für kurze Strecken brauchbar machte.

TECHNIK Die Remont war eine von 12 Lokomotiven, die man bei Kessler in Deutschland bestellt hatte. Das Lenkgestell war ein Modell mit langem Achsabstand, das von den amerikanischen 2'B-Schlepptenderlokomotiven abgeschaut war. Der Wasserkasten war über dem Kessel angebracht (*saddle tank*), was das Vorheizen des Wassers und eine optimale Gewichtsverteilung erlaubte. Der Kohlenkasten befand sich hinten, geschützt vom Führerhaus. Die Lokomotive wies eine Zugkraft von 230 t bei den Bergfahrten über die Steigungen von 12‰ und 500 t in der Ebene auf. Das war mehr als anerkennenswert für eine Maschine von relativ bescheidenen Abmessungen und einem Gewicht von nur 41 t. Die gesamte Serie leistete gute Dienste. Die Remont wurde 1905 als endgültig überholt aus dem Verkehr gezogen.

Rigi

Diese Lokomotive mit zwei Treibachsen fügt sich im Prinzip in die Tradition der kleinen schweizerischen 2/2-(2/2 im schweizerischen System, B im deutschen)Maschinen ein, von denen sie sich allerdings durch die eigenartige Tenderanordnung unterscheidet. Dessen vordere Achse lag unter dem hinteren Teil der Lokomotive.

EIGENSCHAFTEN Achsfolge: B. **Spurweite:** 1435 mm. **Zylinder:** zwei außen liegende 431 x 686 mm. **Maximaler Kesseldruck:** 10 kg/cm². **Länge** (mit Tender): 12.770 mm. **Treibraddurchmesser:** 1370 mm. **Höchstgeschwindigkeit:** 40 km/h. **Gewicht** (mit Tender): 52 t. **Adhäsionsgewicht:** 26 t.

GESCHICHTE Der Ingenieur Edouard Beugniot entwarf für die französische Firma PLM zwei lange und schwere Versuchslokomotiven D. Ihre Feuerbüchsen waren bis zur letzten Treibachse verlängert, um so viel Kraft wie möglich zu gewinnen. Doch die Erweiterung der Feuerbüchse ging zu Lasten der Laufruhe. Um die Feuerbüchse abzustützen, hatte Beugniot die Idee, den Vorderteil eines dreiachsigen Tenders zu verwenden, der unter den hinteren Teil der Lokomotive geschoben wurde. Freilich hätte er auch eine Schleppachse an der Lokomotive anbringen können. Doch die Stabilität in engen Kurven war mit zwei voneinander unabhängigen Fahrzeugen und einer beschränkten Achszahl höher, als mit einem einzigen langen, komplizierten, mit vielen Achsen versehenen Fahrzeug. Die PLM entschied letztendlich jedoch, diese Lok nicht in Serie zu produzieren, da sie für Güterzüge Maschinen mit dem klassischen Konzept der vier Treibachsen bevorzugte.

TECHNIK Eine der beiden französischen Versuchslokomotiven wurde in der Schweiz auf der Hauenstein-Strecke getestet. Die Maschine zog eine Last von etwa 125 t mit 17 km/h bei Olten bergauf, wo eine Steigung von bis zu 28‰ erreicht wird, und bewältigte den Transport von 220 t mit 10 km/h bergab bei Sissach. Doch trotz dieses Erfolges wurden in Frankreich keine weiteren Lokomotiven dieses Typs gebaut. Ein etwas besseres Schicksal hatte sie dagegen in der Schweiz, wo vier B-Modelle mit einer großen, nach hinten ragenden Feuerbüchse bestellt wurden. Zwar unterschieden sich diese vier Lokomotiven von denen der PLM in der Zahl der Antriebsachsen, doch hatten sie etwas mit jenen von Beugniot gemeinsam: ihre Feuerbüchsen wurden durch einen dreiachsigen Tender gestützt, ganz genauso wie im Fall von Beugniots PLM-Lok. Die Lokomotive Riga wurde 1863 von Emil Kessler in Esslingen in Deutschland gebaut und war Teil dieser Kleinserie. Sie war nur 15 Jahre in Betrieb, dann wurde sie 1878 außer Dienst gestellt.

Visitenkarte

Herkunft
Deutschland

Baujahr
1863

Typ
Güterzuglokomotive

Antrieb
einfache Dampfdehnung

gebaute Exemplare
4

hergestellte Versionen
1

Consolidation

Visitenkarte

Herkunft
USA

Baujahr
1866

Typ
Güterzuglokomotive

Antrieb
einfache Dampfdehnung

gebaute Exemplare
33.000

hergestellte Versionen
über 100

Sie gilt als das wahre Zugpferd der amerikanischen Eisenbahnen. Mit ihren 21.000 gebauten Exemplaren war die Consolidation oder »2.8.0« (1D) die weit verbreitetste Lokomotive in den Vereinigten Staaten. Und weitere 12.000 Maschinen waren für ausländische Märkte bestimmt, in erster Linie jene Südamerikas.

EIGENSCHAFTEN Achsfolge: 1'D. **Spurweite:** 1447 mm. **Zylinder:** zwei außen liegende 508 x 610 mm. **Maximaler Kesseldruck:** 9,1 kg/cm². **Länge** (ohne Tender): 10.312 mm. **Treibraddurchmesser:** 1219 mm. **Höchstgeschwindigkeit:** 70 km/h. **Gewicht** (ohne Tender): 45,4 t. **Adhäsionsgewicht:** 39,9 t. **Fassungsvermögen Wasser:** 10 m³. **Fassungsvermögen Kohle:** 6 t.

GESCHICHTE Der Name Consolidation rührt von der Tatsache her, dass die Firma Lehigh & Mahoning, zur Zeit als diese Lokomotive gebaut wurde, am Rande des Bankrotts stand. Dank neuer Investitionen gelang es ihr, diese Zeit zu überstehen und sie nahm den Namen Lehigh Valley Railroad an. Es handelte sich daher um eine Lokomotive, die mit der finanziellen »Konsolidierung« des Unternehmens nach einer Krisenzeit in Zusammenhang stand.

TECHNIK Um 1860 war die Mogul oder »2.6.0« (1'C) *die* amerikanische Güterzuglok. Sie hatte drei Treibachsen, denen ein einachsiges Lenkgestell vom Typ Bissel vorgelagert war. Das Bissel-Gestell bereitete den Ingenieuren jedoch Sorgen, da es sich in gewisser Weise um ein Lenkgestell handelte, dem eine Achse fehlte. Der Konstrukteur Alexander Mitchell entschloss sich daher, das Bissel-Gestell zu verbessern. Und er scheute sich nicht davor, ihm vier Achsen folgen zu lassen, während sich die anderen Ingenieure gewöhnlich auf drei beschränkten. Die Strecken von Lehigh & Mahoning erforderten nämlich eine ziemlich gute Antriebskraft und ausreichende Haftung: Rampen von 18‰ Steigung gab es viele, und lange mit Kohle beladene Güterzüge von mehr als 300 t mussten oft 19 km weit bergauf gezogen werden. Die Moguls hatten angesichts solcher Lasten schon öfter aufgeben müssen. Der »2.6.0« von Mitchell gelang es, die zur Debatte stehenden Züge ohne Schlupf der Räder oder Verlust der Zugkraft mit 14 km/h zu ziehen. Andere Gesellschaften begannen sich für diese Achsfolge zu interessieren und ließen die Lokomotive in eine schwere 1'C umbauen, deren Kessel breiter und deren Triebwerk stärker und effektiver wurde. Obwohl Mitchells Lokomotive nur 39 t wog, erreichte sie in den Jahren um 1910 (die Zeit, als die letzten Consolidations gebaut wurden) ein Dienstgewicht von 110 bis 120 t.

Stirling Single Driver

Visitenkarte

Herkunft
Großbritannien

Baujahr
1870

Typ
Schnellzuglokomotive

Antrieb
einfache Dampfdehnung

gebaute Exemplare
47

hergestellte Versionen
1

Oben: Die Stirling N. 1 an der Spitze eines historischen Zuges.

Sie ist ein Beispiel für die Eleganz der britischen Eisenbahnen, aber auch dafür, wie schnell Lokomotiven technisch überholt wurden. Die *single driver*, eine Lokomotive mit ungekuppelten Rädern, wurde ab 1870 als Schnellzuglokomotive bei den englischen Eisenbahnen eingesetzt.

EIGENSCHAFTEN Achsfolge: 2A1. **Spurweite:** 1435 mm. **Zylinder:** zwei außen liegende 457 x 711 mm. **Maximaler Kesseldruck:** 10 kg/cm². **Länge** (mit Tender): 15.240 mm. **Treibraddurchmesser:** 2463 mm. **Höchstgeschwindigkeit:** 120 km/h. **Gewicht** (mit Tender): 66 t. **Adhäsionsgewicht:** 15,5 t. **Fassungsvermögen Wasser:** 13 m³. **Fassungsvermögen Kohle:** 3,5 t. **Maximale Zugkraft:** 5100 kg.

GESCHICHTE Patrick Stirling, der Direktor der Great Northern Railway, bestellte diese Serie von Schnellzuglokomotiven 1870. Die 47 gelieferten Maschinen wurden bis 1893 gebaut. Die englische Bezeichnung *single driver* bedeutet nicht »nur für einen Lokomotivführer«, denn im Englischen heißt *driver* auch Treibrad. Diese Loks hatten demnach nur eine Treibachse. Im Laufe weniger Jahre hatten jedoch gekuppelte Treibräder die *single driver* endgültig verdrängt.

TECHNIK Die Stirling ist die berühmteste und auch eleganteste der englischen *single driver*. Ihre beiden in der Mitte liegenden Treibräder waren mit durchbrochenen Radkappen verkleidet, was sie einem Dampfschiff recht ähnlich sehen ließ. Wie alle Lokomotiven mit ungekuppelten Rädern, war sie auf Basis einer einzigen Treibachse konstruiert und verfügte daher auch über keine durch Kuppelstangen verbundenen Räder. Aus mechanischer Sicht wenig kompliziert, konnte die Stirling mit ihren zwei Zylindern mit einfacher Dampfdehnung 120 km/h erreichen und schwere Lasten ziehen – die Züge bestanden oft aus 15 Waggons. Aber mit dem fortschreitenden Schwererwerden der Züge war diese Lokomotive bald überholt. Um 1910 sah man sie nicht mehr an der Spitze des berühmten Zuges *Flying Scotsman*. Die Eisenbahnen hatten bereits um die Mitte des 19. Jahrhundert damit begonnen, Loks mit einer Treibachse durch 1B-, 1B1- und 2B-Modelle zu ersetzen. Eine zusätzliche Achse bedeutete nämlich eine Vergrößerung der Zugkraft und verhinderte das Durchdrehen der Räder bei der Anfahrt. Diese Entwicklung verlief aber nicht ohne Probleme. Die Ingenieure entdeckten einen schweren Nachteil: die Bewegung der langen Kuppelstangen verursachte enorme Schwingungen, die bei höheren Geschwindigkeiten besorgniserregend waren. Man musste daher Abhilfe schaffen, indem man die Kuppelstangen leichter machte und das Spiel der beweglichen Teile neu überdachte.

Gr. 100 und 170 Rete Mediterranea

Visitenkarte

Herkunft
Italien

Baujahr
1878–1889

Typ
Personenzuglokomotive

Antrieb
einfache Dampfdehnung

gebaute Exemplare
173

hergestellte Versionen
2

Nach der Einigung Italiens benötigte man Eisenbahnen: ein effizientes Verkehrssystem, das ohne fremdes Kapital und ausländische Industrie auskommen sollte. So entstand die »Italienische Schule« – Lokomotiven von klarem, elegantem Design, nicht zu stark, sparsam im Verbrauch und mit hochwertiger Technik ausgerüstet. Die Baureihen 100 und 170 der »Rete Mediterranea« (Mittelmehrbahn) stellen typische Vertreter diese Philosophie dar.

EIGENSCHAFTEN Achsfolge: 2'B. **Spurweite:** 1435 mm. **Zylinder:** zwei außen liegende 450 x 620 mm. **Maximaler Kesseldruck:** 10 kg/cm². **Länge** (mit Tender): 14.810 mm. **Treibraddurchmesser:** 1830 mm. **Höchstgeschwindigkeit:** 85 km/h. **Gewicht** (ohne Tender): 43,8 t. **Adhäsionsgewicht:** 31,8 t. **Fassungsvermögen Wasser:** 12 m³. **Fassungsvermögen Kohle:** 4 t. *(Daten der Gr. 100 RM)*

GESCHICHTE Die Rete Mediterranea (RM) musste sowohl Strecken mit steilen Abschnitten als auch solche mit gemischten Geländeformen bedienen. Dafür brauchte man starke Maschinen. Daher setzte man auf hoch entwickelte Lokomotiven, wobei man Verbundmaschinen den Vorzug gab. Doch es gab natürlich Ausnahmen von dieser Regel. So waren die beiden 2'B-Typen der RM Lokomotiven mit einfacher Dampfdehnung.

TECHNIK Die erste italienische 2'B-Lok stammt aus dem Jahre 1878. Sie war in Turin gebaut worden und trug die Stammnummer 543 SFAI. Diese Maschine wurde auf der Weltausstellung in Paris vorgeführt und erweckte beachtliches Interesse. Die Lokomotive verfügte über zwei Einrichtungen zur Nutzung des Abdampfs. Ein Teil trieb eine Speisepumpe an, der Rest wurde zum Vorwärmen des Tenderwassers benutzt. Die Speisung wurde außerdem von einem Injektor neuen Typs erledigt. Die Leistung lag bei 510 PS. Von 1878 bis 1895 wurden 410 Einheiten dieser Lokomotive gebaut und von der RM, die inzwischen an die Stelle der SFAI getreten war, als Gr. 100 RM bezeichnet. Nach 1905 bildeten sie die Gr. 510 FS. Die 1889 entworfene Gr. 170 RM kann man als Weiterentwicklung der Gr. 100 betrachten. Der Kesseldruck wurde auf 12 kg/cm² angehoben, der Durchmesser der Treibräder stieg auf 2100 mm. Die Geschwindigkeit lag bei 100 km/h. Die exzentrisch betriebene Gooch-Steuerung wurde beibehalten. Von dieser Lok wurden 31 Einheiten produziert, die 1905 die Stammnummer Gr. 560 erhielten.

Rechts: Eine eigenwillige Abbildung einer Gr. 100 RM, die von den Porträts der Maschinisten und Heizer der Verwaltungsabteilung Mailand umgeben ist.
Oben: Eine Gr. 170 RM.

T3

Visitenkarte

Herkunft
Deutschland

Baujahr
1878

Typ
Rangier-lokomotive

Antrieb
einfache Dampfdehnung

gebaute Exemplare
1300

hergestellte Versionen
1

Im 19. und 20. Jahrhundert war diese Lokomotive sehr populär, was sich auch darin niederschlägt, dass zahlreiche Modelleisenbahn-Hersteller sie in ihrem Programm haben. Die T3 war vielseitig einsetzbar und verfügte über ausgezeichnete Eigenschaften was Robustheit, Elastizität und Leistung betrifft.

EIGENSCHAFTEN Achsfolge: Ct. **Spurweite:** 1435 mm. **Zylinder:** zwei außen liegende 350 x 550 mm. **Maximaler Kesseldruck:** 12 kg/cm². **Länge:** 8170 mm. **Treibraddurchmesser:** 1100 mm. **Höchstgeschwindigkeit:** 40 km/h. **Gewicht:** 32,3 t. **Adhäsionsgewicht:** 32,3 t. **Fassungsvermögen Wasser:** 4,5 m³. **Fassungsvermögen Kohle:** 1,5 t. **Maximale Zugkraft:** 8450 kg.

GESCHICHTE Mit einer Produktion von 1300 Stück – eine für europäische Verhältnisse beachtliche Menge, bedenkt man die Zeit –, fand die T3 reißenden Absatz auch bei kleineren Firmen, die über private Industriebahnen verfügten. Die Achsfolge C erwies sich als gut geeignet für kurze Tenderloks, die Maschine war stark, etwas plump, aber sie blieb vor allem in engen Kurven stabil, was sie für die Verwendung bei Hüttenbahnen, auf Verschiebebahnhöfen und für die Schienennetze von Industrie und in Häfen geeignet machte. Von 1878 bis zum Ausbruch des Zweiten Weltkrieges war sie allgegenwärtig und von deutschen Schienennetzen nicht wegzudenken, wo sie im täglichen Betrieb ihr Bestes gab.

Oben: Eine T3 zieht einen Museumszug.

TECHNIK Diese Lok führte die benötigten Reserven an Brennstoff und Wasser direkt mit und entwickelte daher eine ausgezeichnete Haftreibung (zumindest bis der Kohlenkasten und der Wassertank leer waren). Dieser Umstand war ein wesentlicher Vorteil bei Rangierarbeiten, wo ständige Richtungswechsel und permanentes Anfahren und Abbremsen gefragt sind. Das geräumige Führerhaus, die ausgezeichnete Sicht nach vorne und hinten, die ausreichenden und gut verteilten Kohlenvorräte sowie die beeindruckend leicht zu handhabende Steuerung machten aus dieser Maschine nicht nur eine optimale Rangierlok auf den deutschen Bahnhöfen, sondern auch zu einer richtigen Zuglokomotive. Das Achsgewicht von nur 11 t pro Achse erlaubte Fahrten auf allen Strecken des Netzes. Die Geschwindigkeit von 40 km/h, bisweilen auf geraden Abschnitten übertroffen, verlieh ausreichende Leistung für den gelegentlichen Transport von kleinen Personen- oder Güterzügen über kurze Distanzen.

D 4/4 Gotthardbahn

Visitenkarte

Herkunft
Deutschland

Baujahr
1882

Typ
Güterzug-lokomotive

Antrieb
einfache Dampfdehnung

gebaute Exemplare
36

hergestellte Versionen
1

Die europäischen Lokomotiven mit vier Treibachsen traten in der zweiten Hälfte des 19. Jahrhunderts in Erscheinung, was aus zwei Gründen notwendig geworden war: das beträchtliche Ansteigen des Gewichts der Güterzüge und die Nachfrage nach höheren Leistungen, die man brauchte, um die Züge über die erst kürzlich eröffneten Gebirgsstrecken zu befördern.

EIGENSCHAFTEN Achsfolge: D. **Spurweite:** 1435 mm. **Zylinder:** zwei innen liegende 520 x 610 mm. **Maximaler Kesseldruck:** 10 kg/cm^2. **Länge** (mit Tender): 14.870 mm. **Treibraddurchmesser:** 1170 mm. **Höchstgeschwindigkeit:** 70 km/h. **Gewicht** (mit Tender): 79,1 t. **Adhäsionsgewicht:** 52,8 t.

GESCHICHTE Der englische Konstrukteur John Haswell, der sich in Wien niedergelassen hatte, kam auf die Idee, eine Bourbonnais zu verlängern. Dabei handelte es sich um eine kleine Güterzuglokomotive mit der Achsfolge C, von der mehrere hundert im französischen Schienennetz verkehrten. Haswell versah sie mit einer vierten hinteren Treibachse. Obwohl viele Ingenieure befürchteten, dass eine Lok mit vier Treibachsen nicht richtig in enge Kurven bzw. in Kurven mit starker Querneigung einlenken würde, erwiesen sich diese Bedenken in der Praxis als völlig unbegründet. Diese Lokomotive fiel im Gegenteil so gelungen aus, dass sie innerhalb kürzester Zeit ganz Europa eroberte, vor allem Frankreich, Spanien und Ungarn, in kleinerem Umfang Großbritannien und Deutschland. In der Schweiz, mit ihren Bergstrecken und berühmten Alpinbahnen, die sich gerade in Bau befanden, herrschte Nachfrage nach Güterzuglokomotiven, die leistungsmäßig auf dem neuesten Stand waren und über gute Haftreibung verfügten. Deswegen wurden Anfang 1880 – in Folge der Fertigstellung der Sankt-Gotthard-Strecke – 36 Lokomotiven mit der Achsfolge D bei Maffei in München bestellt. Sie sollten die schweren Güterzüge ziehen, da die Maschinen mit zwei oder drei gekuppelten Achsen dieser Aufgabe nicht mehr genügen konnten.

TECHNIK Die D 4/4 Gotthardbahn (4/4 nach schweizerischem System, D nach deutschem) war für ihre Zeit eine sehr starke Maschine. Sie war im Stande, fast 600 PS aus ihren Zylindern zu holen. Sobald sie in Dienst gestellt war, wurde sie – zu Paaren zusammengekuppelt – auf der steilen Sankt-Gotthard-Strecke eingesetzt. Damals lag die jährliche Gesamttransportmenge auf dieser Strecke zwischen 600.000 und 900.000 t (1897 waren es 906.809 t). Die Steigung erreichte bis zu 26‰ und täglich verkehrten rund 60 Züge. Diese ausgezeichnete und strapazierfähige Lokomotive leistete lange Zeit gute Dienste und wurde stark beansprucht. Einige Exemplare verkehrten bis zur Elektrifizierung der Strecke im Jahre 1919. (*Auf dem Bild unten eine D 4/4 Gotthardbahn*)

Gladstone Class

Der englische Konstrukteur William Stroudley hatte sich auf dem Gebiet des Lokomotivenbaus schon einen Namen gemacht, als ihn seine Firma, die London, Brighton & South Coast Railway, beauftragte, einige Lokomotiven für die beliebte Verbindung London-Brighton zu entwerfen. Das Ergebnis waren die Gladstone Class, ausgezeichnete Maschinen, die in den Werkstätten in Brighton gebaut wurden und durch große planerische Sorgfalt bis ins kleinste Detail durch niedrige Unterhaltskosten gekennzeichnet waren.

EIGENSCHAFTEN Achsfolge: B1. **Spurweite:** 1435 mm. **Zylinder:** zwei innen liegende 464 x 660 mm. **Maximaler Kesseldruck:** 9,8 kg/cm^2. **Länge** (mit Tender): 15.800 mm. **Treibraddurchmesser:** 1980 mm. **Höchstgeschwindigkeit:** 100 km/h. **Gewicht** (mit Tender): 69,5 t. **Adhäsionsgewicht:** 29 t. **Fassungsvermögen Wasser:** 10 m^3. **Fassungsvermögen Kohle:** 4 t. **Maximale Zugkraft:** 5993 kg.

GESCHICHTE Der Ingenieur William Stroudley war der Ansicht, dass eine gute Lokomotive in erster Linie nicht kostspielig sein dürfe, sowohl was ihre Herstellung als auch den täglichen Gebrauch betrifft. Um die Kosten niedrig zu halten, bedarf es auch einer korrekten Wartung. Doch wenn sie perfekt in Schuss gehalten werden soll, muss eine Lokomotive »geliebt« werden, und um geliebt zu werden, muss sie schön sein und ihrer Bedienungsmannschaft gefallen. Aus diesen Gründen waren die Maschinen von Stroudley bis zur kleinsten Kleinigkeit ästhetisch vollendet. Die Gladstone Class (ihr Name leitet sich von der ersten ausgelieferten Einheit ab) wurde entsprechend dieser Philosophie gebaut. Und um die Bedienungsmannschaft an »ihre« Lokomotive zu binden, entschied er sich, die Namen der betreffenden Maschinisten und Heizer in goldenen Lettern im Inneren des Führerhauses anzubringen.

TECHNIK Die Ingenieure dieser Ära hielten führende Achsen und überhaupt ein Lenkgestell für die vordere Führung von Personenzuglokomotiven für unverzichtbar. Die Gladstone hatte hingegen eine eigenwillige Achsanordnung, die dem Modell B1 folgte, das nur für schnelle Lokomotiven gewählt wurde. Diese Maschine wurde auf jener Strecke eingesetzt, die London mit Brighton verband. Dort gelang es ihr – vor die berühmten »Pullman«-Züge gespannt – die 81 km lange Strecke in exakt einer Stunde zu bewältigen. Die eleganten, von William Stroudley entworfenen Lokomotiven waren bis in die 30er-Jahre des 20. Jahrhunderts im Einsatz.

Oben: Die Gladstone N. 188 auf einer Aufnahme von 1901.
Links: Ein Exemplar im Museum von York.

Visitenkarte

Herkunft
Großbritannien

Baujahr
1882

Typ
Personenzuglokomotive

Antrieb
einfache Dampfdehnung

gebaute Exemplare
35

hergestellte Versionen
1

Vittorio Emanuele II SFAI

Visitenkarte

Herkunft
Italien

Baujahr
1884

Typ
Personenzuglokomotive

Antrieb
einfache Dampfdehnung

gebaute Exemplare
55

hergestellte Versionen
2

Diese Lokomotive wurde für die »Succursale dei Giovi« (Nebenlinie der Giovi-Bahn) entwickelt. Diese Passstrecke zwischen Genua und Ronco wurde 1889 eröffnet, man hatte sie zur Entlastung der gleichnamigen 1854 fertig gestellten Strecke erbaut. Wegen der Originalität ihres Entwurfs und wegen ihrer Leistung war die Vittorio Emanuele II ein Erfolg für die »Scuola d'Arte die Torino« und deren Direktor, den Ingenieur Cesare Frescot.

EIGENSCHAFTEN Achsfolge: 2'C. **Spurweite:** 1435 mm. **Zylinder:** zwei außen liegende 470 x 620 mm. **Maximaler Kesseldruck:** 10 kg/cm². **Länge** (mit Tender): 16.500 mm. **Treibraddurchmesser:** 1675 mm. **Höchstgeschwindigkeit:** 80 km/h. **Gewicht** (mit Tender): 88,1 t. **Adhäsionsgewicht:** 48 t. **Fassungsvermögen Wasser:** 10 m³. **Fassungsvermögen Kohle:** 3,5 t. **Maximale Zugkraft:** 6250 kg.

GESCHICHTE Die Lokomotive Vittorio Emanuele II wurde von der berühmten Werkstatt »Scuola d'Arte di Torino« der SFAI (Società Ferrovie Alta Italia) entworfen. Sie war von Ingenieur Cesare Frescot 1869 gegründet worden, der auch ihr Direktor war. Das erste Exemplar trug die Stammnummer 1181 und wurde König Viktor Emanuel II. gewidmet. Sie war die einzige mit diese Nummerierung, weil die weiteren Maschinen ab 1885 ausgeliefert wurden, als die SFAI bereits zur Rete Mediterranea gehörte. Die 55 von Ansaldo in Genua, Maffei in München und »Miani e Silvestri« in Mailand gebauten Lokomotiven erhielten erst die Stammnummern 3001 bis 3055, mit dem Wechsel zur FS im Jahre 1905 hieß die Baureihe 650, mit den Nummern 6501 bis 6555, rund um 1919 änderte man die Nummerierung abermals in 650.001 bis 650.055.

TECHNIK Die Vittorio Emanuele II war die erste europäische Lokomotive mit der Achsfolge 2'C. Diese Lösung ermöglichte eine höhere Haftreibung, ohne das Achsgewicht zu erhöhen und von der schnittigen Linienführung abzugehen. Mit mittelgroßen Treibrädern und einer Leistung von 630/670 PS konnte sie auf der Ebene 80 km/h erreichen, während sie ohne Vorspannlokomotive einen Schnellzug von 130 t mit 45 km/h über Steigungen von 16‰ zog. Charakteristisch war außerdem die Gooch-Steuerung, ein englischer Entwurf, der aus dem von Stephenson 1836 erdachten System abgeleitet war. Es handelte sich dabei um einen Flachschieber, der von einem Mechanismus mit zwei Exzentern betrieben wurde, einem für Vorwärts-, der andere für Rückwärtsfahrten, die mit der Gegenkurbel der Treibachse verbunden waren. Außer der Steuerung bot diese Lokomotive an Neuheiten ein Lenkgestell mit Vollrädern und eine Rauchkammertür mit zwei Flügeln.

Johnson Midland Single Driver

Visitenkarte

Herkunft
Großbritannien

Baujahr
1887

Typ
Personenzug-lokomotive

Antrieb
einfache Dampfdehnung

gebaute Exemplare
95

hergestellte Versionen
2

Wenngleich auch in allen *single driver* immer Perfektion mit Schlichtheit kombiniert waren, dann ist Johnson mit diesem Entwurf die beste Anwendung jener Konstruktionsprinzipen gelungen. Denn die Formen dieser Lokomotive sind von solcher Schlichtheit, dass nicht einmal die Zylinder oder die Treibstangen sichtbar sind.

EIGENSCHAFTEN Achsfolge: 2'A1. **Spurweite:** 1435 mm. **Zylinder:** zwei innen liegende 483 x 660 mm. **Maximaler Kesseldruck:** 12 kg/cm^2. **Länge** (mit Tender): 16.000 mm. **Treibraddurchmesser:** 2375 mm. **Höchstgeschwindigkeit:** 120 km/h. **Gewicht** (mit Tender): 82 t. **Adhäsionsgewicht:** 18 t. **Fassungsvermögen Wasser:** 16 m^3. **Fassungsvermögen Kohle:** 4 t. **Maximale Zugkraft:** 6582 kg.

GESCHICHTE Der englische Ingenieur Samuel Johnson entwarf diese Maschine in den 80er-Jahren des 19. Jahrhunderts und die erste Einheit verließ die Midland-Werkstätten bei Derby 1887. Es waren damals schon 20 Jahre vergangen, dass man in diesem Betrieb Lokomotiven mit einer einzigen Treibachse gebaut hatte, weshalb diese Rückkehr zur Vergangenheit auch für die Beschäftigten eine Überraschung darstellte. Die Serie mit 95 gebauten Exemplaren hinterließ in der Eisenbahngeschichte gemeinsam mit diesem »Retro-Look« auch die Erinnerung an eine zeitlose Eleganz. Dank ihrer klaren Linien wurde sie mit der typischen roten Verkleidung mit den gelben Verzierungen zu einem wahren Blickfang.

Oben: An der Außenseite dieser Johnson Midland sieht man keine Zylinder, kein Gestänge und keine Pumpen.

TECHNIK Gegen Ende des 19. Jahrhunderts konnten Lokomotiven mit einer Treibachse (*single driver*) hohe Geschwindigkeiten erreichen. Dies kam vor allem daher, dass die Kuppelstangen fehlten, die für die Schlingerbewegungen verantwortlich waren, was die Stabilität bei hohen Geschwindigkeiten beeinträchtigte. Doch im letzten Jahrzehnt des 19. Jahrhunderts konnte man durch genaue Studien dieses Problem ausgezeichnet lösen und auch bei Lokomotiven mit zwei oder drei gekuppelten ausreichende Stabilität bei jeder Geschwindigkeit gewährleisten. Trotzdem blieb die Midland Railway den Lokomotiven mit einer Treibachse treu. Sie war sogar die einzige Gesellschaft der Welt, die diesen Typ Lokomotive auch noch im 20. Jahrhundert baute. Die Johnson Midland Single Driver hatte demnach also ein einziges großes Treibrad, dessen obere Hälfte zum Teil verkleidet war. In ihrer Laufbahn leistete diese Maschine hervorragende Dienste, oft begleitet von der Verbundlokomotive der Midland-Bahn: in diesem Fall wurde sie an die Spitze des Zuges, vor die Verbundlok, gesetzt. Sie konnte mühelos Geschwindigkeiten jenseits der 120 km/h erreichen, wenn die Züge leicht (nicht mehr als 200 bis 250 t) waren.

Gr. 51/100 Rete Sicula

Visitenkarte

Herkunft
Österreich, Italien

Baujahr
1888

Typ
Personenzuglokomotive

Antrieb
einfache Dampfdehnung

gebaute Exemplare
17

hergestellte Versionen
1

Die Rete Sicula (Sizilianische Bahn) entstand 1885 im Anschluss an die »Covenzioni« (Eisenbahngesetz) mit dem Ziel, das Schienennetz auf Sizilien zu entwickeln. Stellvertretend für die vielen guten Initiativen, die gesetzt wurden, um den Verkehr zu verbessern, sei hier diese schnelle Personenzuglokomotive mit zwei Treibachsen erwähnt.

EIGENSCHAFTEN Achsfolge: 2'B. **Spurweite:** 1435 mm. **Zylinder:** zwei außen liegende 420 x 600 mm. **Maximaler Kesseldruck:** 10 kg/cm². **Länge** (mit Tender): 16.170 mm. **Treibraddurchmesser:** 1800 mm. **Höchstgeschwindigkeit:** 85 km/h. **Gewicht** (ohne Tender): 43,6 t. **Adhäsionsgewicht:** 26 t. **Fassungsvermögen Wasser:** 9,5 m³. **Fassungsvermögen Kohle:** 2,5 t. **Maximale Zugkraft:** 4500 kg.

GESCHICHTE Kaum war die nationale Einigung erreicht, erhob sich im jungen italienischen Staat das Problem, dass sich die Eisenbahngesellschaften in den Händen starker ausländischer Gruppen befanden, vor allem in französischen und österreichischen. Die wichtigsten ausländischen Beteiligungen wurden vom Staat gekauft, der vorhatte, die Anzahl der Gesellschaften zu reduzieren und mit einem Gesetz von 1879 anordnete, das Schienennetz um neue Linien von etwa 6000 km Streckenlänge zu erweitern. 1885 wurde mit der Intention Konkurrenzverhältnisse zu schaffen, das so genannte »Covenzioni«-Gesetz erlassen, das die italienische Halbinsel der Länge nach in zwei Schienennetze, die Rete Adriatica (Adriabahn) und die Rete Mediterranea (Mittelmeerbahn), teilte. Jede von ihnen wurde einer eigenen Gesellschaft zugeteilt. Ein dritter Betrieb, die Eisenbahngesellschaft für Sizilien, blieb unter der Geschäftsführung der Rete Sicula, deren Netz sich damals bereits über 597 km erstreckte. Die Rete Sicula wurde erfolgreich verwaltet, hatte aber kein leichtes Leben. Ihr wichtigstes Bauvorhaben war die Küstenlinie zwischen Messina und Palermo, die 1895 fertig gestellt wurde.

TECHNIK Eines der meistverwendeten Lokomotivmodelle in Italien in der zweiten Hälfte des 19. Jahrhunderts für Eil- und Schnellzüge war die »American Type« mit zwei großen Treibrädern und einem Lenkgestell, das auch auf schwierigen Strecken Stabilität gewährleistete. Sowohl die Rete Mediterranea (RM) wie auch die Rete Adriatica (RA) verfügten über sehr gute Lokomotiven dieses Typs, unter ihnen die »180 bis« der RA (später 552 FS), die dafür bekannt waren, so berühmte Züge wie den *Valigia delle Indie* oder den *Paris-Milan de luxe Express* gezogen zu haben. Auch die Rete Sicula nannte 17 Stück 2'B-Loks ihr Eigen, die zur Baureihe 51/100 (später 500 FS) gehörten und die Stammnummern 51 bis 68 trugen. Die ersten sieben wurden von der Lokomotivfabrik der »k. k. priv. österreichisch-ungarischen Staats-Eisenbahn-Gesellschaft« in Wien gebaut, die anderen elf von Breda in Mailand. Es waren sehr elegante Maschinen, die jenen mit der gleichen Achsfolge der RM sehr ähnelten. Sie unterscheiden sich aber durch ihre Steuerung vom Typ Walschaerts, die von der FS schon sehr früh eingesetzt wurde, während die RA und die RM bei der Exzentersteuerung von Stephenson und Gooch blieben. Zu erwähnen ist noch, dass die Qualität dieser Lokomotive (510 PS Leistung) für die Streckenbeschaffenheit zu hoch war. Ihre Höchstgeschwindigkeit (85 km/h) wurde auf den kurvenreichen und schlecht befestigten Linien der Insel wahrscheinlich niemals erreicht.

Das Bild zeigt eine Gr. 51/100.

Teutonic Class

Francis Webb war ein sehr angesehener Eisenbahningenieur, als er sich im ausgehenden 19. Jahrhundert daran machte, eine Lokomotive zu konstruieren, die nach Meinung der Historiker eine der unglücklichsten Maschinen der britischen Eisenbahngeschichte werden sollte. Die Teutonic Class machte auch tatsächlich keine geringen Probleme bei der Anfahrt, weil sich ihre beiden voneinander unabhängig arbeitenden Treibachsen nicht immer in die gleiche Richtung drehten.

EIGENSCHAFTEN Achsfolge: 1'Bv. **Spurweite:** 1435 mm. **Zylinder:** zwei innen liegende Hochdruckzylinder mit 356 x 610 mm, ein innen liegender Niederdruckzylinder mit 762 x 610 mm. **Maximaler Kesseldruck:** 12,3 kg/cm². **Länge** (mit Tender): 15.552 mm. **Treibraddurchmesser:** 2159 mm. **Höchstgeschwindigkeit:** 130 km/h. **Gewicht** (mit Tender): 72 t. **Adhäsionsgewicht:** 31,5 t. **Fassungsvermögen Wasser:** 8 m³. **Fassungsvermögen Kohle:** 5 t.

GESCHICHTE Im letzten Jahrzehnt des 19. Jahrhunderts begann sich die London & North Western Railway-Gesellschaft für Verbundmaschinen zu interessieren. Ihr Chefingenieur, Francis Webb, baute ein 1A1-Modell zuerst in eine 1B-Verbundmaschine mit zwei Zylindern, später in eine mit drei Zylindern um. 1833 bestellte die London & North Western Railway 19 dieser Lokomotiven, 1884 weitere 40. Die Gruppe der letzten zehn, die unter dem Namen Teutonic Class ausgeliefert wurden, bereiteten weniger Schwierigkeiten und erreichten an der Spitze der besten britischen Züge hohe Geschwindigkeiten.

TECHNIK Francis Webb fasste zwei Lokomotiven mit einer Treibachse zu einer Maschine zusammen: die zwei Hochdruckzylinder bewegten die zweite Treibachse, der Niederdruckzylinder die erste – in jeder Hinsicht unabhängig voneinander. Mit Kuppelstangen ausgestattet fuhr diese Maschine, ohne Schlingerbewegungen aufzubauen, und sie bot eine außergewöhnliche Laufruhe. Das Problem war jedoch die Anfahrt. Webb musste wegen des komplizierten Antriebs die Zylindersteuerung mit einem doppelten System zum Umsteuern der Fahrtrichtung ausstatten: den Hochdruckzylindern fiel die Aufgabe zu, die Fahrtrichtung vorzugeben, während der Niederdruckzylinder der Bewegung folgen sollte. In den meisten Fällen klappte dies auch, außer wenn die Lokomotive zurücksetzte, um an den Zug angekuppelt zu werden: Dabei konnte es nämlich passieren, dass der Niederdruckzylinder sich in einer gewissen Position befand, aus der er sich in dieselbe Richtung weiter bewegte wie zuvor, wenn Dampf einströmte. Dann bewegte sich die vordere Treibachse entgegen der Fahrtrichtung.

Visitenkarte

Herkunft
Großbritannien

Baujahr
1889

Typ
Personenzuglokomotive

Antrieb
doppelte Dampfdehnung (Verbundmaschine)

gebaute Exemplare
10

hergestellte Versionen
1

999 NYC & HRRR

Visitenkarte

Herkunft
USA

Baujahr
1893

Typ
Personenzuglokomotive

Antrieb
einfache Dampfdehnung

gebaute Exemplare
1

hergestellte Versionen
1

In der Eisenbahngeschichte gibt es nicht viele gefeierte Nummern, doch die 999 ist mit Sicherheit eine davon. Sie gehörte zu jener Lokomotive »American Style« mit der Achsfolge 2'B, die 1893 an der Spitze des *Empire State Express* (er verkehrte zwischen New York und Chicago) den Geschwindigkeitsrekord von 180 km/h aufstellte.

EIGENSCHAFTEN Achsfolge: 2'B. **Spurweite:** 1435 mm. **Zylinder:** zwei außen liegende 483 x 610 mm. **Maximaler Kesseldruck:** 12,6 kg/cm². **Länge** (mit Tender): 17.630 mm. **Treibraddurchmesser:** 2184 mm. **Höchstgeschwindigkeit:** 180 km/h. **Gewicht** (mit Tender): 95,5 t. **Adhäsionsgewicht:** 38 t. **Fassungsvermögen Wasser:** 13,5 m³. **Fassungsvermögen Kohle:** 7 t. **Maximale Zugkraft:** 7382 kg.

GESCHICHTE Die Politik der New York Central & Hudson River Railroad (NYC & HRRR)-Gesellschaft bestand darin, sich von der Konkurrenz durch schnelle und luxuriöse Züge zu unterscheiden. Für den legendären *Empire State Express,* der New York und Chicago verband, wurde eine 2'B-Lokomotive mit – im Vergleich zu herkömmlichen Modellen – verstärktem Kessel sowie Zylindern von höherer Leistung und mit großen Treibrädern gebaut. Die Überlegenheit auf diesem Gebiet war sogar Gegenstand eines erbitterten Wettkampfes. So wurde vom Führer der Lokomotive mit der Stammnummer 999 verlangt, zwischen zwei festgesetzten, eine Meile voneinander entfernten Punkten mit Höchstgeschwindigkeit zu fahren. Es handelte sich um eine abfallende Gerade mit 28‰ Gefälle zwischen Batavia und Buffalo. Beim ersten Versuch am 9. Mai 1893 wurden 165 km/h erreicht, doch am nächsten Tag dürfte der Zug die 180 km/h-Marke erreicht haben.

TECHNIK In den 80er- und 90er-Jahren waren viele amerikanische Eisenbahngesellschaften der »American Type 4.4.0« mit zwei Treibachsen treu geblieben. Tatsächlich befürchteten die Ingenieure, dass die Schlingerbewegungen der langen Kuppelstangen für eine dritte Treibachse sich bei hohen Geschwindigkeiten negativ auf die Stabilität auswirken würden. Die New York Central verwendete für gewöhnlich nur extrem starke 2'B-Loks mit hoch über dem Rahmen angebrachtem Kessel. Mit einem Gewicht von über 90 t gegenüber den 50 bis 60 t der ersten 2'B-Maschinen, unterschieden sie sich radikal von jenen, welche die Eroberung des Westens gekennzeichnet hatten. Während des Rekordversuchs vom Mai 1893 transportierte die 999 einen Zug aus vier Waggons, wovon jeder zwischen 50 und 55 t wog; daher konnte die Lokomotive eine Leistung von ungefähr 2000 PS entwickeln. Betrachtet man die Eigenschaften der 999 (12,6 kg/cm². Kesseldruck, Stephenson-Steuerung, außen liegende Flachschieber, 2184 mm große Treibräder) sind die 180 km/h Spitze nicht unwahrscheinlich.

S3

Visitenkarte

Herkunft
Deutschland

Baujahr
1893

Typ
Schnellzug-lokomotive

Antrieb
doppelte Dampfdehnung (Verbund-maschine)

gebaute Exemplare
1072

hergestellte Versionen
1

August von Borries war in Deutschland einer der Pioniere der doppelten Dampfdehnung. Er war sich aber auch bewusst, dass dieses System gewisse Grenzen hatte, die einer allgemeinen Anwendung abträglich waren. Er umging dieses Problem, indem er im letzten Jahrzehnt des 19. Jahrhunderts Personenzuglokomotiven entwarf.

EIGENSCHAFTEN Achsfolge: 2'Bv. **Spurweite:** 1435 mm. **Zylinder:** ein außen liegender Hochdruckzylinder mit 460 x 600 mm, ein außen liegender Niederdruckzylinder mit 680 x 600 mm. **Maximaler Kesseldruck:** 12 kg/cm². **Länge** (mit Tender): 17.640 mm. **Treibraddurchmesser:** 1980 mm. **Höchstgeschwindigkeit:** 75 km/h. **Gewicht** (ohne Tender): 50,5 t. **Adhäsionsgewicht:** 30,9 t. **Fassungsvermögen Wasser:** 21,5 m³. Fassungsvermögen Kohle: 5 t. **Maximale Zugkraft:** 7600 kg.

GESCHICHTE Das vom Amerikaner Jarvis erfundene zweiachsige Lenkgestell war in den USA bereits zehn Jahre zuvor Standard, konnte sich in Europa jedoch erst in den 80er-Jahren durchsetzen. Noch größere Schwierigkeiten schlugen der Verbundmaschine entgegen, ein System, das nicht einfach zu bedienen war und daher von allen Lokführern abgelehnt wurde. In Wahrheit erwies sich die doppelte Dampfdehnung als vorteilhaft für schnelle Lokomotiven und war für Langstreckenreisen mit wenig Stationen gedacht. Von Borries war sich dessen bewusst und entwarf für die Eisenbahnen des Staates Preußen eine Lokomotive, die beide Versionen verband, die doppelte und die einfache Dampfdehnung. Die erste war die S3 (»S« steht für Schnellzug), eine schnelle Lokomotive mit Verbundmaschine. Sie wurde ein so großer Erfolg, dass man davon 1072 Stück produzierte. Die zweite Version war die P4 (»P« steht für Personenzug), die mit der ersten in allem übereinstimmte: Fahrwerk, Kessel und Achsfolge (nur der Durchmesser der Treibräder war auf 1750 mm reduziert); sie wurde mit Nassdampf betrieben. Auch sie war sehr erfolgreich, von ihr wurden 1191 Einheiten gebaut.

Oben: Das elegante Profil der S3. Auf der Zeichnung unten sieht man die gleiche Lokomotive komplett mit Tender.

TECHNIK Außer der Neuigkeit des amerikanischen Lenkgestells verfügte die S3 über Zylinder von beachtlichen Durchmessern, 460 und 680 mm, Treibrädern mit 1980 mm, optimale Verdampfung und keine allzu großen Achslasten von 15,2 t. Sie leistete eine Anfahrtszugkraft von 7500 kg und konnte auf ebenen Strecken Züge von 320 t mit einer Geschwindigkeit von 75 km/h ziehen.

Baureihe C PLM

Visitenkarte

Herkunft
Frankreich

Baujahr
1894

Typ
Schnellzug-lokomotive

Antrieb
doppelte Dampfdehnung (Verbund-maschine)

gebaute Exemplare
180

hergestellte Versionen
2

Diese französische Lokomotive war schon vor 1914 so bekannt, dass sie von zahlreichen Modellbahn-Herstellern angeboten wurde. Die Serie C, oder *Coupe-vent*, der PLM stand für den Transport der berühmtesten Züge der *Belle Epoque* im Einsatz. Das waren jene Züge, die Könige und Milliardäre an die Côte d'Azur brachten.

EIGENSCHAFTEN Achsfolge: 2'Bv. **Spurweite:** 1435 mm. **Zylinder:** zwei innen liegende Hochdruckzylinder mit 340 x 620 mm, zwei außen liegende Niederdruckzylinder mit 540 x 620 mm. **Maximaler Kesseldruck:** 15 kg/cm². **Länge** (mit Tender): 19.200 mm. **Treibraddurchmesser:** 2000 mm. **Höchstgeschwindigkeit:** 155 km/h. **Gewicht** (mit Tender): 101,5 t. **Adhäsionsgewicht:** 34,4 t. **Fassungsvermögen Wasser:** 20 m³. **Fassungsvermögen Kohle:** 5 t.

GESCHICHTE Die ersten 60 Einheiten der Serie C der französischen PLM-Gesellschaft (Paris-Lyon-Méditerranée) hatten die Achsfolge 1B1, die bei den Loks der PLM damals durchaus gängig war. Auf diesen herkömmlichen Aufbau wurde 1888 eine Verbundmaschine mit vielen Neuerungen gesetzt (die erste der PLM). Testfahrten überzeugten von der Qualität dieser Lokomotive, die 750 PS entfaltete und auf leichten Steigungen 240 t schwere Züge mit über 70 km/h zog. Mit den Stammnummern C1 bis C60 standen diese Maschinen bis 1914 auch bei der Paris-Dijon-Linie in Einsatz, dann kamen sie nach Nîmes, wo sie im Lokalbetrieb Verwendung fanden. Auf Grund der guten Ergebnisse wurden die neuen C-Loks 1898 mit einem Antrieb mit verbesserten Zylindern und der Achsfolge 2'B ausgestattet: ein amerikanisches Lenkgestell, dem zwei Treibachsen folgten. Erstmals kam eine aerodynamische Struktur zur Anwendung, das Profil der Rauchkammer und des Führerhauses war V-förmig und eine schnittige Verkleidung verband den Schornstein mit dem Dom. Von diesem Modell wurden 120 (C61 bis C 180) gebaut, die *Coupe-vent* (»windschnittig«) hießen. Um sie von den 1B1-Maschinen, die auch *Le petit* C (»kleine C«) genannt wurden, zu unterscheiden, gab man ihnen auch den Beinamen *Le grosse* C (»große C«).

Oben: Die charakteristische aerodynamische Form der grosse C *oder* Coupe-vent.

TECHNIK Die C konnte mit einigen Neuheiten aufwarten: Die vordere der beiden gekuppelten Treibachsen wurde von den zwei innen liegenden Hochdruckzylindern bewegt, die hintere Treibachse von den außen liegenden Niederdruckzylindern. Der Kessel war aus Stahl und der maximale zugelassene Druck war mit 15 kg/cm² festgelegt – erstmals auf der Welt. Die Ausstattung wurde durch eine Belpaire-Feuerbüchse, Treibräder von 2000 mm Durchmesser und eine Walschaerts-Steuerung vervollständigt. Bei der zweiten Serie wurden größere Zylinder verwendet, gleichzeitig kehrte man die Antriebsanordnung um: die beiden nun außen liegenden Hochdruckzylinder wirkten jetzt auf die zweite, die beiden innen liegenden Niederdruckzylinder auf die erste Treibachse.

D4T Mallet Central Bahn

Obwohl Anatole Mallet Schweizer war, dachte er wohl weniger an sein Land, als er die Lokomotiven baute, die seinen Namen trugen und diesen in der ganzen Welt berühmt machten. Vor allem in Frankreich, wo die ersten Gelenklokomotiv-Prototypen ausprobiert wurden. Die Erfolgsgeschichte der D4T war hingegen eine ganz und gar schweizerische.

EIGENSCHAFTEN Achsfolge: B+Bv. **Spurweite:** 1435 mm. **Zylinder:** zwei außen liegende Hochdruckzylinder mit 355 x 640 mm, zwei innen liegende Niederdruckzylinder mit 550 x 640 mm. **Maximaler Kesseldruck:** 14 kg/cm². **Länge** (mit Tender): 16.230 mm. **Treibraddurchmesser:** 1280 mm. **Höchstgeschwindigkeit:** 55 km/h. **Gewicht** (ohne Tender): 58 t. **Adhäsionsgewicht:** 58 t. **Fassungsvermögen Wasser:** 12,5 m³. **Fassungsvermögen Kohle:** 6 t.

GESCHICHTE Ende des 19. Jahrhunderts waren die Hauptstrecken in der Schweiz noch nicht elektrifiziert. Der elektrische Antrieb stand an seinen Anfängen und es wurde ihm nur eine gewisse Aufmerksamkeit in Hinblick auf seine Anwendung in Städten (bei der Straßenbahn) oder auf Bergstrecken (Zahnradbahnen) geschenkt. Daher musste man weiterhin auf Dampflokomotiven zurückgreifen, die jedoch auf unebenem Gelände viele Antriebsprobleme mit sich brachten. Ganz zu schweigen von den anderen Unzulänglichkeiten wie zum Beispiel die Notwendigkeit, große Mengen Kohle aus dem Ausland zu importieren. Trotzdem entstand in der Schweiz eine angesehene Industrie für Dampflokomotiven, welche die Bergstrecken mit sehr innovativen Lösungen, wie den Gelenklokomotiven vom Typ Mallet, ausrüstete.

TECHNIK Das Prinzip der Mallet-Lokomotiven bestand aus zwei Triebwerken, von denen sich jedes aus zwei, drei oder auch vier Achsen zusammensetzen konnte. Das vordere Triebwerk war beweglich als Drehgestell mit Querlenkung ausgelegt, während das zweite Triebwerk starr an der Lokomotive befestigt war. Dieses System lieferte dank der verdoppelten Zylinderanzahl eine außergewöhnliche Leistung. Darüber hinaus sorgte die Gliederung in zwei Triebwerke für gute Kurvengängigkeit. Diese zwei kombinierten Eigenschaften führten zum hauptsächlichen Einsatz der Mallet auf Bergstrecken, wo Kraft und Elastizität unverzichtbar waren und immer noch sind. Die Central Bahn bestellte bei der »Schweizerischen Lokomotivfabrik« in Winterthur eine Serie von zwölf Maschinen dieses Typs, Model B+B mit Schlepptender, um schwere Güterzüge zu transportieren. Ähnlich wie die bei der Gesellschaft bereits in Betrieb befindlichen Tenderloks von Mallet, konnten diese eleganteren und ausgeklügelteren Lokomotiven 190 t schwere Züge mit 20 km/h über Steigungen von 27‰ ziehen. Heute mögen uns solche Leistungen bescheiden erscheinen, aber am Übergang vom 19. ins 20. Jahrhundert gereichten sie einer Lokomotive zur Ehre und sicherten ihr eine glanzvolle Karriere.

Visitenkarte

Herkunft
Schweiz

Baujahr
1897

Typ
Personen- und Güterzuglokomotive

Antrieb
doppelte Dampfdehnung (Verbundmaschine)

gebaute Exemplare
12

hergestellte Versionen
1

Gr. 270 Rete Adriatica

Visitenkarte

Herkunft
Italien, Deutschland

Baujahr
1898

Typ
Personenzuglokomotive

Antrieb
einfache Dampfdehnung

gebaute Exemplare
207

hergestellte Versionen
1

Mit einem mäßigen Budget und bescheidenen Ansprüchen kann man zuweilen doch auch große Sprünge machen. Das ist der Fall bei dieser ausgezeichneten kleinen Tenderlokomotive, die mit wenigen Mitteln und für einfache Zwecke gebaut wurde, doch einen authentischen Erfolg in der Geschichte der Dampfloks auf Nebenstrecken darstellt.

EIGENSCHAFTEN Achsfolge: Ct. **Spurweite:** 1435 mm. **Zylinder:** zwei außen liegende 430 x 580 mm. **Maximaler Kesseldruck:** 12 kg/cm². **Länge:** 9000 mm. **Treibraddurchmesser:** 1510 mm. **Höchstgeschwindigkeit:** 65 km/h. **Gewicht:** 44 t. **Adhäsionsgewicht:** 44 t. **Fassungsvermögen Wasser:** 5 m³. **Fassungsvermögen Kohle:** 1,2 t. **Maximale Zugkraft:** 7500 kg.

GESCHICHTE Vom Ende des 19. Jahrhunderts in Florenz gegründeten »Ufficio Studi delle Rete Adriatica« wurde der Auftrag erteilt, das Zugmaschinenproblem jener leichten Personenzüge zu lösen, welche die Apenninkette in Mittelitalien überquerten, hier vor allem auf den Linien Terni-Fabriano-Ancona, Rom-Pescara, Pescara-Avezzano und Terni-L'Aquila. Zu dieser Zeit vertrauten die Ingenieure in ganz Europa, was den Verkehr auf Nebenstrecken anlangte, ganz auf Tenderlokomotiven mit drei Treibachsen. Diese Angewohnheit wurde in Folge auch bei den Linien mit Meterspur angewandt. Daher wählte auch die Rete Adriatica ein Ct-Modell.

TECHNIK Die Gr. 270 war eine anspruchslose Lokomotive, was ihre eindeutig althergebrachten technischen Merkmale und die Leistung betraf, die hinter dem Machbaren jener Zeit zurückblieben: eine Höchstgeschwindigkeit von rund 65 km/h und eine Spitzenleistung von 440 PS bei 30 km/h. Wie ihre mehr als ein halbes Jahrhundert dauernde glänzende Laufbahn beweist, war diese Lok dennoch außerordentlich effizient. Sie befuhr schwierige Strecken mit vielen Stationen, Bergauf-Anfahrten und engen Kurven. Und das, ohne jemals Schaden zu nehmen! Im Besonderen konnte dieser Lokomotivtyp in beide Richtungen mit der gleichen Geschwindigkeit fahren, während im Fall von Maschinen mit Schlepptendern letzterer die Sicht des Lokomotivführers nach hinten behinderte und die Geschwindigkeit im Rückwärtsgang beschränkte. Die Serie setzte sich aus verschiedenen Maschinen zusammen: ihr gehörten nämlich 207 in der Zeit von 1898 bis 1911 in den Werkstätten von Ansaldo, Breda und OM in Mailand, CM in Saronno und auch vom deutschen Hersteller Maffei gebaute Exemplare an. Im Zuge der Vereinheitlichung der italienischen Eisenbahnen und der Schaffung der Staatlichen Eisenbahn (FS) erhielten sie die Baureihenbezeichnung 851. Sie wurden in den 60er-Jahren des vergangenen Jahrhunderts außer Dienst gestellt. Einige Einheiten wurden vor dem Verschrotten gerettet und als sind Lokomotivdenkmäler erhalten geblieben.

P3^1

Sie wurde als die Lokomotive für die »Leute von Welt« bezeichnet. Es stimmt tatsächlich, dass man zu Beginn des 20. Jahrhunderts 2'B1-Lokomotiven an der Spitze der berühmtesten Züge sah, und die P3^1 war die eleganteste und aus ästhetischer Sicht eigenständigste. Dank ihrer großzügig bemessenen Feuerbüchse konnte sie Züge von mehr als 200 t mit 90 km/h ziehen.

EIGENSCHAFTEN Achsfolge: 2'B1'. **Spurweite:** 1435 mm. **Zylinder:** zwei innen liegende 490 x 570 mm. **Maximaler Kesseldruck:** 13 kg/cm^2. **Treibraddurchmesser:** 1980 mm. **Höchstgeschwindigkeit:** 90 km/h. **Gewicht** (ohne Tender): 60 t. **Adhäsionsgewicht:** 30 t. **Fassungsvermögen Wasser:** 16 m^3. **Fassungsvermögen Kohle:** 6 t.

GESCHICHTE Wie in den USA und vielen europäischen Ländern entschied man sich auch bei der Pfälzischen Eisenbahn in Deutschland für den Lokomotivtyp 2'B1'. Gegenüber dem Typ 2'B bot die größere Feuerbüchse einen ansehnlichen Leistungsgewinn. Die von Van Helmholtz entworfene Maschine machte im deutschen Schienennetz Schule, und andere Eisenbahngesellschaften entschieden sich, ihren Lokomotivbestand um diesen Typ zu vervollkommnen. Der Münchner Hersteller Maffei wurde Meister auf dem Gebiet des Modells 2'B1' und er lieferte einwandfreie Maschinen an die Badische Eisenbahn. Die Preußische Eisenbahn ließ hingegen die berühmte S9 bei den Firmen Grafenstaden und Hanomag bauen.

TECHNIK Die P3^1-Lokomotiven waren im Stande, Züge von mehr als 200 t mit 90 km/h zu ziehen. Das markanteste Erkennungsmerkmal dieser Maschinen war die breite Feuerbüchse, die so angelegt war, dass man die größtmögliche Leistung aus der Verdampfung erzielte. Um diese Konstruktion in die Praxis umzusetzen, war es notwendig, die Träger des Rahmens hinter der zweiten Treibachse zu unterbrechen und sie mit einem zweiten Rahmen mit außen liegenden Trägern, die über die Achslagergehäuse des hinteren Lenkgestells verliefen, zu verlängern. Die Zylinder lagen innen, was für eine nicht-englische, europäische »Atlantic« selten war. Diese Anordnung, die Wartungsarbeiten erschwerte, hatte man gewählt, um bei hohen Geschwindigkeiten Laufruhe zu gewährleisten. Und auch ihre Eleganz brachte dieser fabelhaften Lokomotive große Vorteile.

Visitenkarte

Herkunft
Deutschland

Baujahr
1898

Typ
Schnellzuglokomotive

Antrieb
einfache Dampfdehnung

gebaute Exemplare
12

hergestellte Versionen
1

Oben: Die P3^1 mit innen liegenden Zylindern, wie es der originalen Anordnung entspricht.
Links: Eine Version mit außen liegenden Zylindern.

Claud Hamilton Class

Visitenkarte

Herkunft
Großbritannien

Baujahr
1900

Typ
Personenzuglokomotive

Antrieb
einfache Dampfdehnung

gebaute Exemplare
121

hergestellte Versionen
7

Die Eleganz der englischen Maschinen zwischen dem Ende des 19. und dem Anfang des 20. Jahrhunderts wird bei dieser Lokomotive der Great Eastern Railway von der blauen Verkleidung mit den roten und goldenen Verzierungen widergespiegelt. Sie wurde mit Rohöl beheizt – womit sie definitiv ihrer Zeit voraus war –, hatte Treibräder von mehr als 2000 mm Durchmesser und konnte, was die Geschwindigkeit betrifft, Höchstleistungen erbringen.

EIGENSCHAFTEN Achsfolge: 2'B. **Spurweite:** 1435 mm. **Zylinder:** zwei innen liegende 483 x 660 mm. **Maximaler Kesseldruck:** 12,7 kg/cm². **Länge** (mit Tender): 16.276 mm. **Treibraddurchmesser:** 2134 mm. **Höchstgeschwindigkeit:** 90 km/h. **Gewicht** (mit Tender): 97 t. **Adhäsionsgewicht:** 37 t. **Fassungsvermögen Wasser:** 16 m³. **Fassungsvermögen Öl:** 3,25 m³. **Maximale Zugkraft:** 7757 kg.

GESCHICHTE Diese elegante 2'B (in Betrieb von 1900 bis 1958) wurde zu Ehren einer der Direktoren der kleinen Gesellschaft GER (Great Eastern Railway) Claud Hamilton getauft und machte den Anfang einer Serie von 121 Lokomotiven, die von hoher Leistungsstärke gekennzeichnet waren und ohne weiteres Züge von 400 t Gewicht (14 oder 15 Waggons) mit einer Durchschnittsgeschwindigkeit von 80 km/h ziehen konnten. Diese Maschinen liefen bei der GER unter der Bezeichnung D 14, ab der 42. Lokomotive, als 1903 die Belpaire-Feuerbüchse eingeführt worden war, hieß die Serie D 15. 1911 wurde die Dampfüberhitzung übernommen und die Maschinen wurden D 15/1 benannt. Die Verlängerung der Rauchkammer führte 1914 zur Geburt der D 15/2. Im Jahre 1923 wurden die Maschinen immer noch produziert, bekamen größere Kessel und die Bezeichnung D 16/2. Schließlich wurde ab 1933 die Reihe D 16/3 gebaut. Ihre Radabdeckungen waren verändert und man war zur herkömmlichen Feuerbüchse zurückgekehrt.

TECHNIK Diese Lok kam drei Monate nach dem Beginn des neuen Jahrhunderts aus den Werkstätten der Great Eastern in Stratford und schien – gemessen an den zeitgenössischen britischen Maschinen – auf den ersten Blick sehr den klassischen Konstruktionsprinzipien zu folgen: ein vorderes Lenkgestell, danach zwei Treibachsen, und überhaupt die Mechanik der Zylinder, die unsichtbar blieb, da sie zwischen den Trägern des Rahmens angebracht war. Dennoch gab es eine wichtige Neuheit: es handelte sich um eine Dampflokomotive, die nicht Kohle, sondern gebrauchtes Öl verbrannte, ein Brennstoff, der in den Lagern der Eisenbahn im Überfluss vorhanden war. Altöl zu verbrennen stellte mehr als eine ökologische Initiative dar, bevor dieses Wort zum Allgemeingut wurde, sondern war eine höchst wirtschaftliche Lösung, mit der man den steigenden Kosten für Kohle von guter Qualität begegnen konnte.

Atlantic Nord

Visitenkarte

Herkunft
Frankreich

Baujahr
1902

Typ
Personenzuglokomotive

Antrieb
doppelte Dampfdehnung (Verbundmaschine)

gebaute Exemplare
185

hergestellte Versionen
8

Diese Lokomotive hatte die Zahl Drei für sich gepachtet: Sie konnte nämlich in drei Stunden (bei einer Durchschnittsgeschwindigkeit von 100 km/h) eine Strecke von 300 km zurücklegen und dabei einen 300 t schweren Zug ziehen. Eine Aufgabe, die sie an der Spitze von Schnellzügen in Nordfrankreich ohne Schwierigkeiten erledigte, bevor sie in den 30er-Jahren endgültig durch die »Pacific« ersetzt wurde.

EIGENSCHAFTEN Achsfolge: 2'B1'. **Spurweite:** 1435 mm. **Zylinder:** zwei außen liegende mit 340 x 640 mm, zwei innen liegende Niederdruckzylinder mit 560 x 640 mm. **Maximaler Kesseldruck:** 16 kg/cm². **Länge** (mit Tender): 18.247 mm. **Treibraddurchmesser:** 2040 mm. **Höchstgeschwindigkeit:** 120 km/h. **Gewicht** (ohne Tender): 70 t. **Adhäsionsgewicht:** 35,6 t. **Fassungsvermögen Wasser:** 23 m³. **Fassungsvermögen Kohle:** 7 t. **Maximale Zugkraft:** 10.921 kg.

GESCHICHTE Die »Compagnie du Nord« präsentierte ihre neue Lokomotive vorab anlässlich der Weltausstellung in Paris 1900 und fuhr einen wirklichen Erfolg ein. Die technischen Einzelheiten gefielen ebenso wie die Eleganz ihrer Form. Die typische braune Farbgebung mit den gelben Details behielt sich die französische Eisenbahngesellschaft für ihre schnellen Verbundlokomotiven vor.

Oben eine »Atlantic Nord«, wie sie im französischen Eisenbahnmuseum in Mulhouse erhalten geblieben ist.

TECHNIK Von Gaston du Bousquet, Chefingenieur der »Campagnie du Nord«, und Alfred de Glehn, Planungsdirektor der »Société Alsacienne de Construction Mécanique« in Mulhouse, war die »Atlantic Nord« auf dem neuesten Stand der Technik: Belpaire-Feuerbüchse, Adams-Ventile, Friedmann-Injektoren, gebündelte Serve-Heizröhren im Kessel, getrennte Steuerung für Hoch- und Niederdruck bei der Anfahrt und ein beweglicher, kegelförmiger Schornstein. Ab 1902 wurde von dieser Lokomotive eine komplette Serie von 33 Stück gebaut. Diese schnellen Maschinen konnten Durchschnittsgeschwindigkeiten von 94 bis 100 km/h halten und Spitzenwerte von 130 bis 140 km/h erreichen. Dabei handelt es sich um Leistungen, die tagtäglich beim Transport der wichtigsten französischen Schnellzüge erbracht wurden. Außer den 33 für die »Compagnie du Nord« wurden noch weitere 152 für andere Gesellschaften, nicht nur französische, gebaut. Im Lauf der Jahre kam es zu vielen Änderungen – so die Überhitzereinrichtung, die mechanische Schmierung, neue Zylinder –, die dazu beitrugen, dass die Leistung nochmals gesteigert werden konnte. So wurden die Lokomotiven erheblich stärker und konnten Züge von 400 t mit einer mittleren Geschwindigkeit von etwa 100 km/h ziehen.

Saint Class

Visitenkarte

Herkunft
Großbritannien

Baujahr
1902

Typ
Personenzuglokomotive

Antrieb
einfache Dampfdehnung

gebaute Exemplare
77

hergestellte Versionen
1

Die Saint Class ist das Werk des berühmten Ingenieurs der Great Western Railway (GWR) George Jackson Churchward. Diese schnelle 2'C-Lokomotive ging aus einer anderen mit dem gleichen Radstand hervor, die ebenfalls von Churchward für die GWR erdacht worden war, die »William Dean«. Insgesamt wurden 77 Stück mit einfacher Dampfdehnung und innen liegender Steuerung gebaut. Ihre Höchstgeschwindigkeit lag bei 120 km/h.

EIGENSCHAFTEN Achsfolge: 2'C. **Spurweite:** 1435 mm. **Zylinder:** zwei außen liegende 470 x 762 mm. **Maximaler Kesseldruck:** 15,8 kg/cm². **Länge** (mit Tender): 19.209 mm. **Treibraddurchmesser:** 2045 mm. **Höchstgeschwindigkeit:** 120 km/h. **Gewicht** (ohne Tender): 73,1 t. **Adhäsionsgewicht:** 56 t. **Fassungsvermögen Wasser:** 16 m³. **Fassungsvermögen Kohle:** 6 t. **Maximale Zugkraft:** 11.066 kg.

GESCHICHTE Als Churchward die erste Lokomotive vom Modell 2'C entwarf, taufte er sie taktvoll »Dean«, was er später noch zu »William Dean« erweiterte. Es handelte sich dabei um den Namen des berühmten Chief Mechanical Engineer (Chefingenieur), den Churchward als Leiter der Lokomotivenentwicklung der Gesellschaft abgelöst hatte. Diese Lokomotive, die Nr. 100, hatte durchaus etwas typisch Amerikanisches an sich, was auf den respektvollen Umgang und die Freundschaft zurückzuführen ist, die Churchward mit dem Ingenieur Gibbs von der Pennsylvania RR pflegte. Aus der »William Dean« entstand eine Serie von 77 Lokomotiven der Saint Class, die alle von den GWR-Werkstätten in Swindown gebaut wurden. Ab der 32. Lokomotive, der Nr. 2911 Saint Agatha von 1907, wurden die Maschinen jedoch tatsächlich nach Heiligen benannt. Die Saint Martin von 1925 hatte Treibräder von kleinerem Durchmesser, was ihre Zugkraft erheblich erhöhte. Von dieser Maschine ging die nachfolgende Serie aus, die »Hall« hieß. Von ihr wurden 330 Stück gebaut und diese Lokomotiven blieben bis zum Ende des Dampfbetriebes bei der GWR im Dienst.

TECHNIK Die Saint Class präsentierte erstmals die Achsfolge 2'C, die zu jener Zeit in den USA bei schnellen Lokomotiven schon weit verbreitet war. Churchward entschied sich für die amerikanische Achsanordnung und stattete seine Maschine mit außen liegenden Zylindern und einer innen liegenden Stephenson-Steuerung aus, sodass – wie bei der berühmten amerikanischen *ten wheels* – nur die Treib- und Kuppelstangen sichtbar waren. Dieses Konstruktionsprinzip wurde von der Great Western Railway auch bei anderen bedeutenden Serien wie der »Castle« und der »King« angewandt. *(Auf dem Bild unten eine »Saint Class« in der schwarzen Lackierung der British Railways.)*

City of Truro

Diese Lokomotive ist bei den leidenschaftlichen englischen Eisenbahnfreunden sehr bekannt, weil sie die erste war, die einen symbolischen Rekord aufstellte, nämlich jenen über 100 Meilen pro Stunde, was 160 km/h entspricht. Die »City of Truro« verfügte über eine innen liegende Mechanik, die nur eine einfache Kuppelstange erkennen ließ, die außerhalb des Rahmens platziert war.

EIGENSCHAFTEN Achsfolge: 2'B. **Spurweite:** 1435 mm. **Zylinder:** zwei innen liegende 457 x 660 mm. **Maximaler Kesseldruck:** 14 kg/cm^2. **Länge** (mit Tender): 17.189 mm. **Treibraddurchmesser:** 2045 mm. **Höchstgeschwindigkeit:** 160 km/h. **Gewicht** (mit Tender): 92 t. **Adhäsionsgewicht:** 36,7 t. **Fassungsvermögen Wasser:** 13,6 m^3. **Fassungsvermögen Kohle:** 5 t.

GESCHICHTE Es war der brillante Schüler und Nachfolger William Deans in der Planungsabteilung für rollendes Material bei der Great Western Railway, George Churchward, der die letzte Serie von Maschinen mit der Achsfolge 2'B und außen liegenden Trägern entwarf. Ihre 1903 aufgenommene Produktion hatte 1910 ihr Ende. Die »City of Truro« war eine solche Lokomotive und sie konnte 1904 ihre Stunde des Triumphs feiern, als sie eine Geschwindigkeit von 100 Meilen pro Stunde erreichte und somit einen Weltrekord fixierte. 1931 wurde sie aus dem Verkehr gezogen und in das Museum von York überstellt. 1957 nahm sie – generalsaniert und mit ihrer originalen Nummer 3440 versehen – an der Spitze eines Sonderzuges mit Eisenbahnfans ihren Dienst wieder auf. Sie versah sogar wieder Regeldienst. 1962, wenige Jahre später, wurde sie erneut ausgemustert. Heute ist sie in den historischen Werkstätten der Great Western Railway in Swindon ausgestellt.

TECHNIK Der »City of Truro« waren Ende des 19. Jahrhunderts die von William Dean ebenfalls für die Great Western Railway entworfenen, schnellen 2'B-Lokomotiven vorausgegangen. Nach der damals in England geläufigen Praxis hatte Dean die Zylinder zwischen die Räder platziert, um eine auch bei hohen Geschwindigkeiten recht stabile Maschine zu erhalten. Damit er Zylinder von großen Ausmaßen verwenden konnte (Garanten für hohe Leistung und Geschwindigkeit), hatte er die Träger des Rahmens an die Außenseite der Räder verlegt und so den Platz zwischen den Rädern vergrößert. Auch die Kuppelstangen der Treibräder waren außen angebracht. Die von Dean geplante Serie war unter dem Namen »Bulldog« besser bekannt. *(Auf dem Bild unten die »City of Truro« an der Spitze eines historischen Zuges.)*

Visitenkarte

Herkunft
Großbritannien

Baujahr
1903

Typ
Schnellzuglokomotive

Antrieb
einfache Dampfdehnung

gebaute Exemplare
27

hergestellte Versionen
1

Die preußische P8

Visitenkarte

Herkunft
Deutschland

Baujahr
1906

Typ
Personenzuglokomotive

Antrieb
einfache Dampfdehnung, Heißdampf

gebaute Exemplare
über 4000

hergestellte Versionen
mehr als 10

Auf dem Bild oben eine perfekt erhaltene P8.

In den ersten Jahrzehnten des 20. Jahrhunderts wurden Modell 2'C-Lokomotiven für den Transport leichter Personenzüge auf Nebenstrecken verwendet. Die preußische P8 war eine der wenigen Maschinen dieser Kategorie, die erfolgreicher war. Durch das wechselhafte Kriegsgeschehen gelangte sie weit über die Grenzen ihrer ursprünglichen Heimat hinaus.

EIGENSCHAFTEN Achsfolge: 2'C. **Spurweite:** 1435 mm. **Zylinder:** zwei außen liegende 575 x 630 mm. **Maximaler Kesseldruck:** 12 kg/cm². **Länge** (mit Tender): 18.592 mm. **Treibraddurchmesser:** 1750 mm. **Höchstgeschwindigkeit:** 110 km/h. **Gewicht** (ohne Tender): 78,5 t. **Adhäsionsgewicht:** 52 t. **Fassungsvermögen Wasser:** 21,5 m³. **Fassungsvermögen Kohle:** 5 t. **Maximale Zugkraft:** 12.140 kg.

GESCHICHTE Diese Maschine wurde ab 1906 von der deutschen Industrie (Borsig, Henschel, Schwarzkopf, Hoffmann, Vulkan u.a.) in großer Stückzahl hergestellt und bildete die Baureihe 38 der Deutschen Reichsbahn: Die vielen Exemplare dieser Serie waren in zuerst Deutschland weit verbreitet, nach dem Ersten Weltkrieg auch in ganz Europa. Nach Kriegsende wurden nämlich viele dieser Lokomotiven als Wiedergutmachung beansprucht. Auf diese Art wechselten etwa 394 P8 ihre Nationalität. Frankreich erhielt 162, Belgien 168. Italien und Griechenland teilten sich 64, während andere Länder wie Österreich, Polen, Litauen, die Niederlande, Dänemark und Rumänien diese Lokomotiven direkt auf ihrem eigenen Terrain vorfanden, wo sie nach dem Rückzug des deutschen Heeres zurückgelassen worden waren.

TECHNIK Aus technischer Sicht lief die P8 mit der Anfang des 20. Jahrhunderts in Deutschland herrschenden Eisenbahn-Philosophie konform, die der erfolgreiche Ingenieur Robert Garbe zum Ausdruck gebracht hatte. Er zog es vor, einfache, robuste und verlässliche Lokomotiven zu bauen – das heißt mit zwei Zylindern und einfacher Dampfdehnung. Diese Denkschule stand im Gegensatz zu jener, die der komplizierten, aber auch leistungsstärkeren Verbundmaschine (doppelte Dampfdehnung) mit Hoch- und Niederdruckzylindern den Vorzug gab. Zwischen 1906 und 1926 wurden gut 4000 P8 gebaut, die bald die beständigste Serie von Lokomotiven mit der Achsfolge 2'C der Welt darstellte. Im Allgemeinen war ihre Geschwindigkeit auf 100 bis 110 km/h beschränkt und mit einer Dauerleistung von 2000 PS (bei 75 km/h) konnte diese Lok Schnellzüge, schnelle Postzüge und leichte Güterzüge ziehen.

S 2/6

Die S 2/6 gilt als eine der elegantesten Lokomotiven der Welt und als die schönste aller »bayerischen«. Sie war sehr hoch, man konnte durch ihre imposanten Räder hindurchsehen und einen Blick auf das feingliedrige Gestänge und die Steuerung werfen – diese Maschine war dazu erdacht worden, hohe Geschwindigkeiten zu erreichen. Die aerodynamische Form der Rauchkammertür zeugt davon.

EIGENSCHAFTEN Achsfolge: 2'B2'. **Spurweite:** 1435 mm. **Zylinder:** zwei Hochdruckzylinder mit 410 x 640 mm, zwei Niederdruckzylinder mit 610 x 640 mm. **Maximaler Kesseldruck:** 14 kg/cm². **Länge** (mit Tender): 21.125 mm. **Treibraddurchmesser:** 2200 mm. **Höchstgeschwindigkeit:** 140 km/h. **Gewicht** (mit Tender): 136 t. **Adhäsionsgewicht:** 32 t. **Fassungsvermögen Wasser:** 26 m³. **Fassungsvermögen Kohle:** 7 t.

GESCHICHTE Zu Beginn des 20. Jahrhunderts waren die Bayerischen Eisenbahnen, so wie viele andere europäische Gesellschaften, mit der Notwendigkeit konfrontiert, die Zugkraft zu erhöhen. Um dies zu erreichen, vermied man aus Angst vor Komplikationen (Schlingerbewegungen und Schwierigkeiten bei Kurvendurchfahrten), die sich aus drei Treibachsen ergeben konnten, das Modell 2'C. Stattdessen blieb man der Lokomotive mit zwei Treibachsen treu, ergänzte sie jedoch durch ein hinteres Lenkgestell.

TECHNIK Nachdem die Achsfolge 2'B2' gewählt war, statteten die Bayerischen Eisenbahnen die S 2/6 mit einer Feuerbüchse aus, die einen Rost mit großer Oberfläche (4,7 m²) aufwies – vielleicht sogar unverhältnismäßig groß für eine Maschine mit gerade einmal 32 t Adhäsionsgewicht. Die Abmessungen der Feuerbüchse waren so groß, dass das zweite Lenkgestell (unverzichtbar, um sie abzustützen) sehr weit hinten, nahe der ersten Achse des Tenders, angebracht werden musste. Aus diesem Grund zeichneten sich die bayerischen Lokomotiven des beginnenden 20. Jahrhunderts durch eine derart ausgefallene Form aus, dass man sie später auch noch in der »Pacific S 3/6« derselben Gesellschaft wiederfindet. Doch die S 2/6 verfügte noch über andere interessante Eigenschaften: einen Rahmen amerikanischer Bauart, mit verstärkten Streben, der eine freie Aufhängung des Kessels erlaubte; untereinander durch Ausgleichhebel zu einer Wiege verbundene Tragfedern, die zu einem besseren Lastenausgleich beitrugen und die mechanische Abnützung der Gleise verminderten, sowie gebremste Lenkgestelle, die in Kurven einen Querausgleich von 70 mm zuließen. Der Antrieb durch eine Verbundmaschine war in Deutschland, wo diese Art Maschine kaum Verwendung fand, ziemlich unüblich. Die Zylinder waren in Serie und auf Höhe der Mitte des vorderen Lenkgestells angeordnet, wobei der Niederdruckzylinder außen saß. Die Kurbeln der Räder waren paarweise in einem Winkel von 180° angeordnet. Diese Lokomotive blieb aber ein Einzelstück. Das Bremssystem und der Zustand des bayerischen Schienennetzes erwiesen sich als unzureichend für die Leistung der S 2/6.

Visitenkarte

Herkunft
Deutschland

Baujahr
1906

Typ
Schnellzuglokomotive

Antrieb
doppelte Dampfdehnung (Verbundmaschine), Heißdampf

gebaute Exemplare
1

hergestellte Versionen
1

A 3/5

Visitenkarte

Herkunft
Schweiz, Deutschland

Baujahr
1907

Typ
Schnellzug-lokomotive

Antrieb
doppelte Dampfdehnung (Verbund-maschine)

gebaute Exemplare
51

hergestellte Versionen
2

Auch bei den Schweizer Eisenbahnen hat die Dampflokomotive eine große Vergangenheit. Die A 3/5 war eine der hervorragendsten Maschinen vom Typ 2'C in Europa, was sie durch ihren Einsatz bei der Sankt-Gotthard-Bahn bewiesen hat. Sie gilt außerdem als die schönste schweizerische Lokomotive.

EIGENSCHAFTEN Achsfolge: 2'C. **Spurweite:** 1435 mm. **Zylinder:** zwei Hochdruckzylinder mit 425 x 660 mm, zwei Niederdruckzylinder mit 630 x 660 mm. **Maximaler Kesseldruck:** 14 kg/cm^2. **Länge** (mit Tender): 18.640 mm. **Treibraddurchmesser:** 1780 mm. **Höchstgeschwindigkeit:** 110 km/h. **Gewicht** (mit Tender): 115 t. **Adhäsionsgewicht:** 48 t. **Fassungsvermögen Wasser:** 17,8m^3. **Fassungsvermögen Kohle:** 7 t.

GESCHICHTE Schon gegen Ende des 19. Jahrhunderts waren Lokomotiven mit der Achsfolge 2'C im Gesamtbild der europäischen Bahnen stark vertreten. Dieses Modell wurde in der Schweizer Eidgenossenschaft mit der Bezeichnung 3/5 versehen, was sich auf die drei Treibachsen und die Gesamtzahl von fünf Achsen bezieht. Obwohl diese Art Lokomotive bei den europäischen Eisenbahnen als »Mischtyp« mit verschiedensten Arbeitsbereichen angesehen wurde, waren die Schweizer Ingenieure der Überzeugung, dass sie für die kurvenreichen Bergstrecken am geeignetsten sei.

TECHNIK Auf der Sankt-Gotthart-Bahn mit ihren Steigungen von 26‰, auf der man weitaus schwerere und stärkere Maschinen einsetzen hätte können, entschieden sich die Schweizer Ingenieure für eine Lok vom Modell 2'C. Oft wurden sie paarweise eingesetzt (entweder zwei 2'C oder eine 2'C mit einer Güterzuglokomotive Modell 1'D oder 1'E). Kurz gesagt: rund um 1890, also lange bevor die A 3/5 in Erscheinung trat, war die 2'C in der Schweiz extrem verbreitet – sowohl bei der Sankt-Gotthart-Bahn als auch auf anderen Strecken. Bei näherer Betrachtung der A 3/5 fällt auf, dass es zwei Familien gab, die sich durch die Anordnung der Treibstangen voneinander unterschieden. Einerseits gab es die von der SLM produzierte 190, deren Treibstange an der zweiten Treibachse angebracht war. Andererseits war da die von Maffei in München gebaute 118, deren Treibstange an der ersten Treibachse ansetzte. Diese Maschinen wurden zwischen 1907 und 1915 gebaut und erlangten ab 1913 durch die zusätzliche Ausstattung als Heißdampfmaschinen Perfektion. Die letzte A 3/5 wurde 1946 aus dem Verkehr gezogen.

Gr. 470 FS

Visitenkarte

Herkunft
Italien, Deutschland

Baujahr
1907

Typ
Güterzuglokomotive

Antrieb
doppelte Dampfdehnung (Verbundmaschine)

gebaute Exemplare
143

hergestellte Versionen
1

Diese beeindruckende Lok mit fünf gekuppelten Achsen wurde für zahlreiche italienische Bergstrecken gebaut und füllte eine Lücke, die bis zu ihrer Inbetriebnahme herrschte. Die Gr. 470 war das Produkt des 1905 erfolgten Zusammenschlusses der italienischen Eisenbahnen, eine Zeit, in der viele Pläne für neue Loks das Licht der Welt erblickten.

EIGENSCHAFTEN Achsfolge: E. **Spurweite:** 1435 mm. **Zylinder:** zwei Hochdruckzylinder mit 375 x 650 mm, zwei Niederdruckzylinder mit 610 x 650 mm. **Maximaler Kesseldruck:** 16 kg/cm². **Länge** (mit Tender): 20.565 mm. **Treibraddurchmesser:** 1370 mm. **Höchstgeschwindigkeit:** 50 km/h. **Gewicht** (ohne Tender): 74,8 t. **Adhäsionsgewicht:** 74,8 t. **Fassungsvermögen Wasser:** 13 m³. **Fassungsvermögen Kohle:** 5,6 t. **Maximale Zugkraft:** 14.200 kg.

GESCHICHTE Diese Maschine wurde ab 1907 von der deutschen Firma Maffei in München, den »Officine Meccaniche di Milano« (OM) und Breda in einer Stückzahl von insgesamt 143 gebaut. Sie wurde bis zum Ende des Zweiten Weltkrieges in erster Linie auf norditalienischen Bergstrecken eingesetzt.

TECHNIK In der Zeit, als diese Lokomotive bei den italienischen Eisenbahnen in Dienst stand, experimentierten auch die anderen europäischen Eisenbahngesellschaften mit fünfachsigen Maschinen. Man befürchtete allerdings, dass sie keine Kurvenstabilität beweisen würde, oder dass der Rahmen und das Gestänge der Belastung nicht standhalten würden. Nichtsdestoweniger verliehen die Fortschritte im Konstruktionsbereich und einige technische Abhilfen dieser Typ-E-Lokomotive die für schwierige Strecken benötigte Elastizität. So verfügten die Achsen über ein großes seitliches Spiel und auf den Rädern der mittleren Treibachsen fehlte der Spurkranz. Die Gr. 470 war eine vierzylindrige Plancher-Verbundmaschine. Der Kesseldruck lag bei 16 kg/cm², was damals einen bemerkenswerten Wert darstellte. Das Achsgewicht betrug knapp 15 t, wodurch die Lokomotive im gesamten italienischen Schienennetz einsetzbar war. Bei 30 km/h entwickelte sie eine Betriebsleistung von schätzungsweise 1000 PS. Die Besonderheit dieser Lokomotive lag aber darin, dass sie auf den ersten Blick eine Tenderlok zu sein schien. Vor allem das hinten geschlossene Führerhaus (die 470 trug den Spitznamen »Krematoriumsofen«, weil das Personal durch die geschlossene Kabine gezwungen war, bei sehr hohen Temperaturen zu arbeiten). Tatsächlich verfügte die 470 über eine Art Tender, der aus einem Fahrzeug mit zwei Achsen bestand. Sein Aufbau bestand in einem geschlossenen Abteil, der als Gepäckwagen für den Zugführer diente, und einem Wasserreservoir. Nach den heute noch in Italien geltenden Bestimmungen musste nämlich so etwas wie ein »Puffer-Waggon« zwischen Zug und Lokomotive vorhanden sein, der bei möglichen Unfällen eine gewisse Sicherheit bieten soll.

Auf diesem Foto einer Gr. 470 (oben) sieht man den zusätzlichen Tender mit der Kabine für den Zugführer und dem Wassertank.

Gr. 640 FS

Visitenkarte

Herkunft
Deutschland, Italien

Baujahr
1907

Typ
Personenzuglokomotive

Antrieb
einfache Dampfdehnung, Heißdampf

gebaute Exemplare
169

hergestellte Versionen
2

Diese vom großartigen italienischen Ingenieur Giuseppe Zara erdachte Lokomotive für leichte Schnellzüge ist ein Beispiel für die Ablöse der Verbundmaschinen durch solche mit einfacher Dampfdehnung, die durch das Aufkommen verbesserter Heißdampfsysteme möglich wurde.

EIGENSCHAFTEN Achsfolge: 1'C. **Spurweite:** 1435 mm. **Zylinder:** zwei innen liegende 540 x 700 mm. **Maximaler Kesseldruck:** 12 kg/cm². **Länge** (mit Tender): 16.530 mm. **Treibraddurchmesser:** 1850 mm. **Höchstgeschwindigkeit:** 100 km/h. **Gewicht** (ohne Tender): 54 t. **Adhäsionsgewicht:** 44 t. **Fassungsvermögen Wasser:** 15 m³. **Fassungsvermögen Kohle:** 6 t. **Maximale Zugkraft:** 10.000 kg.

GESCHICHTE Diese Baureihe ging ab 1907 in Serie, die ersten 24 Einheiten wurden bei Schwarzkopf in Berlin in Auftrag gegeben und waren mit einer Überhitzungseinrichtung nach dem Patent »Schmidt« ausgestattet. Sie erlangten durch Betriebsergebnisse Bekanntheit, die auf diesem neuen System beruhten, welches Maschinen mit einfacher Dampfdehnung zu Leistungen verhalf, die mit jenen der Verbundmaschinen mithalten können. Die FS hatten tatsächlich den Bau der Gr. 630 zugunsten der neuen 640 Heißdampf-Lokomotive eingestellt. Weitere Einheiten wurden von Breda (127) und »Costruzioni Meccaniche Saronno« (18) gebaut.

TECHNIK Eine Besonderheit der Gr. 640 (die eine Leistung von 800 PS bei 75 km/h hatte) waren die innen liegenden Zylinder (die aus Gründen der Laufruhe dort angebracht waren), während die Steuerung außen lag: daher sah man an den Treibrädern auch nur die Kuppelstangen und das Schiebergestänge. Die wirkliche Neuheit war aber, dass die Gr. 640 als eine Lokomotive vom Typ 1'C einer 2'C durchaus ebenbürtig war. Damals erachteten die Ingenieure weltweit das vordere Lenkgestell als unerlässlich für schnelle Lokomotiven, gleichzeitig misstrauten sie seiner steuernden Wirkung, was die Stabilität bei Kurvendurchfahrten betraf. Zara erfand ein kombiniertes System (das italienische Lenkgestell), das die Bewegungen der vorderen, führenden Achse mit der ersten Treibachse verband. So konnte das gesamte System ohne Schwierigkeiten in Kurven einlenken, da die erste Treibachse ausreichend Spiel hatte.

Die Bilder auf dieser Seite zeigen zwei Gr. 640. Man kann leicht erkennen, dass die beiden Zylinder mit einfacher Dampfdehnung von außen nicht zu sehen sind, weil sie innerhalb des Rahmens untergebracht waren.

Pacific Baden IV F

Diese elegante Lokomotive mit ihrer schlanken Form war die erste »Pacific«, die auf deutschem Boden verkehrte. Sie war das Meisterwerk des Ingenieurs Hammel, der sie für die Münchner Lokomotivenhersteller Maffei entworfen hatte. Wenig später folgte die bayerische Pacific S 3/6, die ebenfalls von Hammel stammte.

EIGENSCHAFTEN Achsfolge: 2'C1'. **Spurweite:** 1435 mm. **Zylinder:** zwei innen liegende Hochdruckzylinder mit 425 x 610 mm, zwei außen liegende Niederdruckzylinder mit 650 x 760 mm. **Maximaler Kesseldruck:** 16 kg/cm². **Länge** (mit Tender): 21.110 mm. **Treibraddurchmesser:** 1800 mm. **Höchstgeschwindigkeit:** 120 km/h. **Gewicht** (mit Tender): 139,3 t. **Adhäsionsgewicht:** 48 t. **Fassungsvermögen Wasser:** 20 m³. **Fassungsvermögen Kohle:** 7 t.

GESCHICHTE Die erste europäische »Pacific« (Achsfolge 2'C1') wurde zwischen Juli und September 1907 in Frankreich auf der Strecke Paris-Toulouse in Dienst gestellt. Beinahe zeitgleich ging im deutschen Schienennetz bei der Badischen Staatsbahn die berühmte IV F in Betrieb (August/September 1907), während man bei der Bayerischen Staatsbahn seit einem Jahr die Lokomotive S 3/6 plante. Sie hatte mit der IV F vieles gemeinsam, allerdings war Letztere ein Jahr früher in Dienst gestellt worden.

TECHNIK Die Pacific Baden IV F wurde auf der Strecke Mannheim-Offenburg-Basel getestet, auf der es Steigungen von 4 bis 5‰ gibt. Der 460 t schwere Versuchszug bestand aus 13 Güterwaggons, von denen einige offene Plattformen hatten, was einen beachtlichen Luftwiderstand erzeugte. Die Lokomotive bewältigte die 257 km lange Strecke ohne Schwierigkeiten mit 90 bis 110 km/h. Es gelang ihr sogar auf längeren Steigungen von 4‰ eine Durchschnittsgeschwindigkeit von 85 km/h zu halten. Auf der Strecke Mannheim-Offenburg-Koblenz, die eine 12,6 km lange Steigung von 17‰ aufwies, gelang es der Maschine, einen Zug von 209 t mit 45 km/h zu ziehen. Die vier Zylinder der Pacific Baden IV F waren allesamt mit der zweiten Treibachse verbunden. Der Konstrukteur hatte die Zylinderkörper in einem Stück gegossen – ein sehr kompliziertes und schweres Gebilde. In diesen Blöcken befanden sich nicht nur die Dampfzylinderbuchsen, sondern auch die Kanäle für die Steuerung. Diese Blöcke waren unterhalb des Rahmens angebracht, während die Hochdruckzylinder zwischen den Trägern und die Niederdruckzylinder außen lagen.

Visitenkarte

Herkunft
Deutschland

Baujahr
1907

Typ
Schnellzuglokomotive

Antrieb
doppelte Dampfdehnung (Verbundmaschine)

gebaute Exemplare
1

hergestellte Versionen
1

230 D Nord

Visitenkarte

Herkunft
Frankreich

Baujahr
1908

Typ
Universal-lokomotive

Antrieb
doppelte Dampfdehnung (Verbund-maschine), Heißdampf

gebaute Exemplare
50

hergestellte Versionen
4

Für die französische »Compagnie du Nord« stellte diese Maschine den Übergang von der »Atlantic« mit zwei Treibachsen (2'B1') zur »Pacific« mit drei Treibachsen (2'C1') dar. Sie war mit vier Verbundzylindern ausgestattet, die sowohl was Leistung wie auch Höchstgeschwindigkeit betrifft, gute Arbeit verrichteten. Die Lokomotive wurde für verschiedene Aufgaben herangezogen: zum Ziehen schneller Personenzüge ebenso wie für den Transport schwerer Güterzüge.

EIGENSCHAFTEN Achsfolge: 2'C. **Spurweite:** 1435 mm. **Zylinder:** zwei Hochdruckzylinder mit 380 x 640 mm, zwei Niederdruckzylinder mit 550 x 640 mm. **Maximaler Kesseldruck:** 16 kg/cm². **Länge** (mit Tender) 19.520 mm. **Treibraddurchmesser:** 1750 mm. **Höchstgeschwindigkeit:** 115 km/h. **Gewicht** (ohne Tender): 71 t. **Adhäsionsgewicht:** 50,2 t. **Fassungsvermögen Wasser:** 20 m³. **Fassungsvermögen Kohle:** 6 t.

GESCHICHTE Der steigende Bedarf an immer stärkeren Maschinen regte den Ingenieur Gaston Du Bousquet in den ersten Jahren des 20. Jahrhunderts dazu an, für die »Compagnie du Nord« eine Lokomotive mit einem ähnlichen Antrieb wie das Modell 2'C1' (Pacific) zu entwerfen. Es handelte sich um eine 2'C und war eigentlich eine Weiterentwicklung der 2'B1' Nord, von der man den Kessel übernahm, aber die hintere führende Achse durch eine Treibachse ersetzte. Im Anforderungsprofil war auch eine Geschwindigkeit von 115 km/h oder darüber, die sie als Zugmaschine für Schnellzüge von 300 bis 400 t erreichen sollte.

TECHNIK Die 2'C-Loks der »Compagnie du Nord« waren sehr ausgeklügelt. Sie verfügten über Verbundmaschinen, deren vier Zylinder mit Schieberkästen mit Druckausgleicher für die Niederdruckzylinder versehen waren, während die Dampferzeugung eine Schmidt-Überhitzereinrichtung mit einschloss. Später nahm man verschiedene Verbesserungen vor, wie sie auf dem Gebiet des Dampfantriebs an der Tagesordnung waren. Ab 1935 wurden Lemaître-Blasrohre und breite Schornsteine eingebaut, was die Leistung auf mehr als 2000 PS steigerte. Während ihrer Dienstzeit wurden diese Lokomotiven in den verschiedensten Bereichen und zum Ziehen aller Arten von Zügen eingesetzt, egal ob als Personenzug- oder Güterzuglokomotiven. Als echte Heißdampf-Verbundmaschine vereinte sie Geschwindigkeit mit Leistung, wobei ein Gleichgewicht zwischen diesen beiden Faktoren erreicht wurde, das ihnen erlaubte, über 600 t schwere Züge mit einer Geschwindigkeit von 115 km/h zu ziehen. Zwischen Creil und Amiens zogen sie aber auch den berühmten *Train Bleu* (503 t) mit einer Durchschnittsgeschwindigkeit von 95,3 km/h.

Gölsdorf Baureihe 210 und 310

Die Achsfolge 1'C2' wurde bei Dampfloks selten angewandt. Obwohl sie bei englischen, schwedischen und japanischen Tenderlokomotiven anzutreffen war, stattete man praktisch niemals Schlepptenderloks damit aus. Der Entwurf des Österreichers Karl Gölsdorf, der auf diesem Gebiet sehr originelle Ideen hatte, stellte eine Ausnahme dar.

EIGENSCHAFTEN Achsfolge: 1'C2'. **Spurweite:** 1435 mm. **Zylinder:** zwei innen liegende Hochdruckzylinder mit 390 x 720 mm, zwei außen liegende Niederdruckzylinder mit 660 x 720 mm. **Maximaler Kesseldruck:** 15 kg/cm². **Länge** (mit Tender): 21.318 mm. **Treibraddurchmesser:** 2140 mm. **Höchstgeschwindigkeit:** 100 km/h. **Gewicht** (ohne Tender): 86 t. **Adhäsionsgewicht:** 44 t. **Fassungsvermögen Wasser:** 21 m³. **Fassungsvermögen Kohle:** 8,5 t.

Visitenkarte

Herkunft
Österreich

Baujahr
1908

Typ
Schnellzuglokomotive

Antrieb
doppelte Dampfdehnung (Verbundmaschine), Heißdampf

gebaute Exemplare
100

hergestellte Versionen
2

GESCHICHTE Dies war die erste Lokomotive mit der Achsfolge 1'C2', eine Anordnung, der man den Namen »Adriatic« verlieh, weil dieses Meer für Österreich-Ungarn in gewissem Sinne dem entsprach, was der Pazifik für die USA darstellte. Die ersten 10 mit Sattdampf betriebenen bildeten die Baureihe 210.01 bis 210.10 (*Bild unten*). 1911 folgte die verwandte Reihe 310.01 bis 310.90 (*oben*), die stärker war, da sie neben der Verbundmaschine auch eine Überhitzungseinrichtung aufwies. Diese Loks setzte man auch in Polen und Preußen ein.

TECHNIK Die österreichischen Eisenbahnen waren nach wirtschaftlichen Gesichtspunkten ausgerichtet, verwendeten leichtes Material (wie die italienischen) und Kohle mit niedrigem Heizwert. Um die Abmessungen der Feuerbüchse zu vergrößern und gleichzeitig das Gewicht bestmöglich auf die Achsen zu verteilen, verwendete Karl Gölsdorf (ein großartiger österreichischer Konstrukteur des beginnenden 20. Jahrhunderts) den Radstand 1'C2'. Durch diese Achsanordnung sah die Anbringung von zwei führenden Achsen unter der Feuerbüchse statt lediglich einer vor, wodurch das Achsgewicht vermindert wurde. Im vorderen Bereich brachte Gölsdorf statt eines zweiachsigen ein Krauss-Helmholtz-Lenkgestell an. Dessen führende Achse war mit der ersten Treibachse verbunden, wodurch diese bei Kurvendurchfahrten kontrollierbar blieb.

Die bayrische S 3/6

Visitenkarte

Herkunft
Deutschland

Baujahr
1908

Typ
Schnellzug-lokomotive

Antrieb
doppelte Dampfdehnung (Verbund-maschine)

gebaute Exemplare
159

hergestellte Versionen
4

Die S 3/6, eine der elegantesten europäischen »Pacifics« zu Beginn des 20. Jahrhunderts, bedeutete einen Bruch mit der preußischen Schule, die damals noch den deutschen Markt beherrschte. Sie trug nämlich die Handschrift von Maffei in München, ihr Design zeugt von Sorgfalt und sie verfügte über fortschrittliche technische Lösungen, wie die doppelte Dampfdehnung.

EIGENSCHAFTEN Achsfolge: 2'C1'. **Spurweite:** 1435 mm. **Zylinder:** zwei Hochdruckzylinder mit 425 x 670 mm, zwei Niederdruckzylinder mit 650 x 670 mm. **Maximaler Kesseldruck:** 15/16 kg/cm². **Länge** (mit Tender): 21.317 mm. **Treibraddurchmesser:** 1879/2000 mm. **Höchstgeschwindigkeit:** 130 km/h. **Gewicht** (ohne Tender): 88 t. **Adhäsionsgewicht:** 53 t. **Fassungsvermögen Wasser:** 27,4 m³. **Fassungsvermögen Kohle:** 8,8 t.

GESCHICHTE S 3/6 ist eine alte Bezeichnung, wie sie bei den deutschen Eisenbahnen verwendet wurde. »S« stand für Schnellzug, »3/6« bedeutete, dass von insgesamt sechs vorhandenen Achsen drei Treibachsen waren. Diese Vorgangsweise war nicht besonders genau, in Anbetracht dessen, dass die Bezeichnung 3/6 auch für Lokomotiven vom Typ 2C1 oder 1C2 stehen hätte können (in Österreich gab es 1C2-Modelle, in England 1C2t-Loks). Daher änderten die deutschen Eisenbahnen später ihr System und nannten die Pacific-Lokomotiven 2C1.

TECHNIK Ab 1890 bis 1900 begannen sich die Bayerischen Eisenbahnen – im Gegensatz zu anderen deutschen Bahnen – den Verbundmaschinen zu widmen. Nachdem sie zwei »Atlantics« aus den USA erworben hatten, entschieden sich die deutschen Konstrukteure, diese Maschinen mit einigen zeitgemäßen technischen Errungenschaften auszurüsten: Gussrahmen, riesige, in einem Stück gegossene Zylinderblöcke mit Aufhängung an der Rauchkammer, sehr hoch über den Rädern stehende Kessel usw. Mit einer Dauerleistung von 1750 PS (bei 70 km/h) war die Pacific S 3/6 nach diesen Überlegungen konzipiert und wurde 1908 zuerst an die Badische, danach an die Bayerische Staatsbahn verkauft. Von diesem Augenblick an war Maffei in München der Lieferant von Pacific-Loks für die bayerischen Bahnen und blieb es auch 23 Jahre lang. Die S 3/6, sie wurde zu Beginn der 30er-Jahre von der Deutschen Reichsbahn in Baureihe 18 umbenannt, stand als Schnellzuglok in den Bergen Bayerns und im Flachland Norddeutschlands im Einsatz. Ihre bekannteste Aufgabe fand sie an der Spitze des berühmten Zuges *Rheingold*, der zwischen der bayerischen Hauptstadt und dem Rheintal verkehrte.

Pacific PLM

An die »Pacifics« der PLM (Paris-Lyon-Méditerranée) erinnert man sich, weil sie zu den schönsten Lokomotiven Frankreichs zählen. Zwischen 1909 und 1932 wurden 462 Einheiten gebaut. Nach dem Zweiten Weltkrieg nahm man einige Veränderungen vor, die ihnen eine »zweite Jugend« bescherten.

EIGENSCHAFTEN Achsfolge: 2'C1'. **Spurweite:** 1435 mm. **Zylinder:** zwei Hochdruckzylinder mit 440 x 650 mm, zwei Niederdruckzylinder mit 650 x 650 mm. **Maximaler Kesseldruck:** 16 kg/cm². **Länge** (mit Tender): 20.000 mm. **Treibraddurchmesser:** 2000 mm. **Höchstgeschwindigkeit:** 130 km/h. **Gewicht** (ohne Tender): 93 t. **Adhäsionsgewicht:** 55 t. **Fassungsvermögen Wasser:** 28 m³. **Fassungsvermögen Kohle:** 5 t. *(Die Angaben beziehen sich auf eine 231 C von 1912)*

GESCHICHTE Am Beginn des 20. Jahrhunderts erreichten die immer geräumigeren und komfortableren Waggons, die inzwischen schon beinahe ausschließlich aus Metall gefertigt wurden, ein Gewicht von 40 bis 50 t. Lokomotiven des Typs 2'B oder 2'B1' mit zwei Treibachsen konnten Züge von 400 bis 600 t Gesamtgewicht kaum noch bewältigen. Die PLM entschied sich daher wie die meisten der europäischen Eisenbahngesellschaften vor 1914 für die Konstruktion von schnellen Lokomotiven mit drei Treibachsen. Wenngleich sich auch einige mit 2'C-Lokomotiven zufrieden gaben, favorisierte die PLM den Typ 2'C1' oder »Pacific«.

TECHNIK Bevor man sich auf die technische Ausführung der »Pacific« festlegte, ließ die PLM zwei Lokomotiven bauen, deren Systeme eine bessere Nutzung des Brennstoffs versprachen. Eine, die 6001, war eine Verbundlokomotive mit vier Zylindern, wobei die beiden Hochdruckzylinder mit der zweiten Treibachse, die beiden Niederdruckzylinder mit der ersten Treibachse verbunden waren. Die Verbundmaschine erlaubte zwar eine bessere Nutzung des Dampfes, war aber komplizierter und aus mechanischer Sicht anfälliger. Die andere, die 6101, verfügte über einfache Dampfdehnung mit vier parallelen Zylindern, das heißt einer neben dem anderen an der Achse des vorderen Drehgestells angeordnet. Der Kessel war mit einem System zur Dampfüberhitzung ausgestattet. Die 6101 erbrachte höchstens Einsparungen von 13,5% bei 750 PS und 85 km/h sowie 5% bei 1000 PS und 80 km/h. Schließlich wurde auch die 6001 mit einer Überhitzereinrichtung ausgerüstet und sparte daraufhin 31% Kohle und 30% Wasser ein. Nach einer ersten Betriebszeit mit 70 Maschinen mit einfacher Dampfdehnung gab die PLM 1912 endgültig der Verbundmaschine den Vorzug und erweckte so eine hervorragende und erfolgreiche Serie zum Leben. Diese Baureihe war Gegenstand ständiger Verbesserungen (*unten: Ein Exemplar mit einer experimentellen Verkleidung*). Die letzte Version, die 1934 gebaute 231 G, entwickelte eine Kraft von 2800 PS und erreichte Spitzengeschwindigkeiten von 150 km/h.

Visitenkarte

Herkunft
Frankreich

Baujahr
1909

Typ
Schnellzuglokomotive

Antrieb
doppelte Dampfdehnung (Verbundmaschine), Heißdampf

gebaute Exemplare
462

hergestellte Versionen
7

Auf dem Bild unten eine aerodynamisch verkleidete Pacific PLM.

Garratt K1

Visitenkarte

Herkunft
Großbritannien

Baujahr
1909

Typ
Personen- und Güterzuglokomotive

Antrieb
doppelte Dampfdehnung (Verbundmaschine)

gebaute Exemplare
2

hergestellte Versionen
1

Oben: Ein Exemplar der Gelenklokomotive von Garratt.

Als der junge Ingenieur Herbert William Garratt 1906, eben aus Australien zurückgekehrt, mit einem Entwurf für eine sehr originelle Lokomotive bei Beyer-Peacock vorstellig wurde, hatte er Glück und wurde angehört. Die renommierte Firma hatte nämlich gerade einen neuen Direktor bekommen, der auf der Suche nach neuen Ideen war: Garratt kam mit seinem Projekt gerade zur rechten Zeit.

EIGENSCHAFTEN Achsfolge: B + Bt. **Spurweite:** 610 mm. **Zylinder:** zwei Hochdruckzylinder mit 279 x 406 mm, zwei Niederdruckzylinder mit 432 x 406 mm. **Maximaler Kesseldruck:** 14 kg/cm^2. **Länge:** 8100 mm. **Treibraddurchmesser:** 800 mm. **Gewicht:** 34,5 t. **Adhäsionsgewicht:** 34,5 t.

GESCHICHTE Die Geschichte der allerersten Lokomotive vom Typ Garratt ist mit der einer Bergwerksbahn in Tasmanien verknüpft, die als Schmalspurbahn mit einer Spurweite von 610 mm angelegt und etwa 27 km lang war. Die Werkstätten Beyer-Peacock erhielten den Auftrag für eine Lokomotive, die für diese Spur geeignet war. Sie sollte sehr stark sein, um schwere Züge zu transportieren und auf zwei Triebwerken aufgebaut sein, damit sie die enge und kurvenreiche Strecke der Bergwerksbahn befahren konnte.

TECHNIK Bei diesem von Garratt erdachten Modell konnten Feuerbüchse und Kessel den gesamten verfügbaren Platz zwischen den beiden Triebwerken einnehmen. Auf diese Weise konnte auch eine Schmalspurlokomotive mit Feuerbüchse und Kessel von großen Ausmaßen ausgerüstet werden. Bei herkömmlichen Loks waren diese Teile auf einem Rahmen mit den daran montierten Rädern untergebracht. Der verfügbare Platz war außer nach oben ausgesprochen beschränkt. Die ersten beiden Garratt-Lokomotiven wurden 1909 an die tasmanische Bergwerksbahn ausgeliefert. Es handelte sich um Maschinen von Typ B + B mit Verbundmaschine – ein Aufbau, der bei späteren Garratts nicht mehr zur Anwendung kommen sollte. Auf den beiden Triebwerken wurden die Kohlen- und Wasservorräte befördert, was die Haftreibung bei der Anfahrt vergrößerte, vor allem wenn sie unter Volllast stand. Weil die beiden Antriebseinheiten drehbar angebracht waren, konnte die Maschine in Kurven perfekt das Gleichgewicht halten und sie erwies sich auch auf unwegsamen Strecken als sehr stabil. Weil jedoch die Zylinder gegenüber dem Kessel beweglich installiert waren, musste auch ein System aus Dampfleitungen mit Gelenken eingebaut werden. Der dadurch auftretende Druckverlust bereitete einige Probleme. Die beiden ersten Garrat-Lokomotiven blieben bis 1930 in Betrieb.

Gr. 625 FS

Verlässlich und leicht zu handhaben waren diese Lokomotiven nach den Kriterien »einfach und praktisch« gebaut worden. Sie stammten vom »Ufficio Studi« in Florenz, das nach 1905 das Zentrum des Lokomotivenbaus der FS geworden war.

EIGENSCHAFTEN Achsfolge: 1'C. **Spurweite:** 1435 mm. **Zylinder:** zwei innen liegende 490 x 700 mm. **Maximaler Kesseldruck:** 12 kg/cm². **Länge** (mit Tender): 16.695 mm. **Treibraddurchmesser:** 1510 mm. **Höchstgeschwindigkeit:** 80 km/h. **Gewicht** (ohne Tender): 53,8 t. **Adhäsionsgewicht:** 43 t. **Fassungsvermögen Wasser:** 12 m³. **Fassungsvermögen Kohle:** 4,3 t. **Maximale Zugkraft:** 10.200 kg.

GESCHICHTE Die Geschichte dieser Lokomotivengruppe beginnt 1904, als die »Rete Adriatica« von Ansaldo in Genua mit den ersten italienischen Maschinen des Typs 1'C beliefert wurden. Sie gehörten zuerst zur Baureihe 380 RA, dann zur Gr. 600 FS und waren die ersten, die das berühmte italienische Lenkgestell aufwiesen, das später bei fast allen italienischen Dampflokomotiven anzutreffen war. Diese Maschinen verfügten über Treibräder mit einem Durchmesser von 1510 mm, doppelte Dampfdehnung, Sattdampf und zwei einzelne innen liegende, asymmetrisch angebrachte Zylinder. Diese Loks waren so erfolgreich, dass 1908 bereits 248 Stück von italienischen und ausländischen Herstellern gebaut worden waren.

TECHNIK 1908 wurden die Gr. 640 in Dienst gestellt. Sie wurden durch einfache Dampfdehnung angetrieben und hatten Schmidt-Überhitzereinrichtungen, die den Sattdampf aufnahmen, ihn erhitzten und die Feuchtigkeit senkten. Der so erzeugte trockenere und aktivere Dampf war bei einfacher Dampfdehnung den Leistungen der Verbundmaschinen ebenbürtig, ja nicht selten überlegen. Als die FS diese guten Ergebnisse sahen, beschlossen sie zum Heißdampf überzuwechseln und schufen eine neue Baureihe, die 625. Dank der einfachen Dampfdehnung und Doppelzylindern boten sie optimale Fahreigenschaften, Vielseitigkeit und Verlässlichkeit im Betrieb. Die Maschinisten nannten diese Lokomotive wegen ihrer eleganten Linien und wegen ihrer Fähigkeit, sich gut an kurvenreiche Strecken anzupassen, »Signorina« (Fräulein). Zwischen 1910 und 1923 wurden 188 Einheiten gebaut. Nach und nach wurden auch 153 Loks der Gr. 600 auf einfache Dampfdehnung umgerüstet und der Baureihe 625 zugerechnet. So kam die Gr. 625 auf eine Gesamtzahl von 341 Einheiten.

Visitenkarte

Herkunft
Italien

Baujahr
1910

Typ
Personenzuglokomotive

Antrieb
einfache Dampfdehnung, Heißdampf

gebaute Exemplare
341

hergestellte Versionen
1

Gr. 740 FS

Visitenkarte

Herkunft
Deutschland, Italien

Baujahr
1910

Typ
Güterzuglokomotive

Antrieb
einfache Dampfdehnung

gebaute Exemplare
470

hergestellte Versionen
1

Mit 470 Stück war diese Lokomotive zur Zeit des Dampfantriebs die am weitesten verbreitete in Italien. Über 60 Jahre leistete sie auf vielen Strecken der Halbinsel hervorragende Dienste.

EIGENSCHAFTEN Achsfolge: 1'D. **Spurweite:** 1435 mm. **Zylinder:** zwei außen liegende 5400 x 700 mm. **Maximaler Kesseldruck:** 12 kg/cm^2. **Länge** (mit dreiachsigem Tender): 18.075 mm. **Treibraddurchmesser:** 1370 mm. **Höchstgeschwindigkeit:** 65 km/h. **Gewicht** (ohne Tender): 66,5 t. **Adhäsionsgewicht:** 50,4 t. **Fassungsvermögen Wasser:** 12/22 m^3. **Fassungsvermögen Kohle:** 6 t.

GESCHICHTE Die Geschichte der 740 beginnt im Jahre 1906, als die eben erst gegründete FS (»Ferrovie dello Stato«) von Baldwin in Philadelphia zehn »Consolidation«-Lokomotiven mit der typisch amerikanischen Achsfolge 1'D (Gr. 720) erwarb. Danach gaben sie bei Henschel in Kassel den Bau einer Serie von 140 Verbundmaschinen in Auftrag, die von der FS als Baureihe 730 bezeichnet wurde. Insgesamt erreichte diese Gruppe eine Stückzahl von 190, wobei einige auch von italienischen Firmen gebaut wurden. Als die neuen Heißdampfmaschinen mit einfacher Dampfdehnung an jene der Verbundmaschinen heranreichten, verzichteten die FS auf die doppelte Dampfdehnung, weil sie zu kompliziert und zu teuer war. 1911 wurde daher statt der 730 die Produktion der neuen Baureihe 740 eingeleitet, die bezüglich Fahrwerk, Steuerung und Achsfolge in etwa die gleichen Eigenschaften hatten wie ihre Vorgängerinnen.

TECHNIK Die 740 verfügte über eine Maschine mit einfacher Dampfdehnung, zwei Doppelzylinder und Überhitzereinrichtung. Zischen 1911 und 1915 wurde eine erste Serie von 203 Maschinen gebaut. Sie waren rechtsgesteuert und wahrscheinlich deutscher Herkunft. Der Kriegseintritt Italiens im Jahre 1915 unterbrach die Produktion, die 1919 wieder aufgenommen wurde und eine zweite Serie von, diesmal linksgesteuerten, Lokomotiven hervorbrachte. In der Folge wurden alle Maschinen vereinheitlicht und laufend Verbesserungen unterzogen, so wurde beispielsweise die Walschaerts-Steuerung durch eine Caprotti ersetzt. Die 740 wurde im Allgemeinen über einen Tender mit Lenkgestell versorgt, eine Ausnahme bildeten jene, die für den Einsatz auf Schienennetzen mit kleinen Drehscheiben bei den Lokschuppen vorgesehen waren. In diesem Fall wurden kürzere dreiachsige Tender verwendet. Obwohl ihre Leistungen nicht außergewöhnlich waren, erinnert man sich an diese Lokomotiven als besonders verlässlich und funktionell, weshalb die FS sie noch zehn Jahre im Einsatz beließ.

Baureihe 26

Visitenkarte

Herkunft
Schweiz
Norwegen
Schweden

Baujahr
1910

Typ
Güterzug-lokomotive

Antrieb
einfache Dampfdehnung

gebaute Exemplare
22

hergestellte Versionen
3

Oben: Eine Maschine aus der ersten Baureihe, die als 26a bezeichnet wurde.

Diese Lokomotive mit der ungewöhnlichen Achsfolge 2'D wurde von verschiedenen europäischen Herstellern für Norwegen erzeugt. Sie bildeten bei den norwegischen Eisenbahnen die Baureihe mit den Bezeichnungen 26a, 26b und 26c. Diese Loks wurden für die Beförderung schwerer Züge auf unwegsamen Strecken eingesetzt, wie beispielsweise der Verbindung Oslo-Bergen, einem wichtigen Hafen und Industriezentrum in der Provinz Hordaland.

EIGENSCHAFTEN Achsfolge: 2'D. **Spurweite:** 1435 mm. **Zylinder:** vier mit 380 x 600 mm. **Maximaler Kesseldruck:** 12/15,5 kg/cm². **Länge** (mit Tender): 15.150 mm. **Treibraddurchmesser:** 1350 mm. **Höchstgeschwindigkeit:** 70 km/h. **Gewicht** (ohne Tender): 72,2 t. **Adhäsionsgewicht:** 60 t. **Fassungsvermögen Wasser:** 15 m³. **Fassungsvermögen Kohle:** 4 t.

GESCHICHTE Als in den ersten Jahrzehnten des 18. Jahrhunderts die Eisenbahn in Europa das Licht der Welt erblickte, gab es Norwegen noch gar nicht: es war nämlich Teil des Königreiches Schweden. Die Unabhängigkeit konnte erst 1905 errungen werden. Als schwedische Provinz war Norwegen durch einige Eisenbahnlinien (etwa Oslo-Stockholm oder Trondheim-Stockholm) mit der schwedischen Hauptstadt verbunden, ein eigenes Eisenbahnnetz gab es jedoch nicht. Ab 1905 änderte sich diese Situation radikal. Das Gebiet Norwegens erstreckt sich weit nach Norden und bildet eine Küstenlinie mit vielen Buchten und Fjorden von 1800 km Länge und 170 km Breite. Es war daher von grundlegender Notwendigkeit, die Eroberung der nördlichen Provinzen in Angriff zu nehmen. Bergen wurde 1907 an das Schienennetz angebunden, das sich dann bis an das 1921 angeschlossene Trondheim erstreckte. Christiansund kam 1938 dazu. Schließlich verfügte auch das 1282 km von Oslo entfernte Bodo 1962 über eine Eisenbahnanbindung. Narvik im äußersten Norden des Landes blieb hingegen mit dem schwedischen Schienennetz und dem berühmten Polarkreis-Express verbunden. Bis heute gibt es keinerlei direkte Anbindung an das norwegische Eisenbahnnetz.

TECHNIK Die Serie 26 führt unangefochten die Geschichte der norwegischen Dampfloks an. Die ersten Lokomotiven, die Nr. 2098, 2099 und 2100, wurden 1910 von Winterthur in der Schweiz gebaut und bildeten die Serie 26a. Die folgenden zwei Lokomotiven der Serie 26b wurden von Thune in Oslo gebaut, während die 17 Maschinen der Serie 26c zwischen 1919 und 1924 von verschiedenen Firmen produziert wurden, unter ihnen die schwedische Nydqvist & Holm, Hamar und Winterthur. Es handelte sich um leistungsfähige 2'D-Maschinen, die 70 km/h erreichen (50 km/h mit dem Tender voraus) und auf ebenen Strecken Züge von mehr als 1000 t ziehen konnten. Bei Steigungen von 20‰ schafften sie Züge von 300 t (mit 35 km/h). Die 26c wurde noch weiter verbessert und erhielt auch größere Zylinder. Der Kesseldruck wurde von 12 auf 15,5 kg/cm². erhöht. Im Lauf der 60er-Jahre wurden sie aus dem Verkehr gezogen.

S6

Visitenkarte

Herkunft
Deutschland

Baujahr
1910

Typ
Schnellzug-lokomotive

Antrieb
einfache Dampfdehnung

gebaute Exemplare
524

hergestellte Versionen
1

Obwohl sich Anfang des 20. Jahrhunderts die Dampflokomotive vom Typ 2'B (mit zwei Treibachsen und einem vorderen Lenkgestell) als beste schnelle Personenzuglokomotive erwies, brachte ihre genaue Abstimmung nicht wenige Probleme mit sich. Robert Garbe, einer der fähigsten deutschen Ingenieure, entwarf ein wahres Meisterwerk für die preußische Eisenbahn.

EIGENSCHAFTEN Achsfolge: 2'B. **Spurweite:** 1435 mm. **Zylinder:** zwei außen liegende 550 x 630 mm. **Maximaler Kesseldruck:** 12 kg/cm^2. **Länge** (mit Tender): 14.261 mm. **Treibraddurchmesser:** 2100 mm. **Höchstgeschwindigkeit:** 80 km/h. **Gewicht** (ohne Tender): 60,6 t. **Adhäsionsgewicht:** 49,9 t. **Fassungsvermögen Wasser:** 21,5 m^3. **Fassungsvermögen Kohle:** 5 t.

GESCHICHTE Als Angehöriger der Berliner Direktion der Preußischen Staatsbahn, beschloss Garbe die Leistung der gesellschaftseigenen Lokomotiven anzuheben, ohne dabei Gewicht und Abmessungen zu erhöhen, da die Ausstattung des Schienennetzes sowohl bezüglich Achsgewicht als auch der Kurvenradien genau definierte Begrenzungen aufwies. Garbe zufolge war es möglich, auf die komplizierten Verbundmaschinen zu verzichten und zur einfachen Dampfdehnung zurückzukehren – unter der Bedingung, dass man die Leistung durch Dampfüberhitzung verbesserte. Es war auch möglich, den Druck im Kessel niedrig zu halten (knapp 12 kg/cm^2), um den Aufwand für dessen Wartung gering zu halten. Die Theorien Garbes ernteten großen Beifall bei den zeitgenössischen Ingenieuren, und in Europa (vor allem in Frankreich, aber auch in Italien) setzten die Eisenbahngesellschaften einfache Dampfdehnung und Heißdampf ein.

TECHNIK Die S6 war nicht die erste von Garbe ausgearbeitete Heißdampfmaschine, doch war sie zweifellos die interessanteste. So wies sie zum Beispiel die Besonderheit auf, dass ihre Treibräder ohne die üblichen Gegengewichte auskamen, die zum Massenausgleich des Gestänges dienten. Der Verzicht auf Gegengewichte hatte den Zweck, das Gewicht zu reduzieren, um der Lokomotive das Befahren von Strecken zu ermöglichen, die ein Achsgewicht von nur 17,35 t zuließen. Die S6 erwies sich gegenüber entschieden schwereren Lokomotiven leistungsmäßig glatt überlegen. Insgesamt bestand diese Baureihe aus 524 produzierten Einheiten. Die S6 war die letzte in Deutschland gebaute Lok vom Typ 2'B. *(Auf dem Bild unten die S6 mit der Nr. 657)*

Gr. 685 FS

Diese elegante Lokomotive war bis zu einem gewissen Grad eine »Pacific«, jedoch mit dem italienischen Lenkgestell anstelle des herkömmlichen amerikanischen. Wegen ihrer vielen Qualitäten kann sie als der repräsentativste Lokomotiventyp der »Ferrovie dello Stato« betrachtet werden.

EIGENSCHAFTEN Achsfolge: 1'C1'. **Spurweite:** 1435 mm. **Zylinder:** zwei innen liegende 420 x 650 mm, zwei außen liegende 420 x 650 mm. **Maximaler Kesseldruck:** 12 kg/cm^2. **Länge** (mit Tender): 20.570 mm. **Treibraddurchmesser:** 1850 mm. **Höchstgeschwindigkeit:** 120 km/h. **Gewicht** (mit Tender): 120 t. **Adhäsionsgewicht:** 45 t. **Fassungsvermögen Wasser:** 22 m^3. **Fassungsvermögen Kohle:** 6 t. **Maximale Zugkraft:** 11.300 t. (*Angaben beziehen sich auf die erste Serie*)

GESCHICHTE Die Achsfolge 1'C1' wurde nur in Ausnahmefällen für schnelle Lokomotiven verwendet, doch die Gr. 685 hatte diese Anordnung, die ihr zugleich ein edles Aussehen wie auch bemerkenswert elegante Formen verlieh. Zum Zeitpunkt ihres Erscheinens handelte es sich tatsächlich um eine Weiterentwicklung aus einigen anderen Lokomotiven. 1905 hatte die neugegründete FS die Notwendigkeit erkannt, neue Lokomotiven zu bauen. Das »Ufficio Studi« in Florenz hatte die 680 entworfen, eine Plancher-Verbundmaschine mit Sattdampf. Nach und nach ging diese Maschine in die Modelle 681 und 682 über, die Heißdampf-Verbundmaschinen waren. Letztendlich gelangte man zu dem Schluss, dass Heißdampf bei einfacher Dampfdehnung beinahe die gleiche Leistung erbrachte.

TECHNIK Die 685 war eine Lokomotive mit vier Zylindern und einfacher Dampfdehnung mit italienischem Lenkgestell und mäßigem Gewicht, das auch das Befahren von Strecken mit leichterer Befestigung zuließ. Sie verdient sich den Namen »Königin« der italienischen Dampflokomotiven, berücksichtigt man, dass sie außer dem Vorzug der Verlässlichkeit auch noch über eine ansehnliche Höchstgeschwindigkeit (120 km/h) und eine gute Leistung (1250 PS bei 75 km/h) verfügte. Von dieser Lok wurden 271 Stück produziert, berücksichtigt man die umgebauten Gr. 680, waren es beinahe 400. Diese Maschinen wurden mehrmals verbessert, die wichtigste Adaption war der 1926 vorgenommene Einbau der Caprotti-Steuerung.

Visitenkarte

Herkunft
Italien

Baujahr
1912

Typ
Personenzuglokomotive

Antrieb
einfache Dampfdehnung, Heißdampf

gebaute Exemplare
392

hergestellte Versionen
8

Die Gr. 685 wird als eine der besten Konstruktionen des »Ufficio Studi« für die FS angesehen.

GT 2x4/4

Visitenkarte

Herkunft
Deutschland

Baujahr
1913

Typ
Personen- und Güterzug-lokomotive

Antrieb
doppelte Dampfdehnung (Verbund-maschine), Heißdampf

gebaute Exemplare
25

hergestellte Versionen
2

Diese bayerische Gelenklokomotive vom Typ Mallet war wirklich beeindruckend. Ihre imposanten Abmessungen erinnerten eher an die weiten Flächen Amerikas in Arizona oder Utah als an die beträchtlichen Steigungen von 25‰ des Fichtelgebirges in Deutschland, das die Kulisse für den Einsatz dieser Lokomotive an der Spitze schwerer Güterzüge bot.

EIGENSCHAFTEN Achsfolge: D + Dt. **Spurweite:** 1435 mm. **Zylinder:** zwei außen liegende Hochdruckzylinder mit 520 x 640 mm, zwei innen liegende Niederdruckzylinder mit 800 x 640 mm. **Maximaler Kesseldruck:** 15 kg/cm². **Länge:** 17.700 mm. **Treibraddurchmesser:** 1216 mm. **Höchstgeschwindigkeit:** 50 km/h. **Gewicht:** 122 t. **Adhäsionsgewicht:** 122 t. **Fassungsvermögen Wasser:** 8 m³. **Fassungsvermögen Kohle:** 4,5 t.

GESCHICHTE Das Fichtelgebirge erhebt sich in Nordbayern, im Grenzgebiet zur Tschechischen Republik, an dem Punkt, wo Erzgebirge und Böhmerwald aufeinander treffen. Die dort verlaufende Eisenbahnlinie sollte die industriellen Zentren bedienen, die Züge mussten Steigungen von bis zu 25‰ bewältigen. Im zweiten Jahrzehnt des 20. Jahrhunderts konnte diese Strecke teilweise nur bezwungen werden, wenn man die Güterzüge in kleinere Einheiten unterteilte und eine zweite Lokomotive zur Verstärkung ans Ende dieser Verbände spannte. Diese mehrmals am Tag anfallenden Arbeiten raubten unglaublich viel Zeit. Die Bayerische Staatsbahn gab deshalb eine starke Lokomotive in Auftrag, die im Stande war, Züge von 600 t Gesamtgewicht am Stück zu ziehen.

TECHNIK In Anbetracht der Ergebnise, die in anderen europäischen Ländern erreicht wurden – besonders in Ungarn –, interessierte sich die Bayerische Staatsbahn für die vom französischen Ingenieur mit schweizerischen Wurzeln, Anatole Mallet, geplanten Maschinen. Er wendete das Prinzip von zwei kombinierten Triebwerken an, von denen jedes über zwei oder vier Achsen verfügte. Das erste Triebwerk war kurvenbeweglich in einem Drehgestell angeordnet und verfügte über seitliches Spiel, während das zweite fest im Rahmen montiert war. Die Firma Maffei in München baute also 15 Tenderlokomotiven vom Typ D + D, die fähig waren, 670 t schwere Züge mit 18 km/h über Steigungen von 25‰ zu ziehen. Da sie auch 50 km/h fahren konnten, setzte man sie zur Verstärkung auch am Ende von Schnellzügen ein. Eine zweite Serie von zehn Maschinen folgte 1923. Nach Meinung einiger Experten waren diese Lokomotiven von ihrer Leistung her nicht besser als die leichteren und einfacheren 151t, die von der Reichsbahn kurze Zeit später in Dienst gestellt wurden. Daher nahm die Bayerische Staatsbahn an den Mallets einige Verbesserungen vor, die zu ihrer Leistungssteigerung beitrugen. So wurden die Niederdruckzylinder vergrößert, eine bessere Überhitzereinrichtung eingebaut und das Blasrohr perfektioniert. Die enormen Kosten dieser Eingriffe beschränkten ihre Durchführung jedoch auf einige wenige Exemplare der gesamten Serie.

Unten: Eine Mallet GT 2x4/4.

Remembrance Class

Visitenkarte

Herkunft
Großbritannien

Baujahr
1914

Typ
Personenzuglokomotive

Antrieb
einfache Dampfdehnung

gebaute Exemplare
7

hergestellte Versionen
1

Oben: Eine Remembrance der Southern bereit zur Abfahrt.

Tenderlokomotiven werden im Allgemeinen als die »armen Verwandten« der Schlepptenderloks betrachtet. Trotzdem waren einige dieser Maschinen aus ästhetischer und aus technischer Sicht sehr gelungen, und einigen wurde sogar die Ehre zu Teil, berühmte Luxuszüge befördern zu dürfen.

EIGENSCHAFTEN Achsfolge: 2'C2't. **Spurweite:** 1435 mm. **Zylinder:** zwei außen liegende 559 x 711 mm. **Maximaler Kesseldruck:** 12 kg/cm². **Länge:** 15.362 mm. **Treibraddurchmesser:** 2057 mm. **Höchstgeschwindigkeit:** 120 km/h. **Gewicht:** 101 t. **Adhäsionsgewicht:** 55 t. **Fassungsvermögen Wasser:** 12 m³. **Fassungsvermögen Kohle:** 3,5 t. **Maximale Zugkraft:** 10.991 kg.

GESCHICHTE 1910 verband einer der elegantesten Züge der Epoche, der *Southern Belle,* London mit Brighton, einem bekannten Badestrand an der »englischen Riviera«. Nur 51 Meilen, das entspricht 82 km, trennten diese beiden Orte. Diese Strecke war zu kurz. Man konnte sinnvollerweise weder schwere und zu lange Schnellzüge einsetzen noch die langsamen Züge, die man auf den Vorortelinien verwendete. Darüber hinaus verlangte das Brightoner Publikum nach erstklassigem, komfortablem und schnellem Service. Bis dahin hatte die Southern Railway kleine, leichte Lokomotiven eingesetzt, doch das wachsende Gewicht der aus geschlossenen Pullman-Waggons zusammengestellten Züge erforderte stärkere Maschinen.

TECHNIK Ausgehend von den bereits existierenden Tenderloks vom Typ 2'B1't und 2'C1't, entwarf der Ingenieur der Southern, L. B. Billinton, eine längere und stärkere Tenderlok vom Typ 2'C2't. Das Ziel war es, die Strecke London-Brighton, statt in der bis dahin benötigten Stunde, in 45 bis 50 Minuten zu bewältigen. 82 km in 45 Minuten zu schaffen, hieß aber mit einer Geschwindigkeit von 110 km/h zu fahren, was in Anbetracht der Schwierigkeit der Strecke, die den Charakter einer Nebenbahn mit vielen Stationen und Weichen hatte, schwierig zu erreichen war. Die erste Lokomotive des Typs »Remembrance« wurde 1914 in Dienst gestellt. Sie war recht herkömmlich, hatte eine Maschine mit einfacher Dampfdehnung und äußerem Treibgestänge. Sie hatte einen Wassertank innerhalb des Rahmens und einen ansehnlichen Kohlenvorrat und verfügte über ausreichend Brennstoff- und Wasserreserven, um die gesamte Strecke mit einer Höchstgeschwindigkeit von 120 km/h zurückzulegen. Eine dieser Lokomotiven trug zum Gedenken an die im Ersten Weltkrieg gefallenen Eisenbahner den Namen »Remembrance«. Nach ihr wurde die gesamte Baureihe benannt. 1933 wurde die Strecke London-Brighton elektrifiziert und die Remembrance-Lokomotiven wurden zu Lokomotiven des Typs 2'C mit Schlepptender umgebaut. Sie blieben bis zum Ende der 50er-Jahre in Dienst.

K4s

Visitenkarte

Herkunft
USA

Baujahr
1914

Typ
Schnellzug-lokomotive

Antrieb
einfache Dampfdehnung, Heißdampf

gebaute Exemplare
425

hergestellte Versionen
4

Ein Meisterstück aus den Werkstätten der Pennsylvania Railroad. Die K4s verkörperte in den Augen der eisenbahnbegeisterten Amerikanern das goldene Zeitalter, in dem dieses Transportmittel das Leben in ihrem Land beherrschte. Die Eigenschaften dieser Lokomotive waren klassisch: Zylinder mit einfacher Dampfdehnung, eine Leistung von 3000 PS und eine Durchschnittsgeschwindigkeit von 120 km/h an der Spitze von Schnellzügen.

EIGENSCHAFTEN Achsfolge: 2'C1'. **Spurweite:** 1435 mm. **Zylinder:** zwei außen liegende 686 x 711 mm. **Maximaler Kesseldruck:** 14,5 kg/cm². **Länge** (mit Tender): 25.451 mm. **Treibraddurchmesser:** 2032 mm. **Höchstgeschwindigkeit:** 150 km/h. **Gewicht** (mit Tender): 242 t. **Adhäsionsgewicht:** 96 t. **Fassungsvermögen Wasser:** 46 m³. **Fassungsvermögen Kohle:** 16 t. **Maximale Zugkraft:** 24.000 kg.

GESCHICHTE Die K4s wurde sehr schnell zu einer echten Legende, als man sie regelmäßig vor die Luxuszüge der Pennsylvania Railroad spannte. Der *Detroit Arrow* wurde beispielsweise mit durchschnittlich 120 km/h über die 100 km lange Strecke zwischen Plymouth und Fort Wayne befördert. Bei schwereren Zügen, wie dem berühmten *Broadway Limited*, konnte man häufig das Schauspiel von mehreren gekuppelten K4s beobachten. Vor allem am Pass des Alleghenygebirges waren drei, manchmal sogar vier Lokomotiven an der Spitze jedes Zuges.

TECHNIK Zwischen 1914 und 1928 wurden 425 Lokomotiven dieses Typs gebaut, um die alten »Pacific«-Serien K2 und K3 zu ersetzen. Die K4s wurde ausschließlich von der Pennsylvania RR geplant und gebaut, weil sich diese Gesellschaft entschlossen hatte, ihre Maschinen selbst zu produzieren. Damit sollte sichergestellt werden, dass sie, wenn schon nicht über die besten Lokomotiven der Welt, so wenigsten über die besten aus ihrer eigenen Sicht verfügten. Die K4s war, obwohl ziemlich konventionell, zweifelsohne erfolgreich. Ihr Kesseldruck war gemessen an dem der Maschinen anderer amerikanischer Gesellschaften recht niedrig und die Heißdampftemperatur auch eher bescheiden, was sich in einer Leistung am Haken von 3000 PS und in einer mittleren Geschwindigkeit von 120 km/h an der Spitze großer Schnellzüge niederschlug. Im Lauf ihrer rund 30-jährigen Dienstzeit wurde die K4s mit einem automatischen Kohlenförderer (Stoker) und einer Signalanzeige auf der Lok ausgerüstet. 1938 wurde die Einheit mit der Nr. 3768 mit einer legendären, vom berühmten Designer Raymond Loewy entworfenen, Verkleidung versehen.

Pacific F

Visitenkarte

Herkunft
Schweden

Baujahr
1914

Typ
Personenzuglokomotive

Antrieb
doppelte Dampfdehnung (Verbundmaschine)

gebaute Exemplare
11

hergestellte Versionen
1

Diese Lokomotive, die wahrscheinlich die schönste der schwedischen Maschinen darstellte, darf auch zu den ausgeklügeltsten »Pacifics« aus europäischer Produktion gezählt werden. Den Eisenbahnfreunden – mit Ausnahme der skandinavischen – ist sie eher unbekannt, obwohl es wert ist, sich mit ihr vor allem deshalb zu beschäftigen, da sie ein absolut einmaliges System der doppelten Dampfdehnung aufwies.

EIGENSCHAFTEN Achsfolge: 2'C1'. **Spurweite:** 1435 mm. **Zylinder:** zwei innen liegende Hochdruckzylinder mit 420 x 660 mm, zwei außen liegende Niederdruckzylinder mit 630 x 660 mm. **Maximaler Kesseldruck:** 13 kg/cm². **Länge** (mit Tender): 12.265 mm. **Treibraddurchmesser:** 1880 mm. **Höchstgeschwindigkeit:** 100 km/h. **Gewicht** (mit Tender): 146 t. **Adhäsionsgewicht:** 48 t. **Fassungsvermögen Wasser:** 25 m³. **Fassungsvermögen Kohle:** 6,5 t.

GESCHICHTE Die schwedischen Werkstätten Nydqvist & Holm lieferten mit der Baureihe F ihr Meisterstück. Diese Maschine sah nicht aus wie die lokalen Lokomotiven, denn sie wies Ähnlichkeiten mit den deutschen auf, so zum Beispiel mit der C der Württembergischen Staatsbahn oder der S 3/6 der Bayerischen Staatsbahn. Übrigens waren deutsche Ingenieure kurz vor 1914 in ganz Europa tonangebend und deshalb trug das, was man damals noch nicht Design, sondern einfach Linie oder Aussehen der Lokomotive nannte, eindeutig deutsche Handschrift. Ein Lenkgestell mit Lagern, ein außen liegender Rahmen und ein wannenförmiger Tender verliehen der schwedischen »Pacific F« jedoch eine deutliche Individualität, wie auch die schräg stehenden, außen liegenden Niederdruckzylinder – eine Anordnung, die dem seitlichen Ausschlag des Lenkgestells den nötigen Platz einräumte.

TECHNIK Mit dem Verbundsystem, das bei dieser Lokomotive zur Anwendung kam, versuchte man die Quadratur des Kreises. Das heißt: Man wollte die Vorteile der doppelten Dampfdehnung ausnutzen und die üblichen Komplikationen vermeiden. Alle vier Zylinder waren mit der mittleren Kuppelachse verbunden, die gekröpft war. Die Niederdruckzylinder saßen außen, die Hochdruckzylinder innen. Jedes Zylinderpaar verfügte über einen Schieberkasten, ein Meisterwerk der Ingenieure und der Gießerei. Dadurch konnte der aus dem Kessel kommende Dampf von den Hochdruckzylindern in die Niederdruckzylinder und von dort zum Schornstein gelangen, ohne dass, abgesehen von den klassischen Schieberkästen, bewegliche Teile dafür notwendig waren. Zwei normale Walschaerts-Steuerungen, wie sie bei Lokomotiven mit einfacher Dampfdehnung verwendet wurden, reichten aus, die Schieberkästen zu bedienen. Dieses System reichte allerdings nicht aus, um die Vorteile der doppelten Dampfdehnung völlig auszunützen, da es dem Lokführer nicht die Möglichkeit einräumte, die Dampfverteilung auf die Niederdruckzylinder genau zu regulieren. Daher war es nicht möglich, eine einheitliche Steuerung zu erreichen. Es handelte sich um eine Zwischenlösung, die mittelmäßige Resultate erbrachte.

Oben: Die flotten und typisch »deutschen« Linien der »Pacific F«. Auf der gegenüberliegenden Seite: Die K4s auf einem zeitgenössischen Foto (unten) und in einer Zeichnung, die das wuchtige Profil verdeutlicht (oben).

Triplex Mallet

Visitenkarte

Herkunft
USA

Baujahr
1916

Typ
Güterzug-lokomotive

Antrieb
doppelte Dampfdehnung (Verbund-maschine)

gebaute Exemplare
4

hergestellte Versionen
2

Diese Gelenklokomotive wird oft als einfache Tenderlok bezeichnet, obwohl sie mehr als 380 t wog. Außer dieses Gewichts und der Abmessungen hatte sie noch eine hervorstechende Besonderheit: sie bestand praktisch nur aus Treibrädern, da sie 24 davon hatte. Diese Eigenschaft allein garantierte allerdings noch keine entsprechende Leistung.

EIGENSCHAFTEN Achsfolge: 1'D + D + D2't. **Spurweite:** 1435 mm. **Zylinder:** zwei außen liegende mittig angebrachte Hochdruckzylinder mit 834 x 813 mm, zwei + zwei (jeweils ganz vorne und ganz hinten) außen liegende Niederdruckzylinder mit 834 x 813 mm. **Maximaler Kesseldruck:** 15,1 kg/cm². **Länge:** 29.900 mm. **Treibraddurchmesser:** 1422 mm. **Höchstgeschwindigkeit:** 30 km/h. **Gewicht:** 382,8 t. **Adhäsionsgewicht:** 345 t. **Fassungsvermögen Wasser:** 40 m³. **Fassungsvermögen Kohle:** 15 t.

GESCHICHTE Im Osten der USA betrieb die Virginian Railroad eine Bergwerksbahn östlich von Roanoke in Virginia, genauer gesagt zwischen Elmore und Clarks Gap. Diese Strecke wies eine Steigung von 21‰ auf, war 18 km lang und sehr kurvenreich, wobei einige einen Radius von nur 150 m aufwiesen. Um das Problem des Transports der langen und schweren, mit Erz beladenen Züge zu bewältigen, entschied man sich, einige der großen Gelenklokomotiven vom Typ Mallet in Dienst zu stellen. 1915 hatte eine andere amerikanische Gesellschaft, die Erie, Versuche mit einem Prototyp der Triplex Mallet mit der Achsfolge 1'D + D + 1'Dt unternommen, die jedoch nicht zur Zufriedenheit verliefen. Der Schwachpunkt dieser Lok waren ihre beweglichen Dampfleitungen, die sich als zu kompliziert und zu anfällig erwiesen.

TECHNIK 1916 ließ die Virginian Railroad von den Baldwin-Werkstätten eine Triplex Mallet bauen, deren Zylinderabmessungen in direktem Verhältnis zur Dampfleistung des Kessels standen. Sie führte einen verlängerten Schlepptender mit, der über einen großen Vorrat an Wasser und Kohlen verfügte. Diese Konstruktion erforderte es, dass der Tender auf einem Triebwerk montiert war, anstatt auf dem üblichen Lenkgestell. Daher hatte die Lokomotive die Achsfolge 1'D + D + D2'. Diese Triplex wurde auf einer intensiv befahrenen Kohlentransportstrecke zum Schieben von 23.500 t schweren Zügen verwendet, denen eine Mallet 1'C + C1' vorgespannt war. Da jedoch wieder das Problem des Dampfverlustes durch die beweglichen Dampfleitungen auftrat, wurde der Versuch eingestellt. Schließlich teilte man die Triplex der Virginian und machte aus ihnen jeweils zwei Schlepptenderloks. Die ersten zwei Triebwerke bildeten herkömmliche Gelenklokomotiven vom Typ 1'D + D, während das dritte Triebwerk als 1'D2'-Lokomotive eingesetzt wurde.

Unten: Eine Triplex Mallet der Virginian Railroad.

Gr. 940 FS

Diese Berglokomotive war für die Überquerung des Apennin gebaut worden. Die Strecken dort waren ebenso anspruchsvoll wie jene über die bekannten Alpenpässe, da bei ihrer Errichtung viel Wert auf Sparsamkeit gelegt wurde und sie über sehr steiles Gelände und instabilen Boden führten.

EIGENSCHAFTEN Achsfolge: 141T. **Spurweite:** 1435 mm. **Zylinder:** zwei außen liegende 540 x 700 mm. **Maximaler Kesseldruck:** 12 kg/cm². **Länge:** 15.100 mm. **Treibraddurchmesser:** 1370 mm. **Höchstgeschwindigkeit:** 65 km/h. **Gewicht:** 87,3 t. **Adhäsionsgewicht:** 61,6 t. **Fassungsvermögen Wasser:** 10 m³. **Fassungsvermögen Kohle:** 3,5 t. **Maximale Zugkraft:** 13.500 kg.

Visitenkarte

Herkunft
Italien

Baujahr
1922

Typ
Personenzuglokomotive für Lokalbahnen

Antrieb
einfache Dampfdehnung, Heißdampf

gebaute Exemplare
50

hergestellte Versionen
1

GESCHICHTE Im Allgemeinen wurden Tenderlokomotiven dazu verwendet, zweitklassige Züge zu transportieren. Kein Konstrukteur sorgte sich um ihr Aussehen. Die 940 bildete eine Ausnahme. Wasser- und Kohlenkästen fügten sich harmonisch ins Gesamtbild, das dadurch etwas schwer wirkte. Diese Maschine versagte nie ihren Dienst. 50 Einheiten wurden für die Strecken Rom-Pescara und Orte-Ancona gebaut, wo sie bis zur Elektrifizierung in Betrieb waren. Danach wurden sie an zahlreiche andere Linien weitergegeben.

TECHNIK Die 940 verfügte über das gleiche Laufwerk und die gleiche Mechanik wie ihre Vorgängerin, die 740: das italienische Lenkgestell, zwei außen liegende Zylinder, einfache Dampfdehnung und Heißdampf. Die Leistung betrug 980 PS bei 45 km/h. Neu war, dass das Gewicht von Kohlen und Wasser auf die Treibräder wirkte, was die Haftreibung erhöhte und zu einer verbesserten Leistung bei Bergauffahrten führte. Dadurch erreichte allerdings das Achsgewicht die erlaubten Grenzen für die interessanten Strecken. Daher fügte man eine hintere Laufachse ein, in diesem Fall ein Bissel-Gestell, das mit der letzten Treibachse über eine so genannte Wiege verbunden war. So konnte die Lokomotive in beide Fahrtrichtungen die gleiche Geschwindigkeit erreichen, weil ihre Achsanordnung im Wesentlichen symmetrisch war. Deshalb war auch das Umdrehen der Lokomotive auf der Rückfahrt nicht notwendig.

Baureihe E (Nohab)

Visitenkarte

Herkunft
Schweden, Deutschland

Baujahr
1921

Typ
Personen- und Güterzuglokomotive

Antrieb
einfache Dampfdehnung, Heißdampf

gebaute Exemplare
1200

hergestellte Versionen
1

Oben: Eine Lokomotive der Baureihe E gegen Ende ihrer Dienstzeit. Auf der gegenüberliegenden Seite: Die von Borsig gebaute 1'E1't Nr. 95 001.

Von dieser interessanten Lokomotive bestellte die Sowjetunion 1200 Stück, weil sie sich mit hochwertigen Maschinen ausstatten wollte. Daher fasste man den Entschluss, sich an die schwedische Industrie zu wenden, die 500 Loks liefern konnte. Mit dem Bau der verbleibenden 700 Exemplare wurden nicht weniger als 19 deutsche Hersteller beauftragt. Die Lokomotive der Baureihe E (Nohab) wurde ein echter Erfolg.

EIGENSCHAFTEN Achsfolge: E. **Spurweite:** 1435 mm. **Zylinder:** zwei außen liegende 620 x 700 mm. **Maximaler Kesseldruck:** 12 kg/cm^2. **Länge** (mit Tender): 20.686 mm. **Treibraddurchmesser:** 1320 mm. **Höchstgeschwindigkeit:** 80 km/h. **Gewicht** (ohne Tender): 81 t. **Adhäsionsgewicht:** 81 t. **Fassungsvermögen Wasser:** 26,5 m^3. **Fassungsvermögen Kohle:** 18 t.

GESCHICHTE Diese Lok war so konstruiert, dass ihre genormten und kompatiblen Bauteile von verschiedenen Firmen hergestellt werden konnten. Daher war es möglich, sie an jedem beliebigen Standort zu bauen. Service und Reparatur war in jeder Werkstatt möglich, die über entsprechende Ersatzteile verfügte. Die schwedische Firma Nydqvist & Holm, besser bekannt als Nohab, baute 500 von den insgesamt 1200 bestellten Exemplaren. Die restlichen 700 wurden von verschiedenen deutschen Herstellern produziert.

TECHNIK Diese Typ-E-Lok entsprach exakt den Anforderungen an eine robuste, einfache Lokomotive, wie sie in der Zwischenkriegszeit von den meisten europäischen Bahnen erwünscht wurde. Ihre fünf Treibachsen erzeugten sehr wenig Schlupf. Der eher kleine Durchmesser der Treibräder gewährleistete eine sichere und sanfte Anfahrt. Der Wegfall von führenden Achsen verminderte den technischen Aufwand, den Dreh- und Lenkgestelle bei mittelschnellen Lokomotiven üblicherweise bedeuteten. Der Verzicht auf die doppelte Dampfdehnung hieß zwar weniger Leistung, doch konnte man dadurch auch die Probleme eine heiklen Mechanik und einer komplizierten Steuerung vermeiden. Diese Maschine war sehr elegant. Sie hatte einfache, klare Linien, ein großes, geräumiges Führerhaus, das typisch russische, außen auf dem Rahmen rundumlaufende Geländer, einen hohen, freien Schornstein und einen mit Lenkgestell versehenen Tender von interessanter, moderner Form. Die Baureihe E beeinflusste lange und nachhaltig die Eisenbahngeschichte der Sowjetunion. 1925 ging eine verbesserte Auflage in Serie, von der über 9000 Einheiten produziert wurden.

Borsig Typ 1'E1't

Die Deutsche Reichsbahn beschritt den Weg zur Vereinheitlichung ihres rollenden Materials, indem sie zuerst die Waggons und erst danach die diffizileren Fahrzeuge, also die Lokomotiven, in Angriff nahm. Das alte deutsche Schienennetz hatte seine Eigenheiten und die Deutsche Reichsbahn hatte 210 verschiedene Lokomotivtypen geerbt. Um mit der Industrialisierung Schritt halten zu können, war es notwendig, eine schwere, leistungsstarke Güterzuglokomotive zu bauen.

EIGENSCHAFTEN Achsfolge: 1'E1't. **Spurweite:** 1435 mm. **Zylinder:** zwei außen liegende 700 x 660 mm. **Maximaler Kesseldruck:** 14 kg/cm². **Länge:** 15.100 mm. **Treibraddurchmesser:** 1400 mm. **Höchstgeschwindigkeit:** 70 km/h. **Gewicht:** 127,4 t. **Adhäsionsgewicht:** 100 t. **Fassungsvermögen Wasser:** 10 m³. **Fassungsvermögen Kohle:** 3,5 t.

GESCHICHTE Bei ihrer Gründung 1920 übernahm die Deutsche Reichsbahn einen bereits zu 54% vereinheitlichten Fuhrpark. Dies verdankte sie dem Deutschen Wagen Verband, eine zu Beginn des Jahrhunderts ins Leben gerufene Organisation, welche die Waggons standardisierte. Was die Maschinen betraf, so verkehrten damals rund 210 verschiedene Lokomotivmodelle, die von den Länderbahnen (Preußen-Hessen, Bayern, Sachsen, Württemberg, Baden usw.) nach völlig unterschiedlichen Grundsätzen gebaut worden waren. Daher richtete die Deutsche Reichsbahn ein Amt zur Vereinheitlichung von Lokomotiven ein, das in der Borsig-Fabrik in Berlin-Tempelhof angesiedelt war. Alle wichtigen Lokomotivhersteller nahmen an diesem Projekt teil. In Zusammenarbeit mit den deutschen Eisenbahnen definierte dieses Amt die neuen Einheitslokomotiven als 2'C1', 1'D1', 2'C, 1'E, 1'D, 1'C, 2'C2't, 1'D1't, 1'E1't usw.

TECHNIK Die Tenderlokomotive vom Typ 1'E1' begründete die kleine Baureihe 95 der Deutschen Reichsbahn (später Deutsche Bundesbahn). Es handelte sich genaugenommen um eine 1'E mit eingebautem Tender. Wie viele Loks der riesigen Familie der 1'E-Typen wurden auch von dieser zwei Versionen mit zwei und drei Zylindern ausprobiert, bevor man sich endgültig für die Variante mit zwei Zylindern und einfacher Dampfdehnung entschied. Sie wurde als Güterzuglokomotive auf schwierigen Strecken eingesetzt. Ihr massiges Aussehen erinnerte an ihre preußische Herkunft, der sehr hoch stehende Kessel und die schrägen Wände des Führerhauses verliehen ihr aber eine elegante Gesamterscheinung. Diese Baureihe blieb bis zum Ende der Dampflokomotivenzeit in Deutschland in Betrieb.

Visitenkarte

Herkunft
Deutschland

Baujahr
1921

Typ
Güterzuglokomotive

Antrieb
einfache Dampfdehnung

gebaute Exemplare
20

hergestellte Versionen
1

Gr. 480 FS

Visitenkarte

Herkunft
Italien

Baujahr
1923

Typ
Personenzug-lokomotive

Antrieb
einfache Dampfdehnung, Heißdampf

gebaute Exemplare
18

hergestellte Versionen
1

Diese starke Berglokomotive ist ein Kind des Ersten Weltkrieges. Im Friedensvertrag wurde Italien die Provinz Trentino-Südtirol zugesprochen, wozu auch die Brennerbahn zählte. Die dazugehörigen Lokomotiven waren aber nicht Teil des Vertrages und so gelang es den Österreichern auf ihrem Rückzug, beinahe alle nach Innsbruck zu schaffen. Deshalb mussten sie in Italien neu gebaut werden.

EIGENSCHAFTEN Achsfolge: 1'E. **Spurweite:** 1435 mm. **Zylinder:** zwei außen liegende 670 x 650 mm. **Maximaler Kesseldruck:** 12 kg/cm². **Länge** (mit Tender): 21.010 mm. **Treibraddurchmesser:** 1370 mm. **Höchstgeschwindigkeit:** 60 km/h. **Gewicht** (ohne Tender): 87,3 t. **Adhäsionsgewicht:** 75 t. **Fassungsvermögen Wasser:** 22 m³. **Fassungsvermögen Kohle:** 6 t. **Maximale Zugkraft:** 21.000 kg.

GESCHICHTE Von Bozen bis zum Brenner sind es 90 km, der Höhenunterschied beträgt 1100 m, die Steigung 22‰, es gibt viele Tunnels und Kurven mit Radien von 300 m. Die Berglokomotiven 470/471/472 der FS waren für diese Strecke ungeeignet. Die italienische Eisenbahn plante deshalb eine Lokomotive, welche die gleichen Eigenschaften aufwies wie die österreichische vom Typ 580 Südbahn, von denen zehn Stück in Italien verblieben waren und von der FS der Baureihe Gr. 482 zugerechnet wurden.

TECHNIK Die 480 FS hatte ein italienisches Lenkgestell, verkleinerte Spurkränze an der dritten Treibachse, und die letzte Achse hatte ausreichend Spiel. Diese Eigenschaften verliehen ihr trotz des relativ langen Radstands von 8430 mm eine gute Kurvengängigkeit. Die 480 verfügte über einen neuen Überhitzer und eine Rostoberfläche von 4,30 m². Dies verhalf der Lokomotive zu einer Leistung von 1500 PS bei 40 km/h und zu einer Höchstgeschwindigkeit von 60 km/h – respektable Werte für eine Maschine mit einfacher Dampfdehnung. Von dieser Lok wurden 18 Stück gebaut, die bis 1930 auf der Brennerstrecke im Einsatz standen.

Oben: Die Gr. 480 auf einem zeitgenössischen Foto. Rechts: Ein im Museum in Pietrarsa bei Neapel ausgestelltes Exemplar. Auf der gegenüberliegenden Seite: Die in Verona in den FS-Werkstätten Porta Vescovo ausgestellte Gr. 746.

Gr. 746 FS

Nach dem Ende des Ersten Weltkriegs sah sich die FS mit alten und neuen Problemen konfrontiert. Unter anderem auch damit, dass Bedarf an starken und einigermaßen schnellen Loks bestand, die auf altem und leichtem Schienenmaterial fahren konnten. Die am weitesten entwickelte italienische Dampflokomotive, die 746, entsprach diesen Anforderungen.

EIGENSCHAFTEN Achsfolge: 1'D1'. **Spurweite:** 1435 mm. **Zylinder:** zwei innen liegende Hochdruckzylinder mit 490 x 680 mm, zwei außen liegende Niederdruckzylinder mit 720 x 680 mm. **Maximaler Kesseldruck:** 16 kg/cm². **Länge über Puffer:** 22.930 mm. **Treibraddurchmesser:** 1880 mm. **Höchstgeschwindigkeit:** 100 km/h. **Gewicht** (ohne Tender): 95 t. **Adhäsionsgewicht:** 68 t. **Fassungsvermögen Wasser:** 22 m³. **Fassungsvermögen Kohle:** 6 t. **Maximale Zugkraft:** 14.000 kg.

GESCHICHTE Die Verbreitung von geschlossenen, ganz aus Metall gefertigten Waggons bereitete allen Eisenbahnen weltweit Schwierigkeiten. Das Gewicht der Züge nahm spürbar zu und die »alten« Lokomotiven konnten ihre Fahrpläne nicht mehr einhalten. Die italienische Eisenbahn musste ihren kurvenreichen und Strecken mit starken Steigungen Rechnung tragen. Zudem wurden die Schienen stark belastet, die wegen des Krieges nicht ausgetauscht worden waren. Sie ließen nur knapp 17 t Achsgewicht zu. Darum dachte man im Ufficio Studi in Florenz an eine Lokomotive mit ausreichender Leistung, deren Geschwindigkeit auf 100 km/h beschränkt war. Sie sollte vier Treibachsen haben, um die Haftreibung zu vergrößern, ohne die 17 t pro Achse zu überschreiten.

TECHNIK Bei der 746 kam eine Feuerbüchse amerikanischer Bauart zur Anwendung, die so genannte »Verbrennungskammer«. Sie bestand aus einer Verlängerung der Rohrkammer in den Langkessel, verbesserte die Verbrennung und verhinderte den direkten Kontakt der Heizröhren mit dem Feuer. Außerdem wurde eine Überhitzereinrichtung verwendet. Ein zusätzlicher Kreislauf setzte den Dampf zweimal der Hitze aus, doppelte Dampfdehnung war ein weiteres Merkmal. In der 746 kam ein in Italien unbekanntes Schema zum Einsatz: zwei groß dimensionierte, außen liegende Niederdruckzylinder sowie zwei innen liegende, kleinere Hochdruckzylinder. Die Achsanordnung bestand aus dem traditionellen vorderen italienischen Lenkgestell, vier Treibachsen und einem hinteren Bissel-Gestell. Die 746-Loks verfügten über ansehnliche Leistung (1750 PS bei 75 km/h) und konnten ohne Schwierigkeiten Züge von 450 t Gewicht mit 100 km/h auf der Strecke Mailand-Rom ziehen. Auch auf anderen Strecken waren sie unterwegs, bis diese elektrifiziert wurden. Von dieser Lok wurden 60 Exemplare gebaut, die letzten zehn hatten eine Caprotti-Steuerung. 1932 wurden zwei 746 umgebaut, sie arbeiteten dann mit einfacher Dampfdehnung und vier Zylindern. Diese Maschinen erwiesen sich als sehr effizient und waren um 10 km/h schneller als zuvor.

Visitenkarte

Herkunft
Italien

Baujahr
1923

Typ
Schnellzuglokomotive

Antrieb
doppelte Dampfdehnung (Verbundmaschine), Heißdampf

gebaute Exemplare
60

hergestellte Versionen
2

Castle Class

Visitenkarte

Herkunft
Großbritannien

Baujahr
1923

Typ
Personenzuglokomotive

Antrieb
einfache Dampfdehnung, Heißdampf

gebaute Exemplare
155

hergestellte Versionen
1

Die Castle der Great Western Railway (GWR) war sowohl aus technisch-wirtschaftlicher als auch aus ästhetischer Sicht ein echter Erfolg. Stark, schnell und auch für den Lokomotivführer bequem, war sie so konstruiert, dass sie die für Verbundmaschinen typische funktionelle Wirksamkeit aufwies, obwohl sie durch eine viel unkompliziertere Maschine mit vier Zylindern und einfacher Dampfdehnung angetrieben wurde.

EIGENSCHAFTEN Achsfolge: 2'C. **Spurweite:** 1435 mm. **Zylinder:** zwei außen liegende 406 x 660 mm, zwei innen liegende 406 x 660 mm. **Maximaler Kesseldruck:** 15,8 kg/cm^2. **Länge** (mit Tender): 19.860 mm. **Treibraddurchmesser:** 2050 mm. **Höchstgeschwindigkeit:** 160 km/h. **Gewicht** (mit Tender): 129 t. **Adhäsionsgewicht:** 60 t. **Fassungsvermögen Wasser:** 18 m^3. **Fassungsvermögen Kohle:** 6 t. **Maximale Zugkraft:** 14.182 kg.

GESCHICHTE Als sich der Chefingenieur der GWR, George Churchward, mit der doppelten Dampfdehnung vertraut machen wollte, erwarb er in Frankreich eine Verbundmaschine mit vier Zylindern. Man sagt, er hätte diese Maschine sehr geschätzt, obwohl er sie nicht einsetzen wollte. Die einzige Eigenschaft, die auch in seine eigenen Lokomotiven einfloss, war die Maschine mit vier Zylindern, weil sie ruhiger lief als eine mit zwei Zylindern. 1907 schuf er die »Star«-Klasse, eine vierzylindrige Maschine mit einfacher Dampfdehnung, die zu den gehobeneren Personenzuglokomotiven aus englischer Produktion zählte. 1922 wurde das Achsgewicht auf den Strecken der GWR von 18,5 auf 20 t angehoben. Für die Lokomotiven bedeutete das eine Erhöhung des erlaubten Gewichts um 7,5 t. Churchward, in der Zwischenzeit bereits in Pension, war durch Charles B. Collet ersetzt worden. Dieser erfand eine neue Lokomotive, die »Castle«, die im Wesentlichen an die Leistung der »Star« herankam. Zwischen 1923 und 1930 wurden 155 Einheiten gebaut. Sie waren sehr schnell und erreichten auf der Strecke London-Bristol mittlere Geschwindigkeiten von 130 km/h mit Spitzenwerten von 160 km/h. Sie blieben bis in die 60er-Jahre in Betrieb.

TECHNIK Wie die »Star« verfügte auch die »Castle« über eine Maschine mit einfacher Dampfdehnung und vier Zylinder, deren Durchmesser allerdings um 55 mm größer war. Die zwei inneren Zylinder bewegten die erste Treibachse, die beiden äußeren die zweite. Auch der Kessel war größer und verfügte über eine Überhitzereinrichtung, der maximale Kesseldruck von 15,8 kg/cm^2 blieb aber gleich. Die Steuerung war eine Walschaerts.

Superpacific Nord

Unter dem Namen 231 C wurde die Superpacific der Compagnie du Nord nach der Gründung der SNCF bekannt. Sie war eine der außergewöhnlichsten Lokomotiven der wilden 20er-Jahre. Es handelte sich um eine kleine Pacific, die in puncto Leistung ihre größeren und schwereren Schwestern allerdings ausstach.

EIGENSCHAFTEN Achsfolge: 2'C1'. **Spurweite:** 1435 mm. **Zylinder:** zwei außen liegende Hochdruckzylinder mit 440 x 660 mm, zwei innen liegende Niederdruckzylinder mit 620 x 690 mm. **Maximaler Kesseldruck:** 17 kg/cm². **Länge** (mit Tender): 21.350 mm. **Treibraddurchmesser:** 1900 mm. **Höchstgeschwindigkeit:** 120 km/h. **Gewicht** (ohne Tender): 100 t. **Adhäsionsgewicht:** 57 t. **Fassungsvermögen Wasser:** 37 m³. **Fassungsvermögen Kohle:** 7 t.

GESCHICHTE In den Jahren 1913 und 1914 reichten die Leistungen der alten Loks nicht mehr aus. Die Züge wurden immer komfortabler und schwerer, die Passagiere forderten jedoch kürzere Fahrzeiten. Obwohl es ausgezeichnete Maschinen mit der Achsfolge 2'C gab, waren diese nicht stark genug, um 400 t schwere Züge mit 90/100 km/h zu ziehen. Also musste man eine neue Maschine konstruieren, die hinten länger war, damit die Feuerbüchse vergrößert und mehr Dampf erzeugt werden konnte: Das Modell 2'C wurde daher durch den Typ 2'C1' abgelöst. In Frankreich entschied sich die Compagnie du Nord, den Typ 3.1100 umzubauen und dessen Rostfläche, den Langkessel und den Hubraum der Zylinder zu vergrößern. Durch den Ersten Weltkrieg war man aber gezwungen, die Präsentation dieser neuen Lokomotive auf bessere Zeiten zu verschieben.

TECHNIK Die 40 Superpacific-Loks (sie hatten diesen Spitznamen von den Eisenbahnern erhalten) trugen die Stammnummern 3.1201 bis 3.1240 und verließen erst 1923 die Werkstätten. Später wurden die Maschinen mit den Nummern 3.1231 bis 3.1250 zahlreichen Verbesserungen unterzogen, während 1931 die letzten Lokomotiven mit den Stammnummern 3.1251 bis 3.1290 (*unten*) fertig gestellt wurden. Sie wiesen dank der Produktionsleitung durch den Ingenieur Marc de Caso zahlreiche Verbesserungen auf, darunter ein verstärkter Rahmen, eine besser proportionierte Steuerung und einen Lemaître-Schornstein. Vom Standpunkt der Leistung aus betrachtet, waren diese Maschinen hervorragend. Die 3.1290, die im Versuch eine Leistung von mehr als 2000 PS entwickelte, war in der Lage, einen Zug von 300 t mit 164 km/h zu ziehen. Die anderen Maschinen dieser Baureihe erfüllten ihre täglichen Aufgaben gut, wobei sie Leistungen von 2500 und sogar 2700 PS erreichten und 500 bis 650 t schwere Züge mit mehr als 120 km/h auf ebenen Strecken zogen (vor allem den berühmten Luxuszug *Flèche d'Or* auf der Strecke Paris-Calais). Mit Gründung der SNCF 1938 wurde aus der Superpacific die 231 C und leistete bis zur 1958 erfolgten Elektrifizierung des französischen Schienennetzes ausgezeichnete Dienste.

Visitenkarte

Herkunft
Frankreich

Baujahr
1923

Typ
Schnellzuglokomotive

Antrieb
doppelte Dampfdehnung (Verbundmaschine)

gebaute Exemplare
90

Versionen
3

241 PLM

Visitenkarte

Herkunft
Frankreich, Deutschland

Baujahr
1925

Typ
Schnellzuglokomotive

Antrieb
doppelte Dampfdehnung (Verbundmaschine), Heißdampf

gebaute Exemplare
144

hergestellte Versionen
4

Diese Mountain sollte das Meisterwerk der französischen Paris-Lyon-Méditerranée (PLM) werden und alle anderen Lokomotiven (vor allem die »Pacific«) an Leistung übertreffen. Sie blieb aber deutlich hinter den Erwartungen zurück.

EIGENSCHAFTEN Achsfolge: 2'D1'. **Spurweite:** 1435 mm. **Zylinder:** zwei Hochdruckzylinder mit 510 x 650 mm, zwei Niederdruckzylinder mit 720 x 700 mm. **Maximaler Kesseldruck:** 16 kg/cm². **Länge** (mit Tender): 16.450 mm. **Treibraddurchmesser:** 1790 mm. **Höchstgeschwindigkeit:** 110 km/h. **Gewicht** (ohne Tender): 119 t. **Adhäsionsgewicht:** 80 t. (*Angaben beziehen sich auf den Typ 241 A*)

GESCHICHTE Im Verlauf der 20er-Jahre musste die PLM mit immer schwerer werdenden Schnellzügen immer höhere Geschwindigkeiten erzielen. Die Leistungen der »Pacifics« reichten vor allem auf der Strecke Paris-Lyon-Marseille zwischen La Rochelle und Dijon und zwischen Dijon und Vallorbe in Richtung Schweiz nicht mehr aus.

Oben: Eine 241 C, eine der letzten Mountain-Modelle der PLM.
Auf der gegenüberliegenden Seite: Die 387 der tschechischen Eisenbahn.

TECHNIK Die PLM gab den Plan für eine 2'D1' in Auftrag, die im Wesentlichen eine verlängerte Version der »Pacific« mit einer zusätzlichen Treibachse mit höherer Dampfleistung war. Der Prototyp 241 A1 wurde 1925 fertig gestellt. Die Versuche mit einem 625 t schweren Zug bei 80 km/h auf der Strecke mit 8‰-Steigung bei Seuil de Bourgogne auf der Strecke La Rochelle-Blaisy Bas verliefen zufriedenstellend. Diese Maschine schaffte sogar 800 t mit der gleichen Geschwindigkeit, was sehr viel mehr war, als die zeitgenössischen »Pacifics« leisten konnten. Diese zogen bei gleicher Steigung und Geschwindigkeit lediglich 300 bis 400 t. Die Leistung der 241 lag bei über 2200 PS. Nach einigen Betriebsjahren mit der 241 A ließ die PLM – von den in Deutschland bei Henschel erreichten Ergebnissen beeindruckt – die 241 B bauen, die bei gleicher Leistung weniger Verbrauch aufwies. Der deutsche Hersteller versprach 20% Brennstoffeinsparung und lieferte die 241 B, die diesen Anforderungen entsprach, 1930. Wie so oft in der Geschichte der Eisenbahn unterschied sich diese Maschine von anderen zu sehr und ging nie in Serie. Ihre Wartung und ihre Steuerung waren zu verschieden und sie fügte sich nicht in den vorhandenen Fuhrpark. Aus diesem Versuch entstand jedoch die 241 C, deren Kessel einem durchschnittlichen Druck von 20 kg/cm² standhalten konnte. Treibstangen verbanden die beiden äußeren Niederdruckzylinder mit der zweiten Treibachse, während die beiden inneren Hochdruckzylinder die dritte Treibachse bewegten. Diese eigenwillige, ungewohnte Anordnung wurde durch kurze Kuppelstangen vervollständigt, welche die erste und zweite Achse miteinander verbanden.

387 CSD

Sofort nach ihrer Gründung am 28. Oktober 1918 widmete sich die Tschechoslowakische Republik der Entwicklung einer eigenen Eisenbahn, die auf dem bereits vorhandenen, vom Habsburgerreich geerbten Material aufbaute. Deshalb wurden moderne Lokomotiven in Auftrag gegeben. So auch diese »Pacific 387«, zu ihrer Zeit eine der besten Europas und von unvergleichlichem Design.

EIGENSCHAFTEN Achsfolge: 2'C1'. **Spurweite:** 1435 mm. **Zylinder:** drei in Serie 525 x 680 mm. **Maximaler Kesseldruck:** 13 kg/cm^2. **Länge** (mit Tender): 26.250 mm. **Treibraddurchmesser:** 1950 mm. **Höchstgeschwindigkeit:** 130 km/h. **Gewicht** (ohne Tender): 90 t. **Adhäsionsgewicht:** 50 t.

GESCHICHTE Nach dem Ende des Ersten Weltkriegs sahen sich die neu entstandenen mitteleuropäischen Staaten mit dem Problem konfrontiert, dass ihre veralteten Dampflokomotivbestände erneuert werden mussten. 1922 verbesserten die rumänischen Eisenbahnen ihre 1911 von Maffei in München gebauten »Pacifics«, während die polnischen Eisenbahnen im selben Jahr Loks vom Typ 2'C, die Baureihe OK-22, bauten, die aus den preußischen P8 entstanden und größenmäßig verändert wurden. Im Gegensatz dazu zögerten die Eisenbahnen in der – industriell zweifelsohne recht starken – Tschechoslowakei nicht, gleich komplett neue Maschinen zu entwerfen, anstatt alte Modelle umzubauen oder Lokomotiven aus Osteuropa zu erwerben.

TECHNIK Die 387 der CSD wurde 1925 von Skoda gebaut, einer renommierten Maschinenbaufirma, die auch auf dem Gebiet der Automobilherstellung berühmt war. Von ihr wurden 43 Lokomotiven des Typs 387 gebaut. Ihr Aussehen war sehr modern, sie hatten große Rauchbleche, einen sehr hoch liegenden Kessel, und das Führerhaus mit den schrägen Wänden rief Erinnerungen an die zeitgenössischen deutschen Lokomotiven ins Gedächtnis. Doch nicht nur diese Äußerlichkeiten wiesen auf deutsche Einflüsse hin. Auch die Maschine mit einfacher Dampfdehnung und drei Zylindern folgte der deutschen Tradition, wonach man sich auch bei schnellen Lokomotiven der doppelten Dampfdehnung verweigerte. Die sehr hohen Erhaltungskosten, die durch die komplizierte Mechanik und aus der Notwendigkeit, das Personal auf eine andere Steuertechnik einzuschulen, entstanden, lagen dieser Philosophie zu Grunde. Schön und effizient wie die 387 war, fuhr sie bis in die 60er-Jahre. Erst die damals erfolgte Elektrifizierung des tschechischen Eisenbahnnetzes zwang sie in den wohlverdienten Ruhestand.

Visitenkarte

Herkunft
Tschechoslowakei

Baujahr
1925

Typ
Personenzuglokomotive

Antrieb
einfache Dampfdehnung

gebaute Exemplare
43

hergestellte Versionen
1

Baureihe 4000 (240-241) Norte

Visitenkarte

Herkunft
Frankreich, Spanien, Deutschland

Baujahr
1912–1925

Typ
Personen- und Güterzuglokomotive

Antrieb
einfache Dampfdehnung/doppelte Dampfdehnung (Verbundmaschine)

gebaute Exemplare
127

hergestellte Versionen
3

Einige spanische Dampflokomotiven verdienen es, wegen ihrer Schönheit und vor allem ihrer beeindruckenden Größe erwähnt zu werden. Dazu zählen die vielen Loks der Type von 240 und 241, die als Loks für schwere Züge auf der unwegsamen Strecke von Caminos de Hierro del Norte ihren Dienst versahen.

EIGENSCHAFTEN Achsfolge: 2'D. **Spurweite:** 1672 mm. **Zylinder:** zwei Hochdruckzylinder mit 400 x 640 mm, zwei Niederdruckzylinder mit 620 x 640 mm. **Maximaler Kesseldruck:** 14 kg/cm^2. **Länge** (mit Tender): 22.010 mm. **Treibraddurchmesser:** 1560 mm. **Höchstgeschwindigkeit:** 80 km/h. **Gewicht** (mit Tender): 128,7 t. **Adhäsionsgewicht:** 70 t. **Fassungsvermögen Wasser:** 21 m^3. **Fassungsvermögen Kohle:** 9 t. (*Angaben beziehen sich auf den Typ 240*)

GESCHICHTE Die Maschinen der Baureihe 4000 der Norte gehören, egal ob es sich um die Achsfolge 2'D oder 2'D1 handelt, zu den hervorragendsten Vertretern der spanischen Loks mit vier Treibachsen. Sie wurden zwischen 1912 und 1925 von französischen, deutschen und spanischen Herstellern gebaut und erwiesen sich auf der Strecke Caminos de Hierro del Norte mit ihren zahlreichen engen Kurven und schwachem Unterbau als sehr effizient. 1962 wurden die ersten 20 Loks dieses Typs (zwischen 1912 und 1914 gebaut) erneut in Dienst gestellt. Sie befuhren die Strecke zwischen der spanischen Hauptstadt Madrid und der französischen Grenze bei Irun.

TECHNIK In den Jahren 1912 bis 1914 lieferten die Werkstätten der Société Alsacienne de Construction Mecaniques die ersten 20 Stück (4001/4020) dieser starken Verbundlokomotive mit Überhitzereinrichtung. Sie sollten die steigungsreichen Strecken im nördlichen Schienennetz der spanischen Eisenbahnen befahren. 1921 wurden weitere 25 Maschinen (4021/4045) mit den gleichen Eigenschaften von Henschel in Kassel (*unten*) geliefert. 1923 kamen noch 16 Loks (4301/4316) von Babcock & Wilcox in Bilbao dazu, die auf der unwegsamen Strecke der Sierra Guadarrama nördlich von Madrid zum Einsatz kamen. Dabei handelte es sich um Maschinen mit einfacher Dampfdehnung mit drei Zylindern. 1925 gingen auch bei der Norte die ersten spanischen 2'D1'-Loks in Betrieb, welche die Strecke zwischen Madrid und dem Atlantik bedienten. Dies waren Verbundmaschinen mit vier Zylindern vom System De Glehn. Die ersten sechs Einheiten mit der Achsfolge 2'D1' (4001-241/4006-241) waren von Hanomag in Hannover gebaut worden. Die verbleibenden 60 bauten die spanischen Fabriken Eskalduna und Babcock & Wilcox. Die 2'D1'-Modelle waren sehr schwere Loks, die wegen des schlechten Zustands der spanischen Gleise sehr langsam fuhren (das höchstzulässige Achsgewicht lag bei 16 t). Um Kurvengängigkeit zu erreichen, verfügten sie über ein Gestänge mit Gelenken, das den hinteren beiden Treibachsen seitliches Spiel verlieh.

Baureihe 44 DRG

Die 1920 gegründete Deutsche Reichsbahn machte sich bald daran, ein gewagtes Programm zur gründlichen Neustrukturierung des deutschen Maschinenparks umzusetzen, wobei sie eine Politik der Vereinheitlichung verfolgte. Das Modell 1'E, sprich die bekannte Baureihe 44, war eine robuste, starke und exzellente Lokomotive, die für schnelle Güterzüge verwendet wurde.

EIGENSCHAFTEN Achsfolge: 1'E. **Spurweite:** 1435 mm. **Zylinder:** drei mit jeweils 550 x 660 mm. **Maximaler Kesseldruck:** 16 kg/cm^2. **Länge** (mit Tender): 18.495 mm. **Treibraddurchmesser:** 1400 mm. **Höchstgeschwindigkeit:** 80 km/h. **Gewicht** (mit Tender): 102 t. **Adhäsionsgewicht:** 82,5 t. **Fassungsvermögen Wasser:** 31 m^3. **Fassungsvermögen Kohle:** 7 t.

GESCHICHTE Die 44 DRG war nicht die erste Baureihe von Lokomotiven des Typs 1'E mit großer Verbreitung in Deutschland. Im Ersten Weltkrieg mussten alle deutschen Länderbahnen ihren Teil beisteuern. In Anbetracht der steigenden Nachfrage durch das Militär ließen die Bahnen eine Lok vom Typ 1'E bauen: die G-12. Sie verfügte über drei gleich große Zylinder mit einfacher Dampfdehnung und war für militärische Güterzüge bestimmt. Diese Lokomotive wurde in großen Mengen von der Sächsischen und der Baden-Württembergischen Staatsbahn sowie von den Bahnen in Elsass-Lothringen (das damals noch zu Deutschland gehörte) bestellt und ab 1917 von Henschel geliefert. Die G-12 wurde bis 1924 gebaut und bildete einen ansehnlichen Lokomotivbestand von 1519 Stück. Die Deutsche Reichsbahn gab dieser Baureihe die Bezeichnung 58. Die G-12 war also die erste richtig weit verbreitete deutsche Lokomotive mit fünf gekuppelten Achsen.

TECHNIK Von der 44 DRG gab es zunächst zwei Prototypen, eine mit zwei und eine mit drei Zylindern. In Serie ging dann jene mit drei Zylindern. Es handelte sich um robuste, starke Maschinen mit einfacher Dampfdehnung. Sie war die erste deutsche Einheitslokomotive unter den Güterzuglokomotiven. 1989 Exemplare wurden bis 1949 an mehr als 18 Standorten (während des Zweiten Weltkrieges auch von französischen Firmen) gebaut. Die vordere Laufachse war durch ein Bissel-Gestell nach dem Krauss-Helmholtz-System mit der ersten Treibachse verbunden, was das Einlenken in Kurven begünstigte. Die außen liegenden Zylinder waren mit der dritten Kuppelachse verbunden, der innen liegende Zylinder mit der zweiten. Die unabhängige Steuerung war vom Typ Heusinger (Walschaerts). Die flache Feuerbüchse war vom Typ Crampton mit einem breiten Rost. Der Kessel war der gleiche wie bei der »Pacific« der Baureihe 01. Das Führerhaus war geräumig und übersichtlich gestaltet. Die Leistungsentwicklung erreichte 2400 PS. Die Baureihe 44 blieb bis 1976 in Betrieb.

Visitenkarte

Herkunft
Deutschland

Baujahr
1925

Typ
Güterzuglokomotive

Antrieb
einfache Dampfdehnung

gebaute Exemplare
1989

hergestellte Versionen
10

Baureihe 01 DR

Visitenkarte

Herkunft
Deutschland

Baujahr
1926

Typ
Schnellzuglokomotive

Antrieb
einfache Dampfdehnung, Heißdampf

gebaute Exemplare
241

hergestellte Versionen
ungefähr 5

Diese Lokomotive war das Meisterstück des deutschen Hauses Borsig, das sich an dem weitgehenden Programm der Einheitslokomotiven beteiligte. Diese Lokomotive war von großer Eleganz und konnte 800 t schwere Züge mit 130 km/h ziehen.

EIGENSCHAFTEN Achsfolge: 2'C1'. **Spurweite:** 1435 mm. **Zylinder:** zwei außen liegende 600 x 660 mm. **Maximaler Kesseldruck:** 16 kg/cm^2. **Länge** (mit Tender): 23.940 mm. **Treibraddurchmesser:** 2000 mm. **Höchstgeschwindigkeit:** 130 km/h. **Gewicht** (ohne Tender): 109 t. **Adhäsionsgewicht:** 59,2 t. **Fassungsvermögen Wasser:** 34 m^3. **Fassungsvermögen Kohle:** 10 t.

GESCHICHTE 1922 wurden die deutschen Eisenbahnen verstaatlicht und bekamen den Namen Deutsche Reichsbahn (DR). Ein eigenes Planungsbüro unter Führung des Ingenieurs Wagner wurde eingerichtet. Mit dem Entwurf von Einheitslokomotiven beauftragt, wurde Wagner der Urheber eines beispielhaften Rationalisierungsprozesses, aus dem verschiedene Baureihen entstanden, die gemeinsame standardisierte Bauteile aufwiesen.

TECHNIK In ihrer Dienstzeit unterliefen die 01 vielen Veränderungen: der Zylinderdurchmesser wurde vergrößert, die Heizröhren verlängert, stählerne Feuerbüchsen ersetzten die kupfernen usw. Diese Loks fuhren an der Spitze aller wichtigen Züge in den 20er- und 30er-Jahren. Zwischen 1939 und 1941 gab es eine Reihe von aerodynamisch verkleideten 01-Loks. Nach dem Zweiten Weltkrieg wurde der Bestand an 01-Lokomotiven zwischen den beiden deutschen Ländern aufgeteilt – 171 gingen an die BRD und 70 an die DDR.

242 AT PLM

Diese Maschine gehört zu den elegantesten jemals entworfenen Tenderlokomotiven. Ihre schlanke Linienführung ließ ihren täglichen harten Arbeitseinsatz kaum erahnen: Sie zog Pendlerzüge in die großen städtischen Zentren und war auf schwierigen Nebenstrecken im Einsatz.

EIGENSCHAFTEN Achsfolge: 2'D2't. **Spurweite:** 1435 mm. **Zylinder:** zwei Hochdruckzylinder mit 420 x 650 mm, zwei Niederdruckzylinder mit 630 x 650 mm. **Maximaler Kesseldruck:** 16 kg/cm². **Länge:** 17.825 mm. **Treibraddurchmesser:** 1650 mm. **Höchstgeschwindigkeit:** 100 km/h. **Gewicht:** 116,5 t. **Adhäsionsgewicht:** 64 t.

GESCHICHTE Die zwischen 1925 und 1929 in Dienst gestellten 120 neuen Lokomotiven vom Typ 242 AT erwiesen sich als äußerst effizient. Die PLM entschied sich daher, eine zweite Serie von 31 Maschinen, die 242 BT, zu bauen, die über eine Steuerung mit Lentz-Ventilen verfügten, die von Schwinghebeln gesteuert wurden. Diese Loks wurden von 1929 bis 1931 gebaut. Die PLM war mit den Ergebnissen so zufrieden, dass sie eine dritte Version baute, die für Nebenbahnen mit schwierigen Streckenbedingungen bestimmt war, auf der schwere Personenzüge verkehrten. Die Treibräder, die bei der AT und BT 1650 mm Durchmesser hatten, wurden um 10% verkleinert, um die Zugkraft beim Anfahren und auf Steigungen zu erhöhen. Dies ging allerdings zu Lasten der Spitzengeschwindigkeit. Diese neue Serie umfasste 50 Lokomotiven Modell 242 CT, die der AT ähnlich waren, sowie fünf weitere Modelle 242 DT, mit einer Ventilsteuerung wie die BT.

TECHNIK Es handelte sich hierbei um Verbundmaschinen mit vier Zylindern; die Hochdruckzylinder waren mit der zweiten Achse, die Niederdruckzylinder mit der ersten Achse verbunden. Das Führerhaus war so eingerichtet, dass man in beide Richtungen fahren konnte und es war daher mit einer doppelten Steuerung und Bremse versehen. Einige Lokomotiven wie die 242 BT wurden mit einem Umkehrsystem »Modell Nord« ausgerüstet, damit sie die metallenen Waggons der Vorortebahnen mit der Kabine am anderen Ende des Zuges schieben konnten. Diese Lokomotiven konnten eine konstante Leistung von 1750 PS bei 50 km/h und 1350 PS bei 70 km/h entwickeln. Ein 400 t schwerer Zug wurde ohne Probleme mit 90 km/h gezogen, die Strecke Paris-Fontainebleau in 45 Minuten bewältigt. Die letzten 242 verkehrten noch in den 70er-Jahren, jedoch nicht mehr in den Pariser Vororten, weil sie dort im Zuge der in den 50er-Jahren erfolgten Elektrifizierung aus dem Dienst genommen wurden.

Visitenkarte

Herkunft
Frankreich

Baujahr
1926

Typ
Personenzuglokomotive

Antrieb
doppelte Dampfdehnung (Verbundmaschine)

gebaute Exemplare
120

hergestellte Versionen
4

Royal Scot Class

Visitenkarte

Herkunft
Großbritannien

Baujahr
1927

Typ
Personenzug-lokomotive

Antrieb
einfache Dampfdehnung, Heißdampf

gebaute Exemplare
70

hergestellte Versionen
2

Oben: Eine Royal Scot Class an der Spitze eines historischen Zuges. Auf der gegenüberliegenden Seite eine Reihe 64, die zum Ziehen eines Personenzuges verwendet wird.

Die Baureihe der englischen »Scot Class« war der letzte Vertreter von Loks des Typs 2'C. Im Vergleich mit der moderneren »Pacific« hatte sie eine Achse weniger, konnte aber trotz dieser Achsfolge, die in den 30er-Jahren schon als überholt galt, hervorragende Leistungen erbringen.

EIGENSCHAFTEN Achsfolge: 2'C. **Spurweite:** 1435 mm. **Zylinder:** drei mit jeweils 457 x 660 mm. **Maximaler Kesseldruck:** 17,6 kg/cm². **Länge** (mit Tender): 19.787mm. **Treibraddurchmesser:** 2057 mm. **Höchstgeschwindigkeit:** 160 km/h. **Gewicht** (mit Tender): 142 t. **Adhäsionsgewicht:** 62 t. **Fassungsvermögen Wasser:** 18 m³. **Fassungsvermögen Kohle:** 9 t. **Maximale Zugkraft:** 15.037 kg.

GESCHICHTE Für den Transport auf der Strecke London-Edinburgh-Glasgow entlang der Ostküste wählte die London Midland & Scotland-Gesellschaft (LMS) nach dem Ersten Weltkrieg die Verbundmaschinen vom Typ 2'B und die Typ 2'C-Loks der ehemaligen London & North Western-Gesellschaft aus, die inzwischen in der LMS aufgegangen war. Diese vor dem Krieg beachtlichen Maschinen erwiesen sich jedoch bald als unzeitgemäß. Um gegenüber den Mitbewerbern am Markt, hier vor allem der London & North Eastern-Gesellschaft, konkurrenzfähig zu bleiben, entschied man sich bei der LMS, das Angebot der »North British Locomotive Co« für eine neue 2'C anzunehmen.

TECHNIK Von der LMS in Auftrag gegeben, gingen die 70 Lokomotiven des Typs 2'C ab 1927 in Betrieb. Zur gleichen Zeit wurde von den Eisenbahnen auf dem europäischen Kontinent die »Pacific 2'C1'« verwendet, während die »Mountain 2'D1'« erstmals auf den Plan trat. Mit ihrer eher herkömmlichen Achsfolge verfügte diese 2'C-Maschine über drei Zylinder mit einfacher Dampfdehnung. Ihr Design war sehr ausgeglichen und harmonisch. Benannt wurde die Maschinen dieser Baureihe nach Regimentern des englischen Heeres, oder sie erhielten die Namen von Loks, die nicht mehr in Betrieb standen. Die LMS war so stolz auf ihre neue Maschine, dass sie diese 1933 auf der Weltausstellung in Chicago in den USA präsentierte. Ab 1942 wurden alle Einheiten dieser Baureihe umgebaut: sie erhielten neue Kessel, neue Zylinder und in einigen Fällen auch neue Rahmen und überarbeitete Tender. Oftmals nahm man aber auch nur eine Konservierung der äußeren Teile vor. Der erfolgreiche Weg der »Royal Scot« hielt bis zur Mitte der 60er-Jahre an. Gegenüber der »Pacific« bewies sie bis zum Erscheinen der Dieselloks als Schnellzuglokomotive wahre Überlegenheit.

Baureihe 64

Die Loks der Baureihe 64 waren richtige »Alleskönner«. Sie wurden auf Nebenbahnen für alle Arten von Diensten eingesetzt, und sie waren die einzigen, die ohne Unterschied im gesamten Gebiet Deutschlands verwendet wurden. Ihre hervorragenden Leistungen führten dazu, das sie über 45 Jahre in Dienst standen.

EIGENSCHAFTEN Achsfolge: 1'C1't. **Spurweite:** 1435 mm. **Zylinder:** zwei außen liegende 800 x 660 mm. **Maximaler Kesseldruck:** 14 kg/cm^2. **Länge:** 12.400 mm. **Treibraddurchmesser:** 1500 mm. **Höchstgeschwindigkeit:** 90 km/h. **Gewicht:** 58 t. **Adhäsionsgewicht:** 45,5 t. **Fassungsvermögen Wasser:** 9 m^3. **Fassungsvermögen Kohle:** 3 t.

GESCHICHTE Als die Deutsche Reichsbahn Gesellschaft in den 20er-Jahren an die Stelle der privaten Gesellschaften trat, stellte sich der Mangel an Lokomotiven, die sich sowohl für den Transport von Personen- als auch Güterzügen eigneten, als großes Hindernis für den Eisenbahnbetrieb heraus. Die DRG brauchte daher eine Lokomotive, die auf Nebenbahnen ebenso wie auf den Hauptbahnen verkehren konnte. Diese neue Baureihe sollte die von der DRG erworbenen Triebwagen unterstützen, um den Betrieb auf ausgesprochen wenig ertragreichen Strecken zu rationalisieren. Deshalb wurde die deutsche Industrie miteingebunden, die sich sofort an die Arbeit machte. 1926 erging an sie der Auftrag über die ersten 40 Maschinen der Baureihe 64.

TECHNIK Mit ihrer Spitzengeschwindigkeit von 90 km/h – ein wirklicher Fortschritt, wenn man die Zeit berücksichtigt – war die Baureihe 64 ein so großer Erfolg, dass ihre Produktion 13 Jahre anhielt. Insgesamt ließ die DRG 520 Lokomotiven dieses Typs bauen, die in ganz Deutschland, von Hamburg bis München und von Köln bis Königsberg im Einsatz standen. Diese Maschinen übernahmen die vielfältigen Aufgaben älterer Loks, die entweder verschrottet oder anderweitig verwendet wurden. Am Ende des Zweiten Weltkriegs war diese Baureihe im ganzen Land verbreitet. Die Deutsche Bahn (DB) im Westen besaß 281 Stück, die Deutsche Reichsbahn (DR) im Osten verfügte über 129 Exemplare. Der Rest war zum Teil im Krieg beschädigt, zum anderen Teil von der Sowjetunion beschlagnahmt worden Ohne ihre hervorragenden Eigenschaften eingebüßt zu haben, erledigte die Baureihe 64 ihre Aufgaben einwandfrei. Ihre Laufbahn hielt bis zur Mitte der 70er-Jahre an.

Visitenkarte

Herkunft
Deutschland

Baujahr
1928

Typ
Regionalzuglokomotive

Antrieb
einfache Dampfdehnung

gebaute Exemplare
520

hergestellte Versionen
2

Class A Northern Pacific

Visitenkarte

Herkunft
USA

Baujahr
1926

Typ
Schnellzuglokomotive

Antrieb
einfache Dampfdehnung

gebaute Exemplare
49

hergestellte Versionen
6

Die Loks vom Typ 2'D2' stellten das höchste Niveau der Vervollkommnung von Dampflokomotiven für schwere Schnellzüge dar und waren das Ergebnis eines Jahrhunderts von ständigen technischen Fortschritten. In diesem Abenteuer spielten die Loks der Northern Pacific RR eine wichtige Rolle.

EIGENSCHAFTEN Achsfolge: 2'D2'. **Spurweite:** 1435 mm. **Zylinder:** zwei außen liegende 711 x 762 mm. **Maximaler Kesseldruck:** 15,8 kg/cm². **Länge** (mit Tender): 32.125 mm. **Treibraddurchmesser:** 1854 mm. **Höchstgeschwindigkeit:** 100 km/h. **Gewicht** (mit Tender): 335 t. **Adhäsionsgewicht:** 118 t. **Fassungsvermögen Wasser:** 58 m³. **Fassungsvermögen Kohle:** 22 t. **Maximale Zugkraft:** 27.950 kg.

GESCHICHTE Die amerikanische Eisenbahnstrecke der Northern Pacific verband die beiden Städte St. Paul und Minneapolis mit den Städten Seattle und Portland, wobei ihr langer Reiseweg entlang der kanadischen Grenze verlief. Der schönste Zug auf dieser Strecke war der *North Coast Limited*. Ab 1926 befuhren die Typ 2'D2'-Loks an der Spitze dieses Zuges die 999 Meilen (etwa 1600 km) lange Strecke zwischen Chicago und Livingstone (Montana). Diese Fahrten wurden in einem Stück ohne Lokomotivwechsel bewältigt, was für eine mit Kohle betriebene Maschine einen Rekord darstellte. Die Feuerbüchse dieser Lok wies eine Rostfläche von über 10 m² auf, was zu außergewöhnlicher Leistung führte. Die Typ 2'D2' wurde nach und nach auch von allen anderen amerikanischen Eisenbahngesellschaften übernommen, die sie der »Pacific« vorzogen.

TECHNIK Die »Class A«, wie diese Lok genau gesagt heißt, wurde wenige Jahre nach den ersten 2'D2' der Northern Pacific entwickelt. Von ihr gab es die Untergruppen A1 bis A5, die durch größere Abmessungen gekennzeichnet waren. Die letzte 1943 gebaute Untergruppe erreichte ein stolzes Gewicht von 432 t und hatte eine Länge von 35.000 mm. Von den 20er- bis in die 40er-Jahre konnte man das eigenartige Phänomen beobachten, dass eine Lokomotive mit dem Gewicht ihrer Züge wuchs. Die letzten Lokomotiven der »Class A« hatten einen »Tausendfüßler« genannten riesigen Tender mit sieben Achsen, von denen die ersten beiden durch eine Dampfmaschine angetrieben wurden, die – wenn notwendig – beim Anfahren zusätzlichen Schub lieferten.

Baureihe 214

Diese österreichische Lokomotive gehört zweifelsfrei zu den schönsten und faszinierendsten europäischen Maschinen ihrer Zeit. Die Baureihe 214 stellte ein echtes Kuriosum in der Welt der Eisenbahnen dar, weil es sich bei ihr um eine der seltenen Maschinen mit vier Treibachsen und der Achsfolge 1'D2' handelte.

EIGENSCHAFTEN Achsfolge: 1'D2'. **Spurweite:** 1435 mm. **Zylinder:** zwei außen liegende 650 x 710 mm. **Maximaler Kesseldruck:** 15 kg/cm². **Länge** (mit Tender): 22.640 mm. **Treibraddurchmesser:** 1900 mm. **Höchstgeschwindigkeit:** 110 km/h. **Gewicht** (mit Tender): 124 t. **Adhäsionsgewicht:** 72 t.

GESCHICHTE Der Ingenieur Adolf Giesl-Gieslingen von der Floridsdorfer Lokomotivenfabrik plante diese Maschine mit vier Treibachsen. Er griff die Achsfolge auf, die Karl Gölsdorf zu Beginn des Jahrhunderts für seine dreiachsigen Lokomotiven verwendet hatte. Diese Anordnung bestand aus einer Umkehr der damals gängigen Achsfolge: statt wie die anderen europäischen Eisenbahnen eine »Pacific« zu bauen, hatte Gölsdorf eine Maschine vom Typ 1'C2' entworfen. Das sonst vorne übliche Lenkgestell saß also hinten, unter der Feuerbüchse, während vorne eine Bissel-Achse angebracht war. Durch diese Achsfolge wurde eine bessere Achslastenverteilung ermöglicht, ohne die Anzahl der Achsen insgesamt zu erhöhen. Die Feuerbüchse, der gewichtigste Bauteil einer Lokomotive, stützte sich also auf ein Lenkgestell. Diese Anordnung war wegen der relativ niedrigen zulässigen Achslasten im österreichischen Schienennetz nötig. Anstatt eine Typ 2'D1' zu bauen, entschied sich Giesl-Gieslingen also für eine Typ 1'D2', wobei die vordere Laufachse mit der ersten Kuppelachse durch ein Drehgestell der Bauart Krauss-Helmholtz verbunden war. Dies gewährleistete eine bessere Kurvengängigkeit bei höheren Geschwindigkeiten.

TECHNIK Die ersten 1928 gebauten Lokomotiven der Baureihe 214 verfügten über einfache Dampfdehnung und zwei Zylinder. Es wurde auch ein Exemplar mit drei Zylindern gebaut (Nummer 114.01). Jene mit zwei Zylindern verursachten aber nicht die geringsten Probleme und hatten einen um 9% geringeren Kohlenverbrauch. Bis 1936 wurden daher Zweizylinderlokomotiven (214.01 bis 214.13) an die ÖBB ausgeliefert. Rumänien baute in den Jahren 1936 bis 1940 in Lizenz weitere 79 gleichartige Lokomotiven (CFR Reihe 142). Schon bei den ersten Testfahrten wiesen sie eine Leistung von 1980 PS bei 90 km/h auf, erreichten aber einige Male auch 2500 PS und sogar einen Spitzenwert von 2900 PS. Sehr hoch, majestätisch, mit einem langen Kessel und Windleitblechen fuhren diese Loks vom Typ 1'D2' an der Spitze von schweren Zügen, die ganz Österreich durchquerten. Vor allem auf jenen Strecken, die in Wien ihren Ausgang nahmen und auf der Arlbergbahn verkehrten. Sie konnten einen 550 t schweren Zug mit 60 km/h über eine Steigung von 10‰ ziehen. Später wurden sie wegen der raschen Elektrifizierung des österreichischen Schienennetzes aus dem Verkehr gezogen. Eine Maschine aus dieser Baureihe, die mit der Stammnummer 214-13, erreichte bei einigen Versuchsfahrten eine Geschwindigkeit von 156 km/h und war somit die schnellste Dampflokomotive Österreichs.

Visitenkarte

Herkunft
Österreich

Baujahr
1928

Typ
Schnellzuglokomotive

Antrieb
einfache Dampfdehnung, Heißdampf

gebaute Exemplare
14

hergestellte Versionen
2

Garratt 101/106

Visitenkarte

Herkunft
Spanien

Baujahr
1930

Typ
Schnellzug-lokomotive

Antrieb
einfache Dampfdehnung

gebaute Exemplare
6

hergestellte Versionen
1

Die einzigen schnellen Garratt-Lokomotiven, die jemals im europäischen Schienennetz verkehrten, waren die spanischen 2'C1' + 1'C2', die für die 1674 mm weite Breitspur gebaut worden waren. Die Gründe, warum man diese Garratt-Modelle auf einigen gebirgigen spanischen Strecken einsetzte, sind schnell aufgezählt: sie verfügten über beachtliche Zugstärke, kamen auch mit engen Kurven gut zurecht und hatten ein geringes Achsgewicht.

EIGENSCHAFTEN Achsfolge: 2'C1' + 1'C2'. **Spurweite:** 1674 mm. **Zylinder:** zwei + zwei außen liegende 484 x 660 mm. **Maximaler Kesseldruck:** 14 kg/cm². **Länge:** 25.520 mm. **Treibraddurchmesser:** 1750 mm. **Höchstgeschwindigkeit:** 90 km/h. **Gewicht:** 184 t. **Adhäsionsgewicht:** 95 t. **Fassungsvermögen Wasser:** 30 m³. **Fassungsvermögen Kohle:** 11 t.

GESCHICHTE Diese Lokomotive vom Typ Garratt war besonders für die spanischen Strecken geeignet, die nur ein geringes Achsgewicht vertrugen. Sie konnte eine beachtliche Leistung und eine außergewöhnliche Zugkraft entwickeln. Erreicht wurde dies dadurch, dass man einen kurzen, breiten Kessel eingebaut hatte, der in der Mitte der Lokomotive Platz finden konnte. Die Feuerbüchse war breit und tief. Weil sich unter ihr keine Räder befanden, war es möglich, dass sie weit nach unten reichte. Der kurze, breite Kessel gewährleistete eine höhere Dampferzeugung und eine bessere Ausnutzung der Hitze. Darüber hinaus machten sie die Fähigkeit, gut in Kurven mit kleinen Radien einzulenken und auch schwierige Strecken leicht befahren zu können, zu einer geschätzten Lokomotive auf den kurvenreichen Strecken in Zentralspanien.

TECHNIK 1930 erhielt die Firma Euskalduna in Bilbao einige Pläne von der britischen Beyer-Peacock. Diese Pläne behandelten den Bau von großen Lokomotiven des Modells Garratt vom Typ 2'C1 + 1'C2' für die schwierige Strecke der Central Aragon-Gesellschaft, die Valencia mit Calatayud verband. Diese schnellen Garratt-Pesonenzuglokomotiven sollten jene mit der Achsfolge 1'D1' + 1'D1' der Baureihe 201/206 ergänzen, die im selben Jahr von Babcock & Wilcox in Bilbao für den Güterverkehr gebaut wurden. Somit wurde diese Eisenbahnlinie komplett mit Gelenklokomotiven ausgestattet. Die Garratt 101/106 war in der Lage, einen Zug von 300 t mit einer Geschwindigkeit von 40 km/h über eine Steigung von 21,5‰ zu ziehen, ohne das Schienenmaterial übermäßig zu beanspruchen. Die spanischen Strecken ließen damals nur geringe Belastungen zu und es stellte sich heraus, dass eine Garratt mit 184 t dort besser verkehren konnte als eine spanische Lokomotive vom Typ 1'D der Baureihe 2500, deren Gewicht ohne Tender 74 t betrug. Dieses Problem ist nämlich so zu verstehen, dass die Ingenieure das Achsgewicht heranzogen: Eine Eisenbahnlinie verträgt (je nach Beschaffenheit des Untergrunds und der Bauart) nur ein beschränktes Achsgewicht. Die Garratt 101/106 mit ihren 184 t verfügte über 12 Achsen, während die 1'D mit 74 t nur fünf Achsen hatte. Die Treibachsen der 1'D trugen daher 15,415 t (die vordere Laufachse 12,65 t), das entspricht jener Last, die jede einzelne Achse der Garratt trug.

141 TC Nord

Hierbei handelt es sich um eine gut gelungene französischen Tenderlok. Die Baureihe der Compagnie du Nord begann mit der Stammnummer 4-1200 und wurde nach der Gründung der SNCF 1938 als 141 TC bezeichnet. Über 40 Jahre, also bis zum Ende des Dampfantriebs in Frankreich, leistete sie bei den Vorortebahnen in den nördlichen Landesteilen gute Dienste.

EIGENSCHAFTEN Achsfolge: 1'D1't. **Spurweite:** 1435 mm. **Zylinder:** zwei außen liegende 585 x 700 mm. **Maximaler Kesseldruck:** 18 kg/cm^2. **Länge:** 15.150 mm. **Treibraddurchmesser:** 1550 mm. **Höchstgeschwindigkeit:** 105 km/h. **Gewicht:** 122 t. **Adhäsionsgewicht:** 85 t. **Fassungsvermögen Wasser:** 8 m^3. **Fassungsvermögen Kohle:** 3,5 t.

GESCHICHTE In der Zwischenkriegszeit wuchs Paris rasch an und hatte sich bald über die traditionellen Vororte der Stadt hinaus ausgebreitet. Viele Menschen pendelten tagtäglich zwischen der Hauptstadt und ihrer Peripherie hin und her. Die alten, leichten Züge aus der Zeit gegen Ende des 19. Jahrhunderts waren aus Holz gebaut und ihre Kapazität reichte nicht mehr aus. Man brauchte eigenes Eisenbahnmaterial, das aus Waggons aus Metall mit großen Schiebetüren bestand, deren Inneres eine große Anzahl an Sitzplätzen anbot. Diese Waggons waren aber schwer und erforderten stärkere Lokomotiven. Daher entschied sich die Compagnie du Nord für eine Tenderlok mit vier Treibachsen.

TECHNIK Diese Maschine war die verbesserte Version der Tenderlokomotiven mit drei Treibachsen, die auf den Vorortebahnen verkehrten. Sie waren für kraftvolles Anfahren ausgelegt, hatten einen großen Kessel (den gleichen wie die »Pacific Nord 3-1200, die eine schnelle Lokomotive war) und verfügte über eine Cossart-Steuerung mit Kolbenventilen, die das Erreichen von beachtenswerten Geschwindigkeiten erlaubten (105 km/h). Diese Lokomotive war ein echter Erfolg. Schon bei den ersten Versuchen erwies sich die Lok mit der Stammnummer 4-1201 in der Lage, mit einem 48 t schweren Zug auf einer Steigung von 5‰ eine Geschwindigkeit von 112 km/h zu halten. Außer zum Ziehen von Pendlerzügen wurde sie auch auf Rangierstrecken eingesetzt. Dort bewegte sie ohne Schwierigkeiten Güterzüge mit einem Gewicht von 1600 t. Erinnernswert ist, dass diese inzwischen zur »141 TC« gewordenen Maschinen den Vorortverkehr der SNCF mit Dampflokomotiven bis zu seinem Ende begleiteten und bis 1972 unterwegs waren.

Visitenkarte

Herkunft
Frankreich

Baujahr
1932

Typ
Personenzuglokomotive

Antrieb
einfache Dampfdehnung

gebaute Exemplare
71

hergestellte Versionen
1

151 A PLM

Visitenkarte

Herkunft
Frankreich

Baujahr
1932

Typ
Güterzuglokomotive

Antrieb
doppelte Dampfdehnung (Verbundmaschine)

gebaute Exemplare
10

hergestellte Versionen
1

Oben eine 151 A; man kann die Anordnung der Zylinder erkennen, von denen jeder mit einer eigenen Achsgruppe verbunden war.

Entlang der Strecke Paris-Lyon-Marseille hatte der Pass von Seuil de Bourgogne zwischen La Rochelle und Dijon den Zügen der PLM immer Schwierigkeiten bereitet. Es gab dort enge, gewundene Schluchten und die Züge waren wegen des starken Gefälles gezwungen zu bremsen. Dieser Streckenabschnitt verlangte nach stärkeren Lokomotiven. Die PLM wählte für den Güterverkehr eine Lokomotive mit fünf Treibachsen.

EIGENSCHAFTEN Achsfolge: 1'E1'. **Spurweite:** 1435 mm. **Zylinder:** zwei außen liegende Hochdruckzylinder mit 480 x 650 mm, zwei außen liegende Niederdruckzylinder mit 745 x 700 mm. **Maximaler Kesseldruck:** 20 kg/cm². **Länge** (mit Tender): 16.250 mm. **Treibraddurchmesser:** 1500 mm. **Höchstgeschwindigkeit:** 85 km/h. **Gewicht** (mit Tender): 138 t. **Adhäsionsgewicht:** 100 t. **Fassungsvermögen Wasser:** 38 m³. **Fassungsvermögen Kohle:** 10 t.

GESCHICHTE Die Steigung von 8‰ des Seuil de Bourgogne war für die französischen Lokomotiven der 30er-Jahre beinahe unüberwindbar, weil das Gewicht der Züge zunahm. Was Güterzüge betraf, hatte die PLM keine andere Möglichkeit, als zwei Loks vom Typ 1'D1' vorzuspannen. Zwei Maschinen an der Spitze eines Zuges zu bewegen war aber nicht einfach. Die beiden Lokomotivführer mussten dabei Steuerung und Regler sehr feinfühlig handhaben.

TECHNIK 1932 bestellte die PLM bei Schneider in Le Creusot eine neue Lokomotive. Die Besonderheit dieser Lok war, dass sie eine Verbundmaschine hatte, deren Zylinder jedoch außen liegend waren. Im Allgemeinen verfügten Verbundmaschinen über zwei außen und zwei innen liegende Zylinder. Dies entpuppte sich aber als Nachteil der Verbundmaschine: die Kraftübertragung bei Spitzenleistungen von 2000 PS verursachte reihenweise mechanische Probleme und führte zu Verformungen der Achse. Um diese Nachteile zu überwinden, verbanden die Ingenieure der PLM die ersten beiden Treibachsen mit den Niederdruckzylindern und die restlichen drei Treibachsen mit den Hochdruckzylindern. Beide Gruppen standen über ein innen liegendes Gestänge in Verbindung, das an der dritten und der vierten Achse angesetzt war. Auch wenn man das vermuten könnte, handelte es sich jedoch nicht um eine Gelenklokomotive vom Typ Mallet. Die Lokomotive hatte einen starren Rahmen und die fünf Treibachsen waren innerhalb dieses einen Rahmens angeordnet. Die Baureihe bestand aus zehn Lokomotiven mit den Stammnummern 151 A1 bis 151 A 10. Nachdem sie einige Male umgebaut worden waren, auch der Schornstein wurde verändert, konnten diese Loks 1250 t schwere Züge mit 50 km/h über eine Steigung von 8‰ ziehen. Die geschätzte Höchstleistung lag bei 2550 PS, bei einigen Tests wurden aber auch 3000 PS erreicht. Die Laufbahn dieser Lokomotiven endete mit der Elektrifizierung der Strecke nach dem Zweiten Weltkrieg.

OKz-32

Visitenkarte

Herkunft
Polen

Baujahr
1934

Typ
Personenzug-lokomotive

Antrieb
einfache Dampfdehnung

gebaute Exemplare
25

hergestellte Versionen
1

Auf dem Bild oben eine OKz-32.

Diese beeindruckende polnische Tenderlok mit der Achsfolge 1'E1' wurde 1934 für jene Bergstrecke angefertigt, die Krakau mit Zakopane verband. Sie verblieb bis 1975 in Dienst, dann wurde die Strecke elektrifiziert.

EIGENSCHAFTEN Achsfolge: 1'E1't. **Spurweite:** 1435 mm. **Zylinder:** zwei außen liegende 700 x 660 mm. **Maximaler Kesseldruck:** 12 kg/cm². **Länge:** 14.760 mm. **Treibraddurchmesser:** 1400 mm. **Höchstgeschwindigkeit:** 75 km/h. **Gewicht:** 119 t. **Adhäsionsgewicht:** 94 t.

GESCHICHTE Die OKz-32 ist ein Beispiel für das Konstruktionskönnen, das sich in Polen seit seiner Wiedererrichtung als Nationalstaat ab 1918 entwickelt hatte. Zu jener Zeit umfasste das rollende Material auf polnischem Gebiet 2500 Lokomotiven und 70.000 Waggons, von denen sich 8000 für die Personenbeförderung eigneten. Das Schienennetz umfasste 15.834 km, was jedoch in Anbetracht der Landesfläche (400.000 km²) und der 30 Millionen Einwohner eher wenig war. 1930 hatte das Netz durch den Bau neuer Strecken schon 19.844 km erreicht. Zuerst richtete die polnische Regierung Direktionen ein, die den alten Gesellschaften entsprachen. Sie sollten die Homogenität und Wirtschaftlichkeit jeder einzelnen Bahn aufrechterhalten. In der Folge, als das Land nach und nach beständiger wurde und die einzelnen Landesteile ihre Beziehungen intensivierten, wurden acht große Direktionen gegründet, die acht Linien betreuten. Sie waren nach den Vorbildern der französischem, englischen und amerikanischen Eisenbahngesellschaften relativ unabhängig.

TECHNIK Von dieser Lokomotive wurden zwischen 1934 und 1936 auf Anordnung der Regierung Polens 25 Stück gebaut. Sie kamen als Personenzuglokomotiven auf der Strecke zwischen Krakau und Zakopane zum Einsatz, die sich an der Nordseite der Hohen Tara befand und deren stärkste Steigungen zwischen 30 und 40‰ betrugen. Die Form der Tenderlokomotive sorgte zumindest bei der Abfahrt für eine hohe Haftreibung auf den steilen Streckenabschnitten, wenn der Kohlenkasten und der Wassertank voll waren. Mit einer begrenzten Dienstgeschwindigkeit von 75 km/h entwickelte diese Maschine eine Spitzenleistung von 1685 PS. Der konventionell konstruierte Aufbau zeugte davon, dass die Polen darauf achteten, sich mit robustem und verlässlichem Material zu versorgen, dessen Instandhaltung kostengünstig war. Als die OKz-32 1975 aus dem Verkehr gezogen wurde, gab es nur noch elf Exemplare.

Pacific Typ 1

Visitenkarte

Herkunft
Belgien

Baujahr
1934

Typ
Schnellzug-lokomotive

Antrieb
einfache Dampfdehnung, Heißdampf

gebaute Exemplare
15

hergestellte Versionen
1

Oben: Eine »Pacific Typ 1« in einwandfreiem Zustand.
Auf der gegenüberliegenden Seite: Die elegante Verkleidung der 05 DR.

Die Schönheit und Eleganz ihrer Linien, noch von der teilweisen Verkleidung unterstrichen, verliehen dieser belgischen »Pacific« aus den 30er-Jahren einen Ausdruck von Ausgereiftheit und Kraft. Unter den europäischen Lokomotiven zählte sie zu den modernsten ihrer Zeit. Die »Pacific Typ 1« bezeichnete den Höhepunkt der Ära der Dampflokomotiven in Belgien.

EIGENSCHAFTEN Achsfolge: 2'C1'. **Spurweite:** 1435 mm. **Zylinder:** vier mit 420 x 720 mm. **Maximaler Kesseldruck:** 18 kg/cm². **Länge** (mit Tender): 21.650 mm. **Treibraddurchmesser:** 1980 mm. **Höchstgeschwindigkeit:** 150 km/h. **Gewicht** (ohne Tender): 122 t. **Adhäsionsgewicht:** 72 t. **Fassungsvermögen Wasser:** 38 m³. **Fassungsvermögen Kohle:** 10,5 t.

GESCHICHTE Es ist unschwer zu erkennen, dass in der belgischen Eisenbahngeschichte – vor allem nach der Verstaatlichung 1926 – eine Politik, die nach Hochleistungen trachtete, verfolgt wurde. Alles begann in den Jahren nach 1910, als zeitgleich auch in anderen europäischen Ländern schnelle »Pacific«-Loks eingesetzt wurden, die berühmten Typ 10 des Ingenieurs Jean Flamme. Außerdem trugen noch berühmte Techniker, wie Alfred Belpaire mit Feuerbüchsen und Egide Walschaerts mit Steuerungen, zur Leistungssteigerung der belgischen Lokomotiven und bald auch jener weltweit bei.

TECHNIK Gebaut wurden diese Maschinen von Haine-Saint-Pierre in Saint-Leonard und von Cockerill in Belgien. Sie nahmen ihren Dienst als Schnellzuglokomotiven 1934 auf befuhren die nationalen Hauptbahnen, allen voran jene, die Belgien mit Luxemburg verbindet. Die »Pacific Typ 1« hatte einen Barrenrahmen und die Achsen verfügten über Rollenlager. Die Maschine wies zwei außen liegende Walschaerts-Steuerungen auf. Der Kessel war mit einer Überhitzereinrichtung und mit einer Saugzuganlage vom Typ Kylchap mit zwei Schornsteinen versehen. Diese Einrichtung, die von den Ingenieuren Kylälä aus Finnland und Chapelon aus Frankreich ersonnen worden war, trug zur Verbesserung der Leistung bei, weil sich durch sie der in der Rauchkammer erzeugte Unterdruck genau regulieren ließ. Ein Speisewasservorwärmer sorgte für weitere Leistungssteigerung. Diese Lokomotive von beeindruckender Größe war auch sehr stark. Sie erbrachte eine Dauerleistung von 3400 PS, während bei Testfahrten an der Spitze eines 700 t schweren Zuges 137 km/h erreicht wurden, und sie entwickelte eine Leistung von 2700 PS am Haken.

Baureihe 05 DR

In der Mitte der 30er-Jahre stand die deutsche Eisenbahn im Zenit ihrer Entwicklung. Die nationalsozialistischen Machthaber zeigten sich von Anfang an als überzeugte Unterstützer des Ausbaus von Verkehrsmitteln. Die Eisenbahn verkörperte zusammen mit den Autobahnen ein zentrales Element in der Politik und im Erscheinungsbild des Dritten Reiches.

EIGENSCHAFTEN Achsfolge: 2'C2'. **Spurweite:** 1435 mm. **Zylinder:** drei mit 450 x 660 mm. **Maximaler Kesseldruck:** 20 kg/cm². **Länge** (mit Tender): 26.265 mm. **Treibraddurchmesser:** 2300 mm. **Höchstgeschwindigkeit:** 200 km/h. **Gewicht** (mit Tender): 213 t. **Adhäsionsgewicht:** 57 t. **Fassungsvermögen Wasser:** 37 m³. **Fassungsvermögen Kohle:** 10 t. **Maximale Zugkraft:** 14.870 kg.

GESCHICHTE Zwischen dem Ende der 20er- und dem Anfang der 30er-Jahre schufen einige deutsche Ingenieure Hochgeschwindigkeitslokomotiven, die im Stande waren, mit über 150 km/h zu fahren. Borsig stellte Versuche mit Turbinen und Hochdruckkesseln an. Henschel bereitete eine verkleidete Typ 2'C2' mit drei Zylindern vor, deren Führerhaus vorne angebracht war. Ihr Entwurf sah vor, dass sie an der Spitze leichter, aerodynamischer Züge eine Geschwindigkeit von 250 km/h erreichen sollte. Andere Pläne für verkleidete Tenderloks mit der Achsfolge 2'B1', die Züge von zwei Waggons mit drei Drehgestellen ziehen sollten, gingen von Geschwindigkeiten von 160 km/h aus. Schließlich gelang es Henschel, eine verkleidete Tenderlok mit der Achsfolge 2'C2' an der Spitze eines 125 t schweren Zuges mit 187 km/h zu fahren. Dies alles beweist, mit welchem Nachdruck man sich dem Thema Geschwindigkeit widmete und welche bemerkenswerten Fortschritte dabei erzielt wurden.

TECHNIK 1934 gab die Deutsche Reichsbahn bei Borsig eine Lokomotive mit der Achsfolge 1'C2' in Auftrag, die einen 250 t schweren Zug mit 175 km/h ziehen konnte. Das Ergebnis war die »05« – eine Maschine mit einer großzügig dimensionierten Feuerbüchse und einer Rostfläche von 4,7 m². Die Heizschlangen im Inneren des Kessels waren besonders lang: 7 m. Der zulässige Kesseldruck betrug 20 kg/cm². Eine Überhitzereinrichtung und eine Speisewasservorwärmung erhöhten die Leistung noch weiter. Die Treibräder hatten einen beachtlichen Durchmesser von 2300 mm. Die im Juni 1935 fertig gestellte Lok 05 001 erreichte an der Spitze eines 205 t schweren Zuges zwischen Hamburg und Berlin 200,7 km/h. Man schätzte, dass die Leistung der Zylinder bei 3137 PS lag und am Haken etwa 1605 PS betrug. Die Leistung bei hohen Geschwindigkeiten war hingegen eher gering, weil die Gesamtheit von Lokomotive und Tender bei 200 km/h beinahe die ganze Kraft beanspruchte. Die Verkleidung der 05 erwies sich als effizient, und diese ausgezeichneten Maschinen ersetzten die »Pacific« in würdiger Weise.

Visitenkarte

Herkunft
Deutschland

Baujahr
1935

Typ
Schnellzuglokomotive

Antrieb
einfache Dampfdehnung, Heißdampf

gebaute Exemplare
3

hergestellte Versionen
2

Pacific Nord Chapelon

Visitenkarte

Herkunft
Frankreich

Baujahr
1934

Typ
Schnellzuglokomotive

Antrieb
doppelte Dampfdehnung (Verbundmaschine), Heißdampf

gebaute Exemplare
48

hergestellte Versionen
1

Die französischen »Pacifics« der Reihe 3-1111 bis 3-1130 und 3-1171 bis 3-1198 sind ausgesprochen populär. Ihr Ruhm liegt nicht nur in ihrer schokoladenbraunen Lackierung mit den gelben Verzierungen begründet, sondern vor allem auch in ihrer Leistung. Diese Lokomotive, die ab 1934 an der Spitze von Zügen wie dem *Flèche d'Or* auf der Strecke Paris-Calais zum Einsatz kam, erreichte nämlich eine Reisegeschwindigkeit von 140 km/h.

EIGENSCHAFTEN Achsfolge: 2'C1'. **Spurweite:** 1435 mm. **Zylinder:** zwei Hochdruckzylinder mit 420 x 650 mm, zwei Niederdruckzylinder mit 650 x 690 mm. **Maximaler Kesseldruck:** 17 kg/cm^2. **Länge** (ohne Tender): 13.710 mm. **Treibraddurchmesser:** 1950 mm. **Höchstgeschwindigkeit:** 140 km/h. **Gewicht** (ohne Tender): 102 t. **Adhäsionsgewicht:** 57,3 t. **Fassungsvermögen Wasser:** 37 m^3. **Fassungsvermögen Kohle:** 7 t.

GESCHICHTE Diese berühmte Baureihe der »Pacific« wurde ab 1909 von jener Gesellschaft gebaut, welche die Strecke Paris-Orléans (im Südwesten Frankreichs) betrieb. In den frühen 30er-Jahren wurden diese Loks in den Werkstätten von Tours von einem sehr talentierten Ingenieur umgebaut: André Chapelon.

TECHNIK Durch seine thermodynamischen Studien war Chapelon – im Gegensatz zu dem, was die Ingenieure seit Erfindung der Lokomotive gedacht hatten – der Überzeugung, dass man die Leistung beträchtlich erhöhen könnte, wenn man das Design der Dampfsammelkästen, die Dampftemperatur und das System der Dampfableitung in die Rauchkammer ändert. Nachdem er zuerst von der PLM abgewiesen worden war, durfte Chapelon schließlich versuchsweise einige Umbauten an einer Lokomotive der Paris-Orléans-Gesellschaft (PO) vornehmen, der Lok mit der Nummer 3566. Und die Ergebnisse waren überraschend, da die Leistung der Maschine von 2000 auf 3000 PS gestiegen und der Verbrauch bei gleichbleibender Leistung um 25% gesunken war! Die PO entschied sich darauf hin, eine ganze Serie von »Pacifics« umbauen zu lassen. Einige von diesen Loks erreichten dann an der Spitze von 1000 t schweren Zügen 3400 PS. Auch die Compagnie du Nord interessierte sich auf der Suche nach immer höheren Leistungen für die von Chapelon umgebauten Lokomotiven und bestellte eine Serie von 48 Stück bei der PO. Bei der Compagnie du Nord erhielten diese Maschinen den Beinamen »Chapelon« und bewegten außerordentlich schwere Züge mit 140 km/h Reisegeschwindigkeit. *(Auf dem Bild unten eine Pacific Nord Chapelon aus dem Jahre 1936.)*

Challenger

Die »Challenger« war ein Teil der großen Familie von Gelenklokomotiven, die in der Zwischenkriegszeit für den Transport langer, schwerer Güterzüge quer durch den amerikanischen Kontinent verwendet wurden.

EIGENSCHAFTEN Achsfolge: 2'C + C2'. **Spurweite:** 1435 mm. **Zylinder:** vier mit 533 x 813 mm. **Maximaler Kesseldruck:** 19,7 kg/cm². **Länge** (mit Tender): 37.160 mm. **Treibraddurchmesser:** 1753 mm. **Höchstgeschwindigkeit:** 120 km/h. **Gewicht** (mit Tender): 486 t. **Adhäsionsgewicht:** 184 t. **Fassungsvermögen Wasser:** 80 m³. **Fassungsvermögen Kohle:** 25,4 t. **Maximale Zugkraft:** 44.100 kg.

GESCHICHTE 1936 bestellte die Union Pacific eine Reihe von Lokomotiven mit der Achsfolge 2'C + C2', die den Namen »Challenger« erhielten. Sie wurden auf weiten Teilen des Streckennetzes der Gesellschaft eingesetzt. Diese Maschinen wiesen so gute Leistungen und derart respektable Geschwindigkeiten auf, dass sie sehr bald vor Personenzüge mit 20 Waggons gespannt wurden, welche die Wüste von Nevada zwischen Salt Lake City und Los Angeles mit rund 120 km/h durchquerten. 1942 sah sich die Union Pacific wegen des regen Verkehrs, den der Krieg verursachte, gezwungen, 65 weitere »Challenger«-Loks in Auftrag zu geben. Diese Reihe wies leichte Veränderungen beim Kessel und bei der Aufhängung des vorderen Triebwerks auf. Die Laufbahn dieser Maschinen endete in den 50er-Jahren, als sich die Diesellokomotiven massiv ausgebreitet hatten. Eine dieser Maschinen blieb – heute noch voll funktionstüchtig – im Betriebswerk von Roanoke in Virgina erhalten.

TECHNIK Diese Maschine darf zusammen mit der »Big-Boy« von 1941 als die letzte Entwicklungsstufe von Maschinen vom Typ »Mallet« in den USA betrachtet werden. Im Vergleich mit den früheren Mallets war diese Lokomotive viel stabiler und sicherer. Sie erreichte mühelos 120 km/h, was für eine Lok, die ohne Tender 300 t schwer und 23.000 mm lang war, eine beachtliche Leistung darstellte. Im Unterschied zu den früheren Mallets mit Verbundmaschinen hatte die »Challenger« vier gleich große Zylinder mit einfacher Dampfdehnung. Um eine entsprechend große Dampferzeugung zu erreichen, hatte sie eine Rostfläche von 12 m², also etwa doppelt so groß wie die einer normalen amerikanischen »Pacific«. Ihre Überhitzerfläche erreichte 431 m³. 40 Stück einer etwas stärkere »Challenger«-Version wurden auch von der Northern eingesetzt.

Visitenkarte

Herkunft
USA

Baujahr
1936

Typ
Personen- und Güterzuglokomotive

Antrieb
einfache Dampfdehnung

gebaute Exemplare
105

hergestellte Versionen
2

Tenderlok 61 001

Visitenkarte

Herkunft
Deutschland

Baujahr
1935

Typ
Lokomotive für leichte Personenzüge

Antrieb
einfache Dampfdehnung

gebaute Exemplare
1

hergestellte Versionen
1

Oben: Die von Henschel gebaute 61 001. Auf der gegenüberliegenden Seite: Die Mallard A4, die den Rekord von 202 km/h aufstellte.

Von ihrer Bauweise her waren Tenderloks selten schnelle Maschinen, und sie zu verkleiden, um ihre Leistung zu erhöhen, war eine eher einsame Entscheidung. In den 30er-Jahren versuchten die Ingenieure der Deutschen Reichsbahn Gesellschaft jedoch alles, was die Leistung deutscher Züge erhöhen hätte können, die ohnehin schon recht ansehnlich war.

EIGENSCHAFTEN Achsfolge: 2'C2't. **Spurweite:** 1435 mm. **Zylinder:** zwei mit 460 x 750 mm. **Maximaler Kesseldruck:** 19,6 kg/cm². **Länge:** 18.450 mm. **Treibraddurchmesser:** 2300 mm. **Höchstgeschwindigkeit:** 175 km/h. **Gewicht:** 213 t. **Adhäsionsgewicht:** 129 t. **Fassungsvermögen Wasser:** 34 m³. **Fassungsvermögen Kohle:** 10 t.

GESCHICHTE In den 30er-Jahren war in Deutschland Hochgeschwindigkeit in Mode. Sie diente als »Schaufenster« für die Technik des Landes. 1933 eröffnete die DRG (Deutsche Reichsbahn Gesellschaft) mit dem berühmten Dieseltriebwagen *Fliegender Hamburger* eine Schnellzugverbindung zwischen Hamburg und Berlin. Die Gesellschaft vertrat jedoch die Auffassung, dass die ausschließliche Verwendung von leichten Triebwagen für den Hochgeschwindigkeitsbetrieb kontraproduktiv sei. Dabei spielte vor allem der Gedanke an das hohe Kundenpotenzial eine Rolle. Daher wurde entschieden, ein herkömmliches Schnellzugprogramm in Angriff zu nehmen. Dafür brauchte man sehr schnelle und starke Lokomotiven. Die Firma Henschel baute die beiden Maschinen der Baureihe 61, die 1935 und 1936 auf der Strecke Berlin-Dresden in Dienst gestellt wurden.

TECHNIK Das Aussehen dieser Loks war außergewöhnlich und war völlig an den eigens von Wegmann gebauten aerodynamisch geformten Zug angepasst. Die 176 km zwischen Berlin und Dresden wurden in 102 Minuten bei einer Durchschnittsgeschwindigkeit von 103,5 km/h zurückgelegt. Die Spitzengeschwindigkeit lag bei 175 km/h (es wurden aber auch 186 km/h erreicht) und die Dauerleistung betrug 1450 PS. Bei Kriegsende befand sich die 61 001 im Westen des Landes. Sie blieb dort ohne ihre Verkleidung bis 1951 in Dienst. Im darauf folgenden Jahr wurde sie wegen Problemen mit dem Kessel aus dem Verkehr gezogen und 1954 verschrottet. Die Schwesterlokomotive 61 002 mit der Achsfolge 2'C3' und drei Zylindern war 1939 in Dienst gestellt worden und bei Kriegsende der DDR zugesprochen, wo sie bis 1958 in Betrieb war. 1960 wurde sie zu einer Schlepptenderlok umgebaut, die Verkleidung blieb zum Teil erhalten. Mit der Stammnummer 18 201 wurde sie die schnellste Dampflokomotive ihrer Zeit.

Mallard A4 Class LNER

Diese schöne Lokomotive der Baureihe A4 stellte den Höhepunkt der Ära der Dampfloks in Großbritannien dar. Die englischen Eisenbahnfreunde betrachten sie als die beste der Welt. Sie stellte einen bis heute ungeschlagenen Geschwindigkeitsrekord auf.

EIGENSCHAFTEN Achsfolge: 2'C1'. **Spurweite:** 1435 mm. **Zylinder:** drei mit 470 x 660 mm. **Maximaler Kesseldruck:** 17,5 kg/cm². **Länge** (mit Tender): 21.647 mm. **Treibraddurchmesser:** 2032 mm. **Höchstgeschwindigkeit:** 202 km/h. **Gewicht** (mit Tender): 170 t. **Adhäsionsgewicht:** 67 t. **Fassungsvermögen Wasser:** 23 m³. **Fassungsvermögen Kohle:** 18 t. **Maximale Zugkraft:** 16.086 kg.

GESCHICHTE In den 30er-Jahren teilten sich zwei große englische Gesellschaften den wichtigen und prestigeträchtigen Eisenbahnverkehr zwischen London und Edinburgh: Die London Midland & Scotland Railway (LMS) befuhr die Strecke im Landesinneren, während die London & North Eastern Railway (LNER) die Strecke entlang der Küste bediente. Beide konkurrierten auf den Gebieten Geschwindigkeit und Komfort. Die Zeit, welche die Züge der beiden Gesellschaften brauchten, war Gegenstand von Wetten. Mit einer gut trassierten viergleisigen Strecke – das mittlere Schienenpaar war Schnellzügen vorbehalten – schien die LNER das bessere Ende für sich zu haben. Darüber hinaus verfügte diese Gesellschaft traditionellerweise über großartige Ingenieure. Diese waren in der Lage, den Übergang zur »Pacific« mit der Achsfolge 2'C1' zu bewerkstelligen, während die anderen englischen Gesellschaften ihren kleinen 2'B- oder 2'B1'-Typen treu blieben. Die LNER entschloss sich, vier ihrer »Pacifics« aerodynamisch zu verkleiden und an der Spitze des Zuges *Silver Jubilee* einzusetzen. Der Erfolg dieses silberfarbenen Gliederzuges war überwältigend: er verkehrte mit 160 km/h zwischen London und Newcastle, was der symbolischen Marke von 100 Meilen pro Stunde entspricht. Dies begründete den Ruhm dieser Lokomotive. Die LNER baute zwischen 1936 und 1938 weitere 31 Exemplare der A4, die bis 1966 in Dienst standen.

TECHNIK Wie alle englischen Lokomotiven, hatte auch jede A4 einen eigenen Namen: Die »Mallard« mit der Stammnummer 4468 machte 1938 von sich reden, als sie an der Spitze eines 240 t schweren Zuges die Gefällestrecke von 5‰ bei Stoke Bank nahe Peterborough mit 202 km/h (das entspricht 126 Meilen/Stunde) befuhr. Der Rekord wurde von einem hinter der Lok befindlichen Messwagen aufgezeichnet. Um den Luftwiderstand zu reduzieren, wurden eigene, aerodynamisch geformte Bleche angebracht, um die wuchtigen Räder abzudecken.

Visitenkarte

Herkunft
Großbritannien

Baujahr
1935

Typ
Schnellzuglokomotive

Antrieb
einfache Dampfdehnung, Heißdampf

gebaute Exemplare
35

hergestellte Versionen
2

D-51

Visitenkarte

Herkunft
Japan

Baujahr
1936

Typ
Personen- und Güterzuglokomotive

Antrieb
einfache Dampfdehnung

gebaute Exemplare
151

hergestellte Versionen
mindestens 10

Diese Lokomotive ist ohne Zweifel eine der beliebtesten bei den japanischen Eisenbahnfreunden. Ihr Ruf als Allzweckmaschine machte sie auch weit über die Grenzen ihrer Heimat hinaus berühmt.

EIGENSCHAFTEN Achsfolge: 1'D1'. **Spurweite:** 1067 mm. **Zylinder:** zwei mit 550 x 650 mm. **Maximaler Kesseldruck:** 14 kg/cm². **Länge** (ohne Tender): 12.180 mm. **Treibraddurchmesser:** 1400 mm. **Höchstgeschwindigkeit:** 60 km/h. **Gewicht** (mit Tender): 124 t. **Adhäsionsgewicht:** 57,2 t. **Fassungsvermögen Wasser:** 20 m³. **Fassungsvermögen Kohle:** 8 t.

GESCHICHTE Diese Lokomotive entstand in jenen schwierigen Zeiten, die dem Ausbruch des Zweiten Weltkrieges vorausgingen. Sie wurde in großer Stückzahl gebaut (mehr als 1100 Exemplare), als Baureihe D-51 bezeichnet und konnte für alle Aufgaben eingesetzt werden. Man sah sie an der Spitze schwerer, langsamer Personen- oder schwerer Güterzüge, sie bediente aber auch Nebenbahnen. Auf den kurvenreichen japanischen Strecken, die keine hohen Geschwindigkeiten zuließen, machte sie sich hervorragend.

TECHNIK Die D-51 hatte die Achsfolge 1'D1', die von den Amerikanern »Mikado« genannt wurde, nachdem Baldwin 1897 die Nippon Railway mit einer Serie von Loks mit dieser neuen Achsanordnung ausgestattet hatte. In Anlehnung an die amerikanischen Personen- und Güterzuglokomotiven aus den Jahren 1910 bis 1920 fanden sich die »boxpox« genannten Gussstahlräder auch hier wieder. Ebenso das breite und geräumige Führerhaus, dem ein ansehnlicher Tender folgte. Erwähnenswert ist noch, dass es sich um eine Schmalspurlokomotive handelte. Die Spurweite von 1067 mm erweist sich auch heute noch als durchaus interessant. Die letzten japanischen D-51 wurden 1943 während des Zweiten Weltkrieges gebaut. Die Kriegswirtschaft erlaubte sicherlich keine hohen Ausgaben, sondern führte vielmehr dazu, dass selbst die kleinste Verschwendung erbarmungslos ausgemerzt wurde. Einsparungen standen auf der Tagesordnung, vor allem was die Verwendung von Metallen betraf. Obwohl man in Deutschland mit neuen Materialien experimentierte – so zum Beispiel mit (bewehrtem) Spannbeton für einige Rahmenteile (vor allem jenen, die keiner mechanischen Reibung ausgesetzt waren) –, bevorzugte man in Japan Holz, aus dem man für die Kriegsversion der D-51 die Windleitbleche und die Behälterwände des Tenders fertigte. Ebenfalls um Stahl zu sparen, entschieden sich die japanischen Eisenbahnplaner, auch die Stärke des Blechs bei den letzten D-51 zu reduzieren. Dadurch wurden diese Lokomotiven aber zu leicht und sie neigten an der Spitze von Zügen zur Schlupfentwicklung! Also musste man sie mit Beton beschweren, damit sie zu ihrem Normalgewicht zurückkehrten.

Pacific A-L 1325

Visitenkarte

Herkunft
Frankreich

Baujahr
1936

Typ
Schnellzug-lokomotive

Antrieb
doppelte Dampfdehnung (Verbund-maschine), Heißdampf

gebaute Exemplare
1

hergestellte Versionen
1

Oben: Die Pacific Nr. 1325 mit der Huet-Verkleidung.

Die Eisenbahnen in Elsass-Lothringen wurden 1918 französisch, aber es fehlten schnelle Lokomotiven. Sie erhielten dank der gewährten Hilfe der öffentlichen Verwaltung einige »Pacifics« vom Typ, wie er bei der Staatsbahn verwendet wurde, und erwarben einige andere Lokomotiven der gleichen Bauart von der Paris-Orléans-Gesellschaft. Einer zu jener Zeit weit verbreiteten Gepflogenheit folgend, wurde 1936 eine diese Maschinen teilweise verkleidet.

EIGENSCHAFTEN Achsfolge: 2'C1'. **Spurweite:** 1435 mm. **Zylinder:** zwei Hochdruckzylinder mit 420 x 650 mm, zwei Niederdruckzylinder mit 640 x 650 mm. **Maximaler Kesseldruck:** 17 kg/cm². **Länge** (mit Tender): 22.974 mm. **Treibraddurchmesser:** 1950 mm. **Höchstgeschwindigkeit:** 130 km/h. **Gewicht** (ohne Tender): 96 t. **Adhäsionsgewicht:** 55 t. **Fassungsvermögen Wasser:** 20 m³. **Fassungsvermögen Kohle:** 6 t.

GESCHICHTE Als Elsass-Lothringen nach dem Ersten Weltkrieg wieder an Frankreich fiel, erachteten es die französischen Eisenbahnen für angebracht, das Schienennetz von der Est-Gesellschaft getrennt zu lassen und den Betrieb dem Staat anzuvertrauen. Unter anderem hatten die Deutschen die Fahrtrichtung auf zweigleisigen Strecken von der linken auf die rechte Seite verlegt. Um die Rückumwandlung einzuleiten, beschloss der Staat (der schon einige andere Eisenbahnen betrieb) der A-L einige Lokomotiven vom Typ 2'C1' zu schenken. Zum Teil kamen diese Loks aus staatseigenen Beständen (40 Einheiten), zum anderen Teil von der Paris-Orléans-Gesellschaft. Diese Maschinen wurden mit neuen Windleitblechen und Speisewasservorwärmern versehen. 1936 wurde eine (die Nr. 1325) mit einer Teilverkleidung ausgerüstet, womit man einer Tendenz folgte, die zu jener Zeit bei allen fortschrittlicheren Bahnen in Mode war. Es waren die neuen Stromlinienzüge (*streamline*) mit Dieselantrieb (z. B. der amerikanische *Zephir* oder der deutsche *Fliegende Hamburger*) gewesen, durch die man sich veranlasst sah, die aerodynamische Verkleidung auch bei Dampflokomotiven einzuführen.

TECHNIK Die Nr. 1325 erhielt 1936 eine Teilverkleidung vom System Huet. Diese Verkleidung gestattete eine bessere Windschlüpfigkeit, ohne die Nachteile der zeitgenössischen Vollverkleidungen aufzuweisen, durch die Wartungsarbeiten erschwert wurden. Die Lokomotive behielt ihre Verkleidung zumindest bis 1938, wie das Foto mit dem Logo der SNCF (*oben*) beweist. Trotzdem ereilte auch diese Verkleidung das gleiche Schicksal wie die anderen: Sie wurde nach einiger Zeit wieder abmontiert, weil die Erfahrung zeigte, dass sich ihre Vorteile erst bei Geschwindigkeiten jenseits der 130 km/h bemerkbar machten.

Royal Hudson

Visitenkarte

Herkunft
Kanada

Baujahr
1937

Typ
Personenzuglokomotive

Antrieb
einfache Dampfdehnung

gebaute Exemplare
65

hergestellte Versionen
3

Es gab eine Zeit, in der Kanada noch wirklich zu Großbritannien gehörte und das Oberhaupt des Vereinigten Königreiches von Zeit zu Zeit dem Land einen Besuch abstattete – wie 1939 König George VI. – und dabei das gewaltige Territorium bereiste. Die Lokomotiven trugen daher das Adjektiv »königlich«; die hier beschriebene Baureihe war eine der schönsten in der kanadischen Eisenbahngeschichte.

EIGENSCHAFTEN Achsfolge: 2'C2'. **Spurweite:** 1435 mm. **Zylinder:** zwei mit 559 x 762 mm. **Maximaler Kesseldruck:** 19,3 kg/cm². **Länge** (mit Tender): 27.868 mm. **Treibraddurchmesser:** 1905 mm. **Höchstgeschwindigkeit:** 120 km/h. **Gewicht** (mit Tender): 300 t. **Adhäsionsgewicht:** 88 t. **Fassungsvermögen Wasser:** 54,6 m³. **Fassungsvermögen Kohle:** 21 t. **Maximale Zugkraft:** 20.548 kg.

GESCHICHTE Die Royal Hudson war eine Weiterentwicklung der in den 30er-Jahren fertig gestellten HI. Dieser HI mit der Achsfolge 2'C2' war es bestimmt gewesen, den zwischen Toronto und Montréal verkehrenden Zug zum schnellsten seiner Zeit zu machen. Er durchfuhr die 200 km lange Strecke mit einer mittleren Geschwindigkeit von 112 km/h. Diese Lok sorgte aber auch für eine Verbindung quer durch Kanada, indem sie auf der 2000 km langen Strecke zwischen Fort William und Manitoba verkehrte. Sie bildete eine Baureihe mit den Stammnummern 2800 bis 2819.

TECHNIK Die 2'C2' war eine Weiterentwicklung der »Pacific«, wie sie in den 30er-Jahren bei allen großen nordamerikanischen Eisenbahnen und in Europa gebräuchlich war. Der Wechsel zur 2'C2' bedeutete eine Verlängerung der Feuerbüchse und somit auch eine beachtliche Steigerung der Dampfleistung, ohne aber gleichzeitig das Achsgewicht erhöhen zu müssen, weil die schwerere Feuerbüchse von der zusätzlichen hinteren Laufachse getragen wurde. 1937 bestellten die kanadischen Eisenbahnen eine neue Serie von verkleideten 2'C2'-Loks (mit den Stammnummern 2820 bis 2849), entsprechend der Mode jener Zeit. Dabei handelte es sich jedoch nur um eine teilweise Verkleidung, um die Mechanik – vor allem bei der Wartung in der Werkstatt – nicht zu verdecken. Sie war daher nicht vollverkleidet, sondern nur mit Blech versehen, das die vorderen Teile der Lokomotive bedeckte, ohne das Fahrwerk zu umgeben. Das verlieh der neuen 2'C2' ein entschieden »modernes« Aussehen. Zwischen 1938 und 1940 wurde die letzte Serie mit den Stammnummern 2850 bis 2864 gebaut, sie waren für die Verbindung zwischen Vancouver und Britisch-Kolumbien bestimmt. Mit einer Ölfeuerung ausgestattet, verfügten diese Maschinen auch über einen »booster« (einen Hilfsmotor zum Anfahren). Sie waren in der Lage, aus 18 Waggons bestehende Züge mit einem Gesamtgewicht von mehr als 1200 t ohne Probleme über die starken Steigungen des Gebietes beim Lake Superior zu ziehen. Die Royal Hudson-Loks erbrachten sehr gute Leistungen und wurden erst mit dem Dienstantritt der Dieselmaschinen Anfang der 60er-Jahre aus dem Verkehr gezogen.

2'B1' der Baureihe 12

Visitenkarte

Herkunft
Belgien

Baujahr
1939

Typ
Schnellzug-lokomotive

Antrieb
einfache Dampfdehnung

gebaute Exemplare
6

hergestellte Versionen
1

Dies war eine eher seltsam anmutende europäische Lokomotive, aber auch eine aus ästhetischer und technischer Sicht gut gelungene.

EIGENSCHAFTEN Achsfolge: 2'B1'. **Spurweite:** 1435 mm. **Zylinder:** zwei mit 480 x 720 mm. **Maximaler Kesseldruck:** 18 kg/cm². **Länge** (mit Tender): 21.190 mm. **Treibraddurchmesser:** 2100 mm. **Höchstgeschwindigkeit:** 140 km/h. **Gewicht** (ohne Tender): 89,5 t. **Adhäsionsgewicht:** 45,8 t. **Fassungsvermögen Wasser:** 24 m³. **Fassungsvermögen Kohle:** 8 t. **Maximale Zugkraft:** 12.079 kg.

GESCHICHTE Diese Baureihe wurde 1939 von der Société Nationale des Chemins de fer Belges (SNCB) für den Transport von Schnellzügen zwischen Brüssel und Ostende gebaut. Sie brauchte bei einer durchschnittlichen Reisegeschwindigkeit von 121 km/h exakt eine Stunde für diese Strecke. Um dieses Mittel einzuhalten, erreichte sie während der Fahrt Spitzen von 140 km/h. Leider ließ der Krieg dieser Maschine keine Zeit für eine dauerhafte Nutzung.

TECHNIK Diese Lokomotive verfügte über innen liegende, zwischen den Trägern des Rahmens angebrachte Zylinder. Sie waren vorne über dem Lenkgestell, nahe nebeneinander, entlang beider Seiten der Längsachse der Lokomotive angereiht. Eine solche Anordnung vermied das Entstehen von Begleitbewegungen (Schlingern und Stampfen), welche die Arbeit der Kolben und des Gestänges bei außen liegenden Zylindern verursachten, wenn gewisse kritische Geschwindigkeiten erreicht wurden. Die Geschwindigkeit war mit 140 km/h begrenzt worden, man konnte aber Spitzen von 160 km/h erreichen. Das Unangenehme bei der inneren Anordnung der Zylinder war, dass sie zum Zweck von Wartungsarbeiten nur schwer zu erreichen waren. Die 2'B1' der Baureihe 12 hatten aber eine recht einzigartige Verkleidung. Ihre Form basierte im Prinzip auf jener, die zu jener Zeit in ganz Europa auf Anregung einiger Eisenbahngesellschaften ausgearbeitet worden war. Vor allem die Studien des französischen Ingenieurs Huet waren hier ausschlaggebend. Sie bedeckten die Lokomotive beinahe komplett und stilvoll. Auf Höhe der Zylinder und der Steuerung war jedoch Platz ausgespart, von wo aus man diese oberhalb des Rahmens erreichen konnte. Wie schon bei vorhergehenden aerodynamisch ausgelegten Loks, war auch der Tender verkleidet. Die Lokomotive war durchgehend dunkelgrün lackiert und mit Streifen in kräftigem Gelb versehen.

Oben: Die Maschine der Baureihe 12 mit der Nr. 12 004, wie sie im Eisenbahndepot von Lovanio in Belgien aufbewahrt wird. Auf der gegenüberliegenden Seite: Die Royal Hudson, die 1939 dem königlichen Zug vorgespannt wurde.

Duchess Class LMS

Visitenkarte

Herkunft
Großbritannien

Baujahr
1939

Typ
Schnellzug-lokomotive

Antrieb
einfache Dampfdehnung, Heißdampf

gebaute Exemplare
38

hergestellte Versionen
3

Die Baureihe »Duchess« war der Ausdruck der höchsten Meisterschaft auf dem Gebiet der englischen Dampflokomotiven. Ab dem Jahre 1939 brach diese reinrassige, prächtige »Pacific« mit ihrer blutroten Lackierung und den gelben und schwarzen Verzierungen verschiedene Geschwindigkeits- und Leistungsrekorde.

EIGENSCHAFTEN Achsfolge: 2'C1'. **Spurweite:** 1435 mm. **Zylinder:** vier mit 419 x 711 mm. **Maximaler Kesseldruck:** 17,6 kg/cm^2. **Länge** (mit Tender): 22.510 mm. **Treibraddurchmesser:** 2057 mm. **Höchstgeschwindigkeit:** 160 km/h. **Gewicht** (mit Tender): 164 t. **Adhäsionsgewicht:** 68 t. **Fassungsvermögen Wasser:** 18 m^3. **Fassungsvermögen Kohle:** 10 t. **Maximale Zugkraft:** 18.144 kg.

GESCHICHTE 1933 rief William Stanier, Chief Mechanical Engineer (Chef-Maschineningenieur) der London, Midland & Scottish Railway, die erste Serie von »Pacifics« ins Leben: die »Princess Royal«. 1937 plante die LMS Versuche mit einem stromlinienförmigen Zug auf der Strecke London-Glasgow. Stanier wurde daher beauftragt, eine starke und schnelle »Pacific« zu entwerfen. So entstand die Baureihe der »Duchess«, die aus 38 ab 1939 gebauten Exemplaren bestand. Einige Einheiten wurden verkleidet, weiß und blau lackiert und dazu eingesetzt, die Strecke London-Glasgow (mit dem Zug *Coronation Scot*) mit 160 km/h zu befahren. Die »Duchess« blieben bis in die Mitte der 60er-Jahre in Dienst und einige Exemplare sind bis heute erhalten.

TECHNIK Diese Maschinen waren sehr brauchbar und verlässlich. Sie konnten Züge von über 600 t mit mehr als 100 km/h ziehen, eine Geschwindigkeit von 160 km/h beliebig lange halten und erreichten schließlich (zumindest im Falle einer bestimmten Lok) bei einer Testfahrt 182 km/h. Das Problem mit der »Duchess« war, dass ihr Brennstoffverbrauch im direkten Verhältnis zur Leistung stand. Die Feuerbüchse wurde händisch (mit der Schaufel) beschickt, doch der Bedarf an Kohle war so groß, dass der Heizer nicht nachkam. Das schränkte die Leistungsentfaltung der Maschine ein. Einige Versuche mit zwei Heizern gleichzeitig, die in schnellem Rhythmus und perfekt abgestimmtem Takt die Feuerbüchse bedienten, zeigten, dass die Lokomotive zwar noch schneller fahren konnte, trotzdem aber hinter ihren Möglichkeiten zurückblieb, weil der erzeugte Dampf nicht ausreichte. Es wurde daher notwendig, die Maschine entweder nachträglich mit einer mechanischen Kohlenbeschickung auszustatten oder versuchsweise Rohöl zu verwenden, um sie mit einer höheren Brennstoffmenge zu versorgen.

Auf dem Bild unten die Duchess LMS.

Baureihe 50 DRG

Die zwischen 1939 und 1948 gebauten 3164 Maschinen stammten aus 21 verschiedenen Maschinenbaufirmen. Am Ende des Krieges betrug der Bestand der DB 2563, DR 350, ÖBB 13 Maschinen. Bei weiteren acht Bahnverwaltungen verblieben ebenfalls noch Exemplare dieses Typs.

EIGENSCHAFTEN Achsfolge: 1'E. **Spurweite:** 1435 mm. **Zylinder:** zwei mit 600 x 660 mm. **Maximaler Kesseldruck:** 15,7 kg/cm². **Länge** (mit Tender): 22.940 mm. **Treibraddurchmesser:** 1400 mm. **Höchstgeschwindigkeit:** 80 km/h. **Gewicht** (ohne Tender): 86,9 t. **Adhäsionsgewicht:** 75,5 t. **Fassungsvermögen Wasser:** 26/32 m³. **Fassungsvermögen Kohle:** 8/10 t.

GESCHICHTE 1939 veranlassten die Kriegsumstände die deutsche Eisenbahn, sich mit einem Grundstock an starken, verlässlichen Lokomotiven ohne Wartungsprobleme einzudecken. Ab dem Jahr 1939 wurden drei Baureihen mit einer Stückzahl von insgesamt über 11.000 Stück hergestellt: Reihe 50 und die auch als Kriegslokomotiven bezeichneten Reihen 52 und 42. Diese Lokomotiven wurden nicht nur in Deutschland, sondern zu einem großen Teil auch in den von den Nationalsozialisten besetzten europäischen Ländern gebaut (Belgien, Polen, Österreich, Ungarn und Tschechoslowakei). Sie dienten dem Nachschub für die Ostfront. Mit der Baureihe 52 wurden die völlige Vereinheitlichung der Bauteile und die größtmögliche Vereinfachung der Bauweise erreicht. Sie blieben noch lange nach Kriegsende in Verwendung, die letzte Einheit wurde 1976 aus dem Verkehr gezogen.

TECHNIK Die Baureihe 50 stellte das Meisterstück der alten Deutschen Reichsbahn dar. Sie war als Güterzuglokomotive entworfen worden, entpuppte sich aber als richtige Allzweckmaschine, die für jede Aufgabe – auch unter schwierigen Bedingungen – geeignet war. Die fünf Treibachsen machten sie zu einer außergewöhnlichen Lokomotive, die schwere Güterzüge auf den Hauptbahnen ziehen konnte. Ihre Höchstgeschwindigkeit von 80 km/h erlaubte aber auch die Beförderung von Personenzügen auf Neben- und Lokalbahnen.

Visitenkarte

Herkunft
Deutschland

Baujahr
1939

Typ
Güterzuglokomotive

Antrieb
einfache Dampfdehnung

gebaute Exemplare
3164

Big-Boy

Visitenkarte

Herkunft
USA

Baujahr
1941

Typ
Güterzug-lokomotive

Antrieb
einfache Dampfdehnung, Heißdampf

gebaute Exemplare
25

hergestellte Versionen
2

Die Amerikaner haben den Begriff »Größte der Welt« oft missbraucht, doch im Fall der »Big-Boy« bestand er zu Recht: mit ihrem Gewicht von 541 t inklusive Tender war sie wirklich die größte Lokomotive der Welt. Die Baureihe 4000 der Union Pacific war auch die stärkste Dampflokomotive: mit ihren 61.300 PS konnte sie 8000 t schwere Züge ziehen.

EIGENSCHAFTEN Achsfolge: 2'D + D2'. **Spurweite:** 1435 mm. **Zylinder:** vier mit 604 x 813 mm. **Maximaler Kesseldruck:** 21,1 kg/cm^2. **Länge** (mit Tender): 40.487 mm. **Treibraddurchmesser:** 1730 mm. **Höchstgeschwindigkeit:** 128 km/h. **Gewicht** (mit Tender): 541 t. **Adhäsionsgewicht:** 245 t. **Fassungsvermögen Wasser:** 94,6 m^3. **Fassungsvermögen Kohle:** 25,4 t. **Maximale Zugkraft:** 61.422 kg.

GESCHICHTE In den 40er-Jahren verzeichneten die Eisenbahnen der USA eine starke Zunahme des Güterverkehrs. Die mächtige Union Pacific-Gesellschaft, die zu jener Zeit unbestritten über den Westen des Landes »regierte«, musste mit dem Problem des Transportes von immer schwereren Zügen über die Rocky Mountains fertig werden. Vor allem die Steigung von 15,5‰ in der Wasatch Range war ein Hindernis. In Anbetracht der außergewöhnlichen Leistungen der »Challenger« der Baureihe 3900 (mit Mallet-Maschine und der Achsfolge 2'C + C2') beauftragten die Direktoren der Union Pacific die ALCO (American Locomotive Company) mit dem Bau einer neuen Mallet mit einer Treibachse mehr pro Triebwerk (2'D + D2'). Ab 1941 wurden 25 Stück gebaut. Der Spitzname »Big-Boy« (»großer Junge«) war die Erfindung eines Arbeiters der ALCO, der ihn mit Kreide auf eine dieser Lokomotiven geschrieben hatte.

TECHNIK Die Achsen dieser Maschine waren nach dem Schema 2'D + D2' angeordnet: von vorne nach hinten also zwei Laufachsen, eine Gruppe von vier Treibachsen, eine zweite Gruppe von vier Treibachsen und schließlich zwei Laufachsen. Diese Lokomotive konnte Kurven mit einem Radius von lediglich 88 m durchfahren. Geschwindigkeiten von über 140 km/h waren außergewöhnlich für eine Lokomotive dieser Gewichtsklasse. Die höchste Leistung wurde bei 100 bis 110 km/h erreicht. Man sah sie an der Spitze von Zügen mit 4000 t Steigungen von 11‰ mit 40 km/h bewältigen. In der Ebene war sie der Lage, 3000 t schwere Züge mit 112 km/h zu ziehen. Die 94 km, die zwischen Carter und Green River auf der Strecke in Wyoming lagen, wurden an der Spitze von 2800-t-Zügen mit 77,5 km/h zurückgelegt.

Class J Norfolk & Western

Visitenkarte

Herkunft
USA

Baujahr
1941

Typ
Schnellzuglokomotive

Antrieb
einfache Dampfdehnung, Heißdampf

gebaute Exemplare
14

hergestellte Versionen
1

Die Norfolk & Western RR befand sich in den östlichen Landesteilen der USA und verband Virginia mit Ohio. Diese Gesellschaft konnte bezüglich des Dampfantriebes auf eine lange Tradition zurückblicken, die ihren Höhepunkt in der hochentwickelten Technologie der »Class J« fand.

EIGENSCHAFTEN Achsfolge: 2'D2'. **Spurweite:** 1435 mm. **Zylinder:** zwei mit 686 x 813 mm. **Maximaler Kesseldruck:** 21 kg/cm². **Länge** (mit Tender): 30.759 mm. **Treibraddurchmesser:** 1778 mm. **Höchstgeschwindigkeit:** 145 km/h. **Gewicht** (mit Tender): 396 t. **Adhäsionsgewicht:** 131 t. **Fassungsvermögen Wasser:** 76 m³. **Fassungsvermögen Kohle:** 31,75 t. **Maximale Zugkraft:** 36.287 kg.

GESCHICHTE Der Grundsatz der Norfolk & Western lautete: »Das Beste aus den verfügbaren Ressourcen holen.« Auf der einen Seite stand unbegrenzt Kohle zur Verfügung, auf der anderen Seite hatte sie Lokomotiven mit höheren Leistungen als andere. Als jedoch in den 30er-Jahren die Konkurrenz durch Auto und Flugzeug immer unerbittlicher wurde, musste sich die Eisenbahn durch eine Schnellzugstrategie zur Wehr setzen. Daher entwarf und baute die Gesellschaft in der Fabrik in Roanoke in Virginia die »Class J«, die für Schnellzüge bestimmt war. Diese Maschine erfüllte – auch dank moderner und effizienter Betriebswerke – so ausgezeichnete Dienste, dass die Norfolk & Western als einzige amerikanische Gesellschaft dem Dampfantrieb treu blieb. Touristen aus der ganzen Welt strömten herbei, um dem Schauspiel, das ihre Lokomotiven boten, beizuwohnen. 1960 jedoch konnte man sich einer Welt, die sich inzwischen völlig dem Dieselantrieb oder dem elektrischen Betrieb verschrieben hatte, nicht mehr verschließen und man musste die Seite wechseln. Eine »Class J« blieb in Roanoke erhalten.

Oben: Eine »Class J« mit einem schweren Schnellzug in den Hügeln Virginias.
Auf der gegenüberliegenden Seite: Eine der kolossalen »Big-Boys«.

TECHNIK Diese Lokomotive war so angelegt, dass sie mit einem Minimum an Wartungen betrieben werden konnte. Es gab ausschließlich Kugellager, die über ein äußerst perfektes System geschmiert wurden. Dazu gehörte ein 110 Liter fassender Öltank und Leitungen, die das Öl an mehr als 200 verschiedene Punkte brachten, sogar bis zur Achse des Läutwerks! Deshalb konnte die Lokomotive mehr als 2400 km zurücklegen, ohne geschmiert werden zu müssen. Ein weiteres Schmiersystem versorgte die Zylinder mit heißem Öl. Dieses System umfasste auch die Zylinder der Pumpen, der Servomotoren und der »Stoker« (mechanische Kohlenbeschickung). Die »Class J« konnte 24.000 km pro Monat in Betrieb bleiben, ohne eine Werkstätte aufzusuchen.

Class GS Southern Pacific

Visitenkarte

Herkunft
USA

Baujahr
1941

Typ
Schnellzug-lokomotive

Antrieb
einfache Dampfdehnung, Heißdampf

gebaute Exemplare
60

hergestellte Versionen
6

Die Strecke zwischen Los Angeles und San Francisco war schon immer eine der prestigeträchtigsten. Sie verband diese beiden großen amerikanischen Städte nämlich über eine Strecke entlang der Pazifikküste. Vor Einführung des Linienflugverkehrs wurde diese Verbindung von einem berühmten, luxuriösen und komfortablen Zug, dem *Daylight* der Southern Pacific, bedient. An dessen Spitze befand sich die populäre »Class GS«.

EIGENSCHAFTEN Achsfolge: 2'D2'. **Spurweite:** 1435 mm. **Zylinder:** zwei mit 648 x 813 mm. **Maximaler Kesseldruck:** 21,1 kg/cm^2. **Länge** (mit Tender): 33.880 mm. **Treibraddurchmesser:** 2032 mm. **Höchstgeschwindigkeit:** 140 km/h. **Gewicht** (mit Tender): 400 t. **Adhäsionsgewicht:** 125,5 t. **Fassungsvermögen Wasser:** 89 m^3. **Fassungsvermögen Dieselöl:** 22,3 m^3. **Maximale Zugkraft:** 32.285 kg. (*Angaben beziehen sich auf eine GS-4)*

GESCHICHTE Um das Tempo auf der Strecke Los Angeles-San Francisco zu erhöhen, dachte die amerikanische Southern Pacific-Gesellschaft Ende der 20er-Jahre daran, eine Lokomotive mit der Achsfolge 2'D2' an die Spitze ihrer Züge zu setzen. Die vier Treibräder und die größeren Abmessungen dieser Maschinen sorgten für die Leistung, die notwendig war, um die Fahrzeiten erheblich zu verkürzen. So kam es, dass Baldwin ab 1930 mit der Produktion der ersten 2'D2' der Baureihe GS-1 begann.

TECHNIK Von 1937 bis 1943 baute Baldwin für die Southern Pacific die sehr schönen und erfolgreichen Loks der Baureihen GS-2 bis GS-5. Sie waren aerodynamisch verbaut und in den Farben Rot, Orange und Schwarz lackiert. Die letzte Baureihe war die GS-6, die schwarz lackiert war und keine Verkleidung hatte. Für die »Class GS« wurde Diesel als Brennstoff gewählt. Die Southern Pacific betrieben ihre Eisenbahnen nämlich im – an Kohlenvorkommen eher armen – Westen der USA. Und die für den Betrieb des Maschinenparks notwendige Kohle aus den etwa 4000 km von Kalifornien entfernten Bergwerken herbeizuschaffen, war sehr teuer.

Merchant Navy Southern Railway

Diese originelle »Pacific«-Schnellzuglokomotive war vom pragmatischen Chef-Maschineningenieur der englischen Southern Railway-Gesellschaft, Oliver Bulleid, entworfen worden.

EIGENSCHAFTEN Achsfolge: 2'C1'. **Spurweite:** 1435 mm. **Zylinder:** drei mit 416 x 610 mm. **Maximaler Kesseldruck:** 19,7 kg/cm². **Länge** (mit Tender): 20.540 mm. **Treibraddurchmesser:** 1880 mm. **Höchstgeschwindigkeit:** 130 km/h. **Gewicht** (mit Tender): 138 t. **Adhäsionsgewicht:** 64 t. **Fassungsvermögen Wasser:** 25 m³. **Fassungsvermögen Kohle:** 5 t. **Maximale Zugkraft:** 14.083 kg.

GESCHICHTE Die »Merchant Navy« hatte ihren Ursprung in der Notwendigkeit, die Fahrleistungen jener Züge zu erhöhen, welche die Londoner Victoria Station mit den Häfen im Süden verband. Dorthin wurden nämlich die zahlreichen Kunden gebracht, die beabsichtigten, den Ärmelkanal zu überqueren. Und das, obwohl die Strecke der Southern sehr eng war und sich fast völlig aus Lokalbahnen mit kurvenreichen Trassen und Schienenmaterial von mittlerer Qualität zusammensetzte. Also baute man eine verkleidete Lokomotive, deren Aussehen perfekt zu den Waggons der Gesellschaft passte. Die »Merchant Navy« blieb bis 1967 in Dienst.

TECHNIK Ausgestattet mit drei Zylindern mit einfacher Dampfdehnung, hatte diese Maschine unglücklicherweise eine Ventilsteuerung mit Kettenantrieb, die dem Zugpersonal nicht wenig Kummer bereitete. Der Kessel erwies sich als sehr effizient, ebenso wie die Lamaître-Saugzuganlage, das integrierte Armand-Entkalkungssystem (französischen Ursprungs), der Schüttelrost, die mittels Dampfantrieb servounterstützte Steuerung, die durch Dampfantrieb bewegte Feuerbüchsentür und andere innovative Einrichtungen. Kurz gesagt, vereinte diese Lokomotive der Southern Railway alle Eigenschaften einer modernen Maschine in sich und war verglichen mit damaligen englischen Maschinen ihrer Zeit voraus.

Visitenkarte

Herkunft
Großbritannien

Baujahr
1941

Typ
Schnellzuglokomotive

Antrieb
einfache Dampfdehnung, Heißdampf

gebaute Exemplare
30

hergestellte Versionen
1

Class 15 F

Visitenkarte

Herkunft
Großbritannien

Baujahr
1943

Typ
Personenzug-lokomotive

Antrieb
einfache Dampfdehnung, Heißdampf

gebaute Exemplare
255

hergestellte Versionen
6

Bei Schmalspur denkt man sofort an Eisenbahnen von nebensächlicher Bedeutung, an schnaubende Lokomotiven, die mühsam einige alte Waggons über die Schienen schleppen. Doch in Südafrika fuhren auf der Kapspur 1000 t schwere Züge mit 100 km/h.

EIGENSCHAFTEN Achsfolge: 2'D1'. **Spurweite:** 1067 mm. **Zylinder:** zwei mit 609 x 711 mm. **Maximaler Kesseldruck:** 14,8 kg/cm^2. **Länge** (mit Tender): 22.403 mm. **Treibraddurchmesser:** 1524 mm. **Höchstgeschwindigkeit:** 100 km/h. **Gewicht** (mit Tender): 197 t. **Adhäsionsgewicht:** 73,7 t. **Fassungsvermögen Wasser:** 27,5 m^3. **Fassungsvermögen Kohle:** 14 t. **Maximale Zugkraft:** 25.700 kg.

GESCHICHTE Die Eisenbahn eroberte Südafrika ab 1860 mit zwei Normalspurbahnen von Durban nach Point und von Kapstadt nach Wellington. Als es sich darum drehte, Gebiete zu erreichen, die weiter entfernt lagen als diese Städte, errichtete man Verlängerungen mit einer Spurweite von 1067 mm, die daraufhin zum Standard wurde (»Kapspur«). Die britische Industrie war der einzige Eisenbahnlieferant Südafrikas. Daher bauten Beyer-Peacock in Manchester und North British in Glasgow 1943 die »Class 15 F«.

TECHNIK In vielerlei Hinsicht, inklusive der Leistung, übertraf diese Lokomotive die englischen. Erstens war sie eine »Mountain«, deren Achsfolge 2'D1' sich dem der in Großbritannien verwendeten »Pacific« als überlegen erwies. Zweitens hatte sie eine großzügig bemessene Feuerbüchse, die einer mechanischen Kohlenbeschickung Raum bot. Das war ein großer Unterschied zu den kleinen, engen Feuerbüchsen der englischen Lokomotiven, die von Hand beschickt wurden. Im Inneren der Feuerbüchse befand sich ein mechanischer Schüttelrost. Außerdem beinhaltete die Rauchkammer eine automatische Absonderung der Rückstände, während die Achsen mit Rollenlagern ausgestattet waren. Die Umsteuerung der Fahrtrichtungen erfolgte mit Hilfe von Servomotoren, und die Lok hatte eine automatische Kupplung.

Auf dieser Seite: Zwei Abbildungen einer »Class 15 F« an der Spitze eines historischen Zuges.
Auf der gegenüberliegenden Seite: Eine für den traditionellen Wettbewerb in Delhi herausgeputzte und geschmückte »WP Class«.

WP Class

Diese riesige »Pacific« war die faszinierendste und attraktivste unter den indischen Lokomotiven und, was nicht weniger wichtig ist, die technisch am besten gelungene.

EIGENSCHAFTEN Achsfolge: 2'C1'. **Spurweite:** 1667 mm. **Zylinder:** zwei mit 514 x 711 mm. **Maximaler Kesseldruck:** 14,8 kg/cm^2. **Länge** (mit Tender): 23.000 mm. **Treibraddurchmesser:** 1705 mm. **Höchstgeschwindigkeit:** 100 km/h. **Gewicht** (mit Tender): 173 t. **Adhäsionsgewicht:** 55 t. **Fassungsvermögen Wasser:** 27 m^3. **Fassungsvermögen Kohle:** 15 t. **Maximale Zugkraft:** 13.884 kg.

GESCHICHTE Die bei den indischen Eisenbahnen übliche Breitspur (1676 mm) verlieh dieser Lokomotive eine stattliche Größe: mit ihren 173 t wog sie fast doppelt so viel wie irgendeine europäische! Um so große Maschinen zu bauen, brauchte man die amerikanische Industrie. Die Wahl fiel auf Baldwin in Philadelphia. Die ersten 16 Maschinen erreichten die indische Eisenbahn 1947, weitere von derselben Firma gebaute 84 Exemplare kamen in den darauf folgenden Monaten. Später wurden 220 Maschinen von verschiedenen Firmen in Kanada gebaut, noch 30 weitere von der Fabryka Lokomotywim Chrzanow in Polen, und schließlich wurden noch 30 von der österreichischen Wiener Lokomotiv Fabrik geliefert. Die »WP« erwies sich als hervorragende Lokomotive, sodass sich Indien zwischen 1963 und 1967 entschied, auf Grund einer eben eingeleiteten Politik der Industrialisierung und der nationalen Unabhängigkeit, eigene, neue »WP«-Loks in Citterjan zu bauen. Der gesamte Bestand an »WPs« umfasste daher 755 Lokomotiven. Um zu verstehen, welches Ansehen diese Maschinen in Indien genießen, muss man sich vor Augen führen, dass ihnen zu Ehren in Delhi regelmäßig ein »Schönheitswettbewerb« abgehalten wird. Jede Lokomotive wird von ihrer eigenen Mannschaft herausgeputzt und mit jeder erdenklichen Art von Schmuck verziert.

TECHNIK Diese extrem robusten und nachgewiesenermaßen verlässlichen »WP«-Maschinen waren so stark und majestätisch, dass es vier Männer erforderte, um sie in Betrieb zu setzen: ein Lokomotivführer, zwei Heizer und einen Helfer zum Bereitstellen der Kohle. Sie waren auch die schnellsten Lokomotiven, die auf dem indischen Subkontinent verkehrten. Nach der Abspaltung Pakistans bildeten sie den wohlbestallten Kern der Schnellzuglokomotiven. Gegen Ende der 80er-Jahre wurden sie außer Dienst gestellt.

Visitenkarte

Herkunft
USA, Kanada, Indien, Polen, Österreich

Baujahr
1947

Typ
Personenzuglokomotive

Antrieb
einfache Dampfdehnung, Heißdampf

gebaute Exemplare
755

hergestellte Versionen
5

Baureihe 25 SAR

Visitenkarte

Herkunft
Südafrika

Baujahr
1953

Typ
Personen- und Güterzuglokomotive

Antrieb
einfache Dampfdehnung, Heißdampf

gebaute Exemplare
90

hergestellte Versionen
1

Die 25 ist die wichtigste Baureihe aller je konstruierten Kondensationslokomotiven. Bei diesem System wird der Abdampf der Lokomotive gesammelt, gefiltert, von Fettteilchen befreit und in einer mit Ventilatoren betriebenen Kondensationskammer, die große Teile des Tenders einnimmt, wieder in Speisewasser umgewandelt. Die South African Railways (SAR) führten diese neue und vielversprechende Technik ein, um lange Strecken ohne Wassernachschub zurücklegen zu können.

EIGENSCHAFTEN Achsfolge: 2'C2'. **Spurweite:** 1067 mm. **Zylinder:** zwei mit 610 x 711 mm. **Maximaler Kesseldruck:** 15,8 kg/cm². **Länge** (mit Tender): 32.770 mm. **Treibraddurchmesser:** 1524 mm. **Höchstgeschwindigkeit:** 110 km/h. **Gewicht** (mit Tender): 238 t. **Adhäsionsgewicht:** 74,8 t. **Fassungsvermögen Wasser:** 20 m³. **Fassungsvermögen Kohle:** 19 t.

GESCHICHTE Von der Baureihe 25 wurden 90 Stück gebaut. Sie gehörten zu den modernsten Dampfmaschinen, da sie relativ spät – in den 50er-Jahren – gebaut wurden, als diese Antriebsart für Eisenbahnen weltweit am Verschwinden war.

TECHNIK Diese für die südafrikanische Spurweite von 1067 mm gebauten Lokomotiven vereinigten in sich alle zu jener Zeit möglichen technischen Verbesserungen und übertrafen viele europäische oder amerikanische Normalspur-Maschinen. Es wurden weitgehend Kugel- oder Rollenlager verwendet (Achsen, Gestänge), die Zylinder waren in einem Guss mit dem Rahmen hergestellt, sowohl Lokomotiv- als auch Tenderrahmen waren aus einem Stück gegossen, der Kessel war sehr groß und der Schornstein und der Dom praktisch nicht sichtbar. Das Kondensationssystem war in einem riesigen Tender untergebracht, der so lang war wie die Lokomotive. Die zahlreichen seitlich angebrachten Radiatoren, welche die Aufgabe hatten, den über ein langes, gegliedertes Leitungssystem von der Rauchkammer abgeleiteten Abdampf abzukühlen, füllten sich nach und nach mit den Teilchen, die von den Filtern nicht ausgesondert werden konnten. Das System verlor dadurch seine Wirksamkeit und musste oft zerlegt und gereinigt werden. Aus diesem Grund wandelte die SAR einen großen Teil dieser Lokomotiven wieder zu herkömmlichen Maschinen um.

Baureihe 498.1

Visitenkarte

Herkunft
Tschechoslowakei

Baujahr
1954

Typ
Schnellzuglokomotive

Antrieb
einfache Dampfdehnung, Heißdampf

gebaute Exemplare
15

hergestellte Versionen
1

Nach Meinung einiger Experten für Eisenbahngeschichte war diese Lokomotive die schönste jemals gebaute »Mountain« der Welt. Auch sonst wurde der 498.1 gleich nach ihrer Präsentation eine allgemeine und ungewöhnliche Bewunderung zuteil. Das verdankte sie den technischen Lösungen, aber auch ihrer prächtigen dunkelblauen Lackierung mit den weißen Verzierungen, das durch die roten Räder unterstrichen wurde.

EIGENSCHAFTEN Achsfolge: 2'D1'. **Spurweite:** 1435 mm. **Zylinder:** drei mit 500 x 680 mm. **Maximaler Kesseldruck:** 16 kg/cm^2. **Länge** (mit Tender): 25.594 mm. **Treibraddurchmesser:** 1830 mm. **Höchstgeschwindigkeit:** 120 km/h. **Gewicht** (mit Tender): 194 t. **Adhäsionsgewicht:** 74,4 t. **Fassungsvermögen Wasser:** 35 m^3. **Fassungsvermögen Kohle:** 15 t. **Maximale Zugkraft:** 19.018 kg.

Oben: Die 498.1 in ihrer prächtigen dunkelblauen Lackierung mit weißen Verzierungen und den roten Rädern. Auf der gegenüberliegenden Seite: Die Kondensationslokomotive der SAR.

GESCHICHTE Als der Zweite Weltkrieg beendet war, wollte der – auf der ganzen Welt als Vater der moderne Dampflokomotive angesehene – französische Ingenieur André Chapelon die SNFC davon überzeugen, der Dampftraktion treu zu bleiben. Doch die Elektrifizierung breitete sich zunehmend aus und der Dieselantrieb gewann die Oberhand auf Strecken, die noch über keine Oberleitung verfügten. Die französischen Eisenbahnen hatten in den 50er-Jahren die Seiten gewechselt und von da an wurde keine einzige Dampflok mehr gebaut. André Chapelon fand jedoch bei jenen Eisenbahnen Gehör, in deren Ländern der Dampfantrieb noch von Bedeutung war, weil sie ihre Strecken noch nicht elektrifizieren oder mit einem ausreichenden Dieselfuhrpark versorgen konnten. Genau dies war in der Tschechoslowakei der Fall, die bei Skoda eine »Mountain« in Auftrag gab, welche die aus dem Jahre 1946 stammende Baureihe 490.0 ersetzen sollte.

TECHNIK Der Einfluss Chapelons schlug sich in einer Maschine mit drei Zylindern mit einfacher Dampfdehnung und außerdem in der allgemeinen Anordnung der Maschinenteile nieder, die jener der französischen Lokomotiven recht ähnlich war. Nach mehrmaligen Versuchen erreichte eine Maschine der Baureihe 498.1 die Geschwindigkeit von 150 km/h. Im Normalbetrieb konnten 120 km/h auch an der Spitze schwerer Züge mühelos gehalten werden. Die 498.1 hatte einen Barrenrahmen, alle Achsen verfügten über Kugellager, die Kohlenbeschickung wurde mittels eines »Stokers« mechanisch erledigt, und das mehrstrahlige Blasrohr war vom Typ Kylchap.

Britannia Class

Visitenkarte

Herkunft
Großbritannien

Baujahr
1951

Typ
Schnellzug-lokomotive

Antrieb
einfache Dampfdehnung, Heißdampf

gebaute Exemplare
55

hergestellte Versionen
1

Die Lokomotiven dieser Baureihe waren die letzten Vertreter einer ruhmreichen Familie, jener der englischen »Pacifics«. Auch bekannt als Baureihe 7 oder 70 000, waren sie technisch und gestalterisch besonders gelungen.

EIGENSCHAFTEN Achsfolge: 2'C1'. **Spurweite:** 1435 mm. **Zylinder:** zwei mit 508 x 711 mm. **Maximaler Kesseldruck:** 17,2 kg/cm^2. **Länge** (mit Tender): 20.955 mm. **Treibraddurchmesser:** 1880 mm. **Höchstgeschwindigkeit:** 140 km/h. **Gewicht** (mit Tender): 157 t. **Adhäsionsgewicht:** 61,7 t. **Fassungsvermögen Wasser:** 19,3 m^3. **Fassungsvermögen Kohle:** 7 t. **Maximale Zugkraft:** 17.731 kg.

GESCHICHTE Die Lokomotive »Britannia«, die erste der gleichnamigen Baureihe, verließ die Fabrik in Crewe 1951. Ihr Aussehen war sehr geradlinig, mit klaren Formen, unterstrichen durch breite, begehbare Umlaufbleche, einem breiten und geräumigen Führerhaus und gut proportionierten Windleitblechen. Bis 1953 wurden von dieser auch 7 (oder 70 000) genannten Baureihe 55 Einheiten produziert. In diesem Jahr entschied sich die British Railways, eine modifizierte Britannia zu bauen. Es handelte sich dabei um einen Prototyp mit der Bezeichnung 71 000, der auf den Namen »Duke of Gloucester« getauft wurde. Dieser Prototyp sollte die zweite Generation von schnellen »Pacifics« der Nachkriegszeit vorwegnehmen, die »Class 8«. Die englischen Eisenbahnen hatten die endgültige Einstellung des Dampfantriebes aber eben erst beschlossen und deshalb wurden die Versuche eingestellt.

TECHNIK Die »Britannia« war leicht zu warten und zu steuern, robust und bot auch eine Leistung, die die Erwartungen der Planungsingenieure übertraf. Diese Lokomotive leistete ihren Dienst an der Spitze der meisten Schnellzüge auf den britischen Hauptbahnen. Sie war in der Lage, die Fahrzeiten um rund 20% zu verkürzen, wobei sie auch die Geschwindigkeitsrekorde der Vorkriegszeit brach. Das gelang in einer Zeit, in der Vernachlässigung des Liniendienstes und Verspätungen auf der Tagesordnung standen. Der Prototyp 71 000 war mit drei Zylindern versehen, die Steuerung erfolgte durch eine Nockenwelle und Ventile. Er zeigte eine etwa 10% höhere Leistung als die »Britannia Class 70 000« auf, offenbarte aber einige technische Probleme bei der Dampferzeugung.

Garratt GMAM SAR

Die gigantischen Garratt-Lokomotiven lenkten wegen ihres komplizierten Aufbaus und auch wegen ihres außergewöhnlichen Gewichts die Aufmerksamkeit der Eisenbahnfreunde auf sich. Die Baureihe GMAM der South African Railways war die schwerste und beeindruckendste, aber auch eine der letzten, die gebaut wurden.

EIGENSCHAFTEN Achsfolge: 2'D1' + 1'D2'. **Spurweite:** 1067 mm. **Zylinder:** vier mit 520 x 660 mm. **Maximaler Kesseldruck:** 14,1 kg/cm². **Länge:** 28.969 mm. **Treibraddurchmesser:** 1371 mm. **Höchstgeschwindigkeit:** 100 km/h. **Gewicht:** 194 t. **Adhäsionsgewicht:** 142 t. **Fassungsvermögen Wasser:** 40 m³. **Fassungsvermögen Kohle:** 9,5 t.

GESCHICHTE Dem Dampfantrieb auch nach dem Zweiten Weltkrieg treu geblieben, bestellte Südafrika 1955 bei der englischen Industrie diese Serie von 35 Maschinen, die von Beyer & Peacock in Rekordzeit gebaut wurden. Sie waren im Laufe weniger Monate nach Bestellung fertig. Diese Lokomotiven wurden auf der Hauptverbindungsstrecke zwischen Johannesburg und Pretoria, die man bis Mafikeng verlängerte, eingesetzt. Wegen der Dürre in den durchquerten Gebieten wurden sie oft mit einem Tankwagen ausgestattet, der einen zusätzlichen Wasservorrat sicherte. Es handelte sich um Maschinen, die hauptsächlich für den Transport von einigen tausend Tonnen schweren Güterzügen verwendet wurden. Ein echter Rekord, wenn man bedenkt, dass die Züge über gerade einmal 1067 mm breite Gleise fuhren. Diese Baureihe blieb noch die ganzen 80er-Jahre über in Betrieb, bis sie wegen der Elektrifizierung aus dem Verkehr gezogen wurde.

TECHNIK Das Prinzip der Garratt-Lokomotiven, das 1909 von jenem Ingenieur erdacht worden war, nach dem man sie benannte, bestand darin, die Maschine auf zwei Triebwerke (oder »trucks«) zu stellen. Eines davon trug den Wasservorrat, das andere die mitgeführten Kohlen. Jedes Triebwerk bestand praktisch aus einer eigenen Lokomotive mit Zylindern, Gestänge und Rädern. Feuerbüchse und Kessel befanden sich auf einem Rahmen, der den mittleren Platz, zwischen den beiden Triebwerken, einnahm und auf diese mit seinen zwei äußeren Enden gestützt war. Diese Anordnung erlaubte den vollkommenen Verzicht auf Räder, die unter dem Kessel angebracht waren, wodurch dessen Größe und die der Feuerbüchse erhöht werden konnten. Einzig und allein die Spurweite setzte Grenzen. So erhielt man eine Maschine, die einerseits sehr stark war, andererseits nicht zu schwer auf den Rädern lastete, da sie eine doppelt so hohe Achsanzahl aufwies wie herkömmliche Loks. In Kurven konnte sich dann jedes Triebwerk frei bewegen und der Maschine gelang insgesamt eine leichte Kurvendurchfahrt.

Visitenkarte

Herkunft
Südafrika

Baujahr
1955

Typ
Personen- und Güterzuglokomotive

Antrieb
einfache Dampfdehnung, Heißdampf

gebaute Exemplare
35

hergestellte Versionen
1

Baureihe 10 DB

Visitenkarte

Herkunft
Deutschland

Baujahr
1956

Typ
Schnellzug-lokomotive

Antrieb
einfache Dampfdehnung, Heißdampf

gebaute Exemplare
2

hergestellte Versionen
1

Die von Krupp in den Jahren 1956 und 1957 gebauten zwei Exemplare dieser Baureihe waren aus ästhetischer Sicht ausgesprochen elegant. Sie stellten in Westdeutschland den Gipfelpunkt des langen Abenteuerweges mit Schnellzug-Dampflokomotiven dar.

EIGENSCHAFTEN Achsfolge: 2'C1'. **Spurweite:** 1435 mm. **Zylinder:** drei mit 480 x 720 mm. **Maximaler Kesseldruck:** 18 kg/cm^2. **Länge** (mit Tender): 26.503 mm. **Treibraddurchmesser:** 2000 mm. **Höchstgeschwindigkeit:** 160 km/h. **Gewicht** (mit Tender): 118,9 t. **Adhäsionsgewicht:** 65,5 t. **Fassungsvermögen Wasser:** 40 m^3. **Fassungsvermögen Kohle:** 12,5 t.

GESCHICHTE Nach dem Zweiten Weltkrieg entschied sich die Westdeutsche Eisenbahn für den Wiederaufbau der Strecken und des rollenden Materials, weil ein großer Teil der Lokomotiven zerstört worden war. An diesem Punkt stellte sich die Frage, ob man die Lokomotiven auf der Grundlage der vorhergegangenen und erprobten Konzepte bauen, oder ob man sich auf die Suche nach neuen Modellen; die erst getestet werden mussten, begeben sollte. Die Ingenieure stimmten für die erste Lösung, schlossen aber Modernisierungsmöglichkeiten mit ein. Neben diesen Maschinen wurden aber Mitte der 50er-Jahre auch einige völlig neue Serien hergestellt, wie die Baureihe 23, eine 2'C2' mit Schlepptender für den lokalen Allzweckgebrauch. Die Ingenieure bei Krupp dachten, dass die Dampflokomotive auf dem Gebiet der Schnellzugbeförderung immer noch eine Zukunft vor sich hätte und entwarfen daher die »Pacific« der Baureihe 10 mit einer Teilverkleidung.

TECHNIK Krupp baute zwei Prototypen, die Stammnummern 10 001 und 10 002, die im Bereich des Betriebswerkes Kassel ausgezeichnete Dienste leisteten, vor allem auf der Frankfurter Strecke. Die teilweise Verkleidung dieser schönen Lokomotive zeugte von der Weigerung, sich mit dem augenscheinlich bevorstehenden Ende des Dampfzeitalters abfinden zu wollen. Die deutschen Eisenbahnen verwendeten bereits die starken elektrischen Lokomotiven und Dieselloks, während diese letzte Produktion, die ihresgleichen suchte, getreulich die Technik der großen »Pacifics« der 30er-Jahre wiederaufnahm. Die beiden Lokomotiven wurden Ende der 60er-Jahre aus dem aktiven Dienst genommen.

Evening Star Class 9F

Die »Evening Star«, zu deutsch »Abendstern«, war die letzte englische Dampflok. Diese sehr ausgeklügelte Maschine wies eine Reihe von Verbesserungen und eine perfektionierte Technik auf, sodass es ihr gelang, den aufsteigenden Stern des Dieselantriebs für einige Zeit verblassen zu lassen.

EIGENSCHAFTEN Achsfolge: 1'E. **Spurweite:** 1435 mm. **Zylinder:** zwei mit 508 x 711 mm. **Maximaler Kesseldruck:** 17,5 kg/cm^2. **Länge** (mit Tender): 21.336 mm. **Treibraddurchmesser:** 1524 mm. **Höchstgeschwindigkeit:** 140 km/h. **Gewicht** (ohne Tender): 89 t. **Adhäsionsgewicht:** 78,7 t. **Fassungsvermögen Wasser:** 20 m^3. **Fassungsvermögen Kohle:** 10 t.

GESCHICHTE Obwohl die Achsfolge 1'E mit fünf gekuppelten Treibachsen, die eine gute Haftreibung und hervorragende Zugkraft gewährleisteten, vor allem bei den europäischen Eisenbahnen sehr verbreitet war (vor allem auf den deutschen), waren die Engländer ihren Lokomotiven mit den kleineren Ausmaßen treu geblieben. Bei Güterzügen trauten sie nichts anderem als der Achsfolge 1'D. Kurvenreiche, oft sehr enge Strecken, die noch aus der Vergangenheit stammten, waren die Ursprünge dieser auf kleinen Loks begründeten Politik. Die ersten Maschinen mit der Achsfolge 1'E waren während des Krieges, 1943, nach Entwürfen des Ingenieurs Riddles entstanden. Diese Serie von 25 Lokomotiven wurde nach dem Krieg dem Fuhrpark der British Railways einverleibt (und mit den Stammnummern 90 750 bis 90 774 versehen), bevor man sie 1961 und 1962 aus dem Verkehr zog. Ab 1954 baute die British Railway eine zweite Version des Modells (immer noch nach den Plänen Riddles) mit fünf Kuppelachsen, die »Class 9F, welche die Standardbaureihe für schwere Güterzüge bilden sollte.

TECHNIK Diese wichtige, 251 Stück umfassende Baureihe war ein wahrer Erfolg: sie erreichte im Regelbetrieb eine Geschwindigkeit von 145 km/h. Es handelte sich um Maschinen mit zwei Zylindern mit einfacher Dampfdehnung. In einigen Lokomotiven der zweiten Version (mit den Stammnummern 92 020 bis 92 029) hatte man eine Franco-Crosti-Überhitzereinrichtung eingebaut, doch diese Lösung erwies sich als unbefriedigend und wurde nach und nach wieder entfernt. Die letzte Maschine der Baureihe »Class 9F«, die Nr. 92 220, verließ die Werkstätten in Swindon im März 1960. Sie war die letzte in England gebaute Dampflokomotive. Sie erhielt eine grüne Lackierung, ihre Feuerbüchse war mit Kupfer verkleidet und sie wurde symbolisch auf den Namen »Evening Star« getauft.

Visitenkarte

Herkunft
Großbritannien

Baujahr
1960

Typ
Güterzuglokomotive

Antrieb
einfache Dampfdehnung, Heißdampf

gebaute Exemplare
251

hergestellte Versionen
2

Die Einheiten 1-3 B & O

Visitenkarte

Herkunft
USA

Baujahr
1895

Typ
Personen- und Güterzuglokomotive

Antrieb
elektrisch, Gleichstrom

gebaute Exemplare
3

hergestellte Versionen
1

Oben: Zwei Einheiten der B & O vor der Einfahrt zum Howard Street-Tunnel in Baltimore.

Diese eigenartigen Maschinen, die eigentlich aus zwei miteinender verbundenen halben Lokomotiven bestanden, sind einer näheren Betrachtung wert. Denn sie zeigten erstmals die Effizienz des Elektroantriebs auf, indem sie schwere Züge über die 80‰-Steigung im Inneren des Howard Street-Tunnels in Baltimore zogen. In der letzten Phase des ausgehenden 19. Jahrhunderts nahmen sie somit den Erfolg vorweg, den diese Antriebsart im darauf folgenden Jahrhundert haben sollte.

EIGENSCHAFTEN Achsfolge: Bo + Bo. **Spurweite:** 1435 mm. **Länge:** 8200 mm. **Höchstgeschwindigkeit:** 90 km/h. **Gewicht:** 87 t. **Adhäsionsgewicht:** 87 t. **Stromsystem:** 675 V Gleichstrom. **Motoren:** 4 x 270 kW. **Maximale Zugkraft:** 201 kN.

GESCHICHTE Die lange Strecke durch die amerikanische Stadt Baltimore führt auch durch den 2 km langen Howard Street-Tunnel, der eine starke Steigung aufweist. Für Dampflokomotiven stellte dies eine schwierige Aufgabe dar, weil einerseits das Gewicht der Züge immer größer wurde, andererseits der Dampfniederschlag für ständige Feuchtigkeit sorgte, die gefährlichen Schlupf erzeugte. Die Ingenieure der Baltimore & Ohio überlegten sich daher, diesen Streckenabschnitt mit Elektrotraktion zu versorgen.

TECHNIK General Electric schlug eine bereits bei Elektrotriebwagen angewandte Lösung vor, die in Fabriken zum Rangieren eingesetzt wurde. Die Lokomotive war aus zwei Halbkörpern mit zwei voneinander völlig unabhängigen Achsen zusammengesetzt, von denen jeder einen eigenen Rahmen und einen eigenen Führerstand aufwies. Sie waren durch einen Schraubhaken und elektrische Anschlüsse so miteinander verbunden, dass die beiden halben Führerhäuser eine Einheit bildeten. Diese Maschinen wiesen noch eine Besonderheit auf: ihre Motoren arbeiteten *gearless*, also »ohne Getriebe«. Diese Motoren – einer pro Achse – trieben die Räder ohne Untersetzung an, als Antriebselemente dienten Gummipuffer. Die drei von der Baltimore & Ohio gestellten Maschinen waren von 1895 bis 1912 in Betrieb. Sie arbeiteten so gut wie ohne Probleme und waren im Stande – wenn auch klarerweise bei sehr niederer Geschwindigkeit – 1800 t schwere Züge über die 80‰-Steigung des Tunnels zu ziehen. Sie konnten aber an der Spitze von leichten Zügen auch mit höheren Durchschnittsgeschwindigkeiten fahren und erreichten 90 km/h.

Elektrotriebwagen Siemens-Halske

Visitenkarte

Herkunft
Deutschland

Baujahr
1901

Typ
experimenteller Elektrotriebwagen

Antrieb
elektrisch, Drehstrom

gebaute Exemplare
1

hergestellte Versionen
1

Dieser Elektrotriebwagen war – zusammen mit einem gleichen, von AEG gebauten – der Inhaber einer Reihe von Rekorden, die auf der Strecke Marienfeld-Zossen aufgestellt wurden. Ein grundlegender Moment in der Eisenbahngeschichte, weil dies endgültig und unmissverständlich klar machte, welche Möglichkeiten an Geschwindigkeits- und Kraftentfaltung dem Elektroantrieb innewohnten. Zwei Eigenschaften, die ihm bis dahin stets abgesprochen worden waren.

EIGENSCHAFTEN Achsfolge: A1A + A1A. **Spurweite:** 1435 mm. **Länge:** 22.000 mm. **Höchstgeschwindigkeit:** 206 km/h. **Gewicht:** 77 t. **Stromsystem:** variable Spannung von 10.000 bis 14.000 V Drehstrom, Frequenz zwischen 38 und 48 Hz. **Motoren:** 4 x 1100 V. *(Angaben beziehen sich auf den E-Triebwagen von Siemens)*

GESCHICHTE Ab dem Ende des 19. Jahrhunderts begannen sich AEG und Siemens für die Elektrotraktion im Bereich Eisenbahnen zu interessieren. Sie hatten schon viele Städte in der ganzen Welt mit Straßenbahnen ausgestattet und waren beide überzeugt, dass auch der »große« Elektroantrieb, also jener für schwere Schnellzüge, nun machbar sei. Über die Mittel dazu waren sich beide Firmen im Klaren: für Drehstrom geeignete Starkstrommotoren. 1899 wurde auf Initiative von Siemens-Halske und AEG eine Gesellschaft für Studien zu schnellen elektrischen Eisenbahnen gegründet. Von dieser Initiative stammten die Versuche auf der Strecke Marienfeld-Zossen.

Der Triebwagen von Siemens-Halske bei Tests im Jahre 1903. Man beachte das Stromabnehmersystem mit den drei übereinander liegenden Fahrdrähten für Drehstrom.

TECHNIK Eine gerade einmal 23 km lange Strecke verband Marienfeld und Zossen nahe bei Berlin. Die Trasse wies weite Kurvenradien (2200 m) und geringfügige Steigungen (5‰), keine Bahnübergänge und keine Abzweigungen auf. Sie war daher für den Bau einer Oberleitung geeignet. Diese bestand aus drei übereinander liegenden Fahrdrähten, die auf hölzernen Masten entlang der Strecke montiert wurde. Dieses System wurde versuchsweise angebracht und konnte bei Bedarf auch waagrecht angelegt werden. Die Triebwagen wurden mit einfachen Stromabnehmern, ähnlich jenen der Straßenbahnen, ausgerüstet. Diese waren waagrecht auf zwei senkrechten Stützen befestigt, sodass sie Kontakt zu den seitlich verlaufenden Fahrdrähten halten konnten. Das nahe gelegene Kraftwerk von Oberschöneweide lieferte Starkstrom mit 10.000 V/50 Hz. AEG und Siemens schickten jeweils einen Triebwagen auf Testfahrt. Die beiden Maschinen unterschieden sich vor allem durch ihr Umspannsystem und die Motoraufhängung. Im Oktober 1901 wurde eine Geschwindigkeit von 160 km/h erreicht, bei der jedoch gefährliche Schlingerbewegungen auftraten. 1903, nach dem Einbau von längeren Triebwerken und Ausbesserungsarbeiten an der Strecke, wurden neue Testfahrten unternommen. Der Triebwagen von Siemens erreichte am 23. Oktober 206,7 km/h, jener der AEG am 27. Oktober 210,2 km/h. Das Hochgeschwindigkeitszeitalter, das erst 60 Jahre später Wirklichkeit werden sollte, hatte begonnen.

E 550 FS

Visitenkarte

Herkunft
Italien

Baujahr
1908

Typ
Personen- und Güterzuglokomotive

Antrieb
elektrisch, Drehstrom

gebaute Exemplare
186

hergestellte Versionen
5

Die E 550 war äußerlich durch den doppelten Stromabnehmer für den Dreiphasenstrom und das System aus Treibkurbel und Kuppelstangen, welche die Treibstangen antrieben, gekennzeichnet. Sie war eine der ersten italienischen E-Loks, die auf der schwierigen Giovi-Strecke – zwischen Turin und Genua – bewies, dass der Elektroantrieb besser war als Dampf.

EIGENSCHAFTEN Achsfolge: E. **Spurweite:** 1435 mm. **Länge:** 9520 mm. **Höchstgeschwindigkeit:** 50 km/h. **Gewicht:** 64 t. **Stromsystem:** Drehstrom 3400 V/15 Hz. **Motoren:** 2 x 750 kW (bei 50 km/h). *(Angaben beziehen sich auf die Serie IV)*

GESCHICHTE Riccardo Bianchi, der erste Generaldirektor der 1905 gegründeten FS, war ein überzeugter Anhänger der Elektrotraktion. Er wandte sich daher an die italienische Westinghouse, die 1908 die erste komplett in Italien gefertigte E-Lok herstellte. Sie erhielt zuerst die Bezeichnung 050, später E 550. Die Eisenbahner nannten sie »den kleinen Riesen der Giovibahn«.

TECHNIK Die E 550 war eine Lokomotive mit fünf gekuppelten Achsen, die für einen bestimmten Zweck gebaut worden war: die Beförderung sehr schwerer Züge über starke Steigungen bei niederen Geschwindigkeiten. Die Wahl von Drehstrom bedingte die Verwendung von Motoren, die in der Lage waren, sich langsam und gleichmäßig zu bewegen (in Einklang mit den Stromphasen) und dabei eine brauchbare Zugkraft entwickelten. Dieser Motorentyp ohne Untersetzungsgetriebe, der mittels eines Gestänges mit den Treibrädern verbunden war, erweckte eine aus mechanischer Sicht einfache Lokomotive zum Leben. Ihre Geschwindigkeit betrug 50 km/h, waren ihre beiden Motoren in Serie geschaltet, betrug sie 25 km/h. Die E 550 wurden meistens paarweise zur Beförderung von 380 t schweren Güterzügen verwendet, wobei sie die 50 km/h spielend erreichten. Die viel stärkeren Dampflokomotiven konnten unter gleichen Bedingungen nur 130 t mit 25 km/h ziehen. Somit waren die Möglichkeiten des Elektroantriebs und des Drehstroms augenscheinlich. Der Erfolg dieses Systems war allerdings so groß, dass die FS es als einziges verwendete und die Elektrifizierung am Vorabend des Zweiten Weltkrieges zu einem 1800 km langen Netz mit Drehstrom mit 3600V/16 2/3 Hz ausweitete.

Eine E 550 zeigt ihre technischen Besonderheiten: die doppelten Stromabnehmer für den Drehstrom und das Gestänge.

Be 5/7 BLS

Visitenkarte

Herkunft
Schweiz

Baujahr
1912

Typ
Personen- und Güterzuglokomotive

Antrieb
elektrisch, Einphasenstrom

gebaute Exemplare
13

hergestellte Versionen
1

Dieser Triebwagen kündigte die Ankunft des Elektroantriebs bei der Schweizer Eisenbahn an, die durch große und schwere Maschinen gekennzeichnet sein sollte. Als dieser Triebwagen 1912 in Betrieb ging, war er die stärkste Lok der Welt.

EIGENSCHAFTEN Achsfolge: 1E1. **Spurweite:** 1435 mm. **Länge:** 16.000 mm. **Höchstgeschwindigkeit:** 75 km/h. **Gewicht:** 105 t. **Adhäsionsgewicht:** 78,2 t. **Stromsystem:** Einphasenstrom 15.000 V/16 2/3 Hz. **Motoren:** 2 x 933 kW.

GESCHICHTE Auf der schwierigen Strecke auf den Lötschberg war Dampfantrieb nicht anwendbar. Die begrenzt Kraft von Dampfloks, ihre Probleme mit Steigungen und der Rauchausstoß in Tunnels waren Argumente für die Elektrotraktion. Doch man war sich indes nicht einig über die Stromart, die man verwenden sollte. Die Ingenieure der BLS entschieden sich schließlich für einphasigen Wechselstrom mit 15.000V/16 2/3 Hz, ein System das später typisch für die schweizerischen Bahnen und andere mitteleuropäische Länder werden sollte. Bei der Elektrifizierung des 1906 eröffneten Simplontunnels fiel die Wahl auf Drehstrom und Oberleitungen mit zwei Fahrdrähten, weil man sich dabei höhere Zuverlässigkeit erwartete – ein in Italien verbreitetes System, weil es die Verwendung einfacherer Motoren zulässt. Die Elektrifizierung mit einphasigem Wechselstrom erfolgte 1912.

TECHNIK Die 13 Lokomotiven vom Typ Be 5/7 BLS (wobei nach Schweizer System 5/7 bedeutet, dass von insgesamt sieben Achsen fünf Treibachsen sind) wurden 1912 von Oerlikon gebaut. Es handelte sich um Maschinen mit der Achsfolge 1E1, was bedeutet, dass es fünf Treibachsen und an jeder Seite eine Laufachse gab. Die zwei Motoren mit 933 kW waren mittels Gestänge mit den Treibachsen verbunden. Damals hatten die Ingenieure nämlich noch kein Vertrauen zu Zahnradgetrieben und griffen lieber auf die bereits bei Dampfloks erprobten Lösungen zurück. Dieses System verursachte jedoch Vibrationen auf der Höhe des Gestängedreiecks, das die zwei Motoren mit der mittleren Treibachse verband. Als man diese Unzulänglichkeit beseitigt hatte, erwies sich diese Baureihe als hervorragend geeignet für den Transport von 350 t schweren Zügen mit 50 km/h über Steigungen von 27‰.

Die Be 5/7 der BLS (Bern-Lötschberg-Simplon) präsentierte eine Achsfolge mit fünf Treibachsen, die von zwei Triebwerken bewegt wurden.

Class EP-2 Bi-Polar

Visitenkarte

Herkunft
USA

Baujahr
1918

Typ
Personenzuglokomotive

Antrieb
elektrisch, Gleichstrom

gebaute Exemplare
5

hergestellte Versionen
1

Riesig, faszinierend und wirklich originell, stellte die Bi-Polar mit ihren auf 28 Rädern verteilten 240 t ein elektrisch betriebenes Äquivalent zur »Big-Boy« dar. Allerdings unterschied sie sich von dieser aus technischer Sicht entschieden, auch durch die Tatsache, dass ihre Motoren ohne Gestänge oder Getriebe direkt mit den Achsen verbunden waren.

EIGENSCHAFTEN Achsfolge: 1BD + DB1. **Spurweite:** 1435 mm. **Länge:** 23.165 mm. **Höchstgeschwindigkeit:** 112 km/h. **Gewicht:** 240 t. **Adhäsionsgewicht:** 207 t. **Stromsystem:** Gleichstrom 3000 V. **Motoren:** 12 x 275 kW.

GESCHICHTE Die Chicago, Milwaukee, St. Paul & Pacific Railroad erreichte 1909 die Pazifikküste. Sie war die letzte amerikanische Gesellschaft, die ihre transkontinentale Linie eröffnen durfte, seit die erste 1869 eröffnet worden war. Ihre Streckenführung durchquerte Montana und verlief nördlich der anderen, konkurrierenden Linien. Die Gesellschaft hatte sich mit einer neuen Antriebsart vertraut gemacht: der elektrischen. Diese Herausforderung war von grundlegender Bedeutung, zeigte sie doch, dass die E-Lok geeignet war, große Distanzen mit ausreichender Geschwindigkeit und beachtlicher Kraft zu überwinden. Zusätzlich konnte sich die Elektrotraktion aus ihrer begrenzten Welt befreien, die sie bisher an Straßenbahnen, U-Bahnen und Bergbahnen gefesselt hatte. Die Elektrifizierung der Linie dauerte ungefähr acht Jahre, während derer man sich provisorisch der Dampfkraft bediente. Die Masten der Oberleitung waren von amerikanischer Art, das heißt sparsam, aus grob bearbeitetem Holz gefertigt. Das Projekt war ein Erfolg, zumindest ein paar Jahre lang bis zum Konkurs der Gesellschaft, der durch die immensen Kosten einer Elektrifizierung mit spärlicher Beteiligung ausgelöst wurde.

TECHNIK Ein Meisterwerk von General Motors, die zwischen 1918 und 1920 fünf Exemplare dieser riesigen Maschinen baute. Sie wurden eingesetzt, um 900 t schwere Personenzüge mit 35 km/h über Steigungen von 20‰ zu ziehen. Die 12 Motoren verfügten über 12 direkt verbundene Anker, das heißt, dass die Achsen der Elektromotoren zugleich auch die Achsen der Treibräder waren. Diese Lösung war vorteilhaft, einfach und robust, verursachte aber Probleme bei der Federung der Masse des gesamten Motorapparates. Die Bi-Polar leisteten bis 1973 ausgezeichnete Dienste.

Oben: Die Bi-Polar in einer ihrer letzten Lackierungen. Rechts: Die Maschine in den frühen 20er-Jahren. Auf der gegenüberliegenden Seite: Eine im Betriebswerk Winterthur konservierte Be 4/6.

Be 4/6 Sankt Gotthard

Die Sankt-Gotthard-Bahn verlieh der Schweiz mehr denn je die Rolle der Drehscheibe Europas. Personen- und Güterverkehr aus ganz Europa rollte nunmehr nämlich über dessen steile Hänge. Im Zuge der Elektrifizierung dieser Strecke trat auch die Be 4/6 in Erscheinung.

EIGENSCHAFTEN Achsfolge: 1BB1. **Spurweite:** 1435 mm. **Länge:** 16.500 mm. **Höchstgeschwindigkeit:** 75 km/h. **Gewicht:** 106,5 t. **Adhäsionsgewicht:** 77 t. **Stromsystem:** Einphasenstrom 15.000 V/16 2/3 Hz. **Motoren:** 4 x 380 kW.

GESCHICHTE Als die Sankt-Gotthard-Bahn 1919 elektrifiziert wurde, war die Technik bezüglich des Elektroantriebs noch alles andere als perfekt. Für den Personenverkehr bauten die Konstrukteure einige Prototypen, die gründlich getestet wurden, bevor sie in Serie gingen. Die Schweizer Firma Oerlikon lieferte eine 1BB1 mit der Nr. 12301 und eine 1C1 mit der Nr. 12201, Brown-Boveri eine 1BB1 mit der Nr. 12302. Nach einigen Wochen des Versuchsbetriebes stellte sich heraus, das letztere den Anforderungen dieser Strecke genügte. Verlangt war das Ziehen von 300 t schweren Zügen über eine Steigung von 26‰ mit mindestens 50 km/h.

TECHNIK Die Be 4/6 verfügte über ein System mit einer Blindwelle und Gestänge, das einzige, das nach Meinung der Ingenieure widerstandsfähig genug war, um den starken Belastungen standzuhalten. Das von den Dampflokomotiven herrührende Gestänge schien tatsächlich sicherer zu sein als Zahnräder. Analog dazu erinnerten die Laufachsen an beiden Seiten des Fahrwerks an die bei Dampfloks angewandte Technik der Anpassung an Gleiskrümmungen. Die Ingenieure bewegten sich auf bekanntem Terrain und bevorzugten herkömmliche Lösungen. Andererseits war die rheostatische Bremse (elektrische Widerstandsbremse), die ausschließlich elektrisch und ohne mechanische Reibung funktionierte, ein wichtiger Fortschritt in der Elektrotraktion. Beim Dampfantrieb stand nämlich fast ausschließlich die Backenbremse zur Verfügung, deren Bremsklötze Reibung am Rad erzeugten (für Ausnahmefälle stand noch Gegendampf zur Verfügung). Wenn man schwere Züge über ein langes Gefälle führen und abbremsen musste, trat eine gefährliche Überhitzung der Bremsen ein. Bei der Elektrotraktion wurden die Züge hingegen sanft und ohne mechanische Abnützung gebremst.

Visitenkarte

Herkunft
Schweiz

Baujahr
1919

Typ
Personen- und Güterzuglokomotive

Antrieb
elektrisch, Einphasenstrom

gebaute Exemplare
39

hergestellte Versionen
2

Ce 6/8 Sankt Gotthard

Visitenkarte

Herkunft
Schweiz

Baujahr
1920

Typ
Güterzug-lokomotive

Antrieb
elektrisch, Einphasenstrom

gebaute Exemplare
33

hergestellte Versionen
2

Als eine der schönsten und beeindruckendsten E-Loks Europas, war die Ce 6/8 (die wegen ihrer beiden vorspringenden Schnauzen auch »Krokodil« genannt wurde) auch eine der stärksten ihrer Zeit. Sie war für den Güterverkehr auf der Sankt-Gotthard-Bahn bestimmt, einem unvermeidlichen Abschnitt auf einer der wichtigsten europäischen Hauptverkehrsachsen.

EIGENSCHAFTEN Achsfolge: 1C + C1. **Spurweite:** 1435 mm. **Länge:** 20.140 mm. **Höchstgeschwindigkeit:** 65 km/h. **Gewicht:** 129 t. **Adhäsionsgewicht:** 104 t. **Stromsystem:** Einphasenstrom 15.000 V/16 2/3 Hz. **Motoren:** 4 x 550 kW. **Maximale Zugkraft:** 24.000 kg.

GESCHICHTE In der Schweiz war der Dampfantrieb wenig rentabel, denn der Preis für die ausschließlich importierte Kohle war hoch und die schwierige Beschaffenheit der Strecken verlangte erhebliche Maschinenleistungen. Aus diesem Grund widmete sich das Land seit dem Beginn des 20. Jahrhunderts der Umstellung seiner Bahnen auf elektrischen Betrieb mit solcher Intensität, dass 1939 das Schienennetz bereits zu 80% elektrifiziert war. Einen großen Beitrag zum Erfolg des Elektroantriebs leistete die Baureihe Ce 6/8.

TECHNIK Diese Maschine war durch die Kraftübertagung mittels Gestänge gekennzeichnet. Jeder in den Rahmenteilen angebrachte Motor trieb seine Achsgruppe über eine Blindwelle an, die ihrerseits die Treibräder über Kuppelachsen bewegte. Manche Ausführungen dieser Lok waren noch mit zwei zusätzlichen Hilfswellen pro Rahmenteil ausgestattet. Heutzutage überrascht das Vorhandensein eines Gestänges bei einer Elektrolok. Ein Zahnradgetriebe erscheint einfacher und logischer. Doch die ersten Versuche mit Getrieben hatten eine unausgeglichene Fahrweise und den Bruch von Teilen zur Folge, weshalb die Ingenieure dachten, dass Getriebe noch nicht ausreichend verlässlich wären. Außerdem waren die sehr starken Elektromotoren (jene der Ce 6/8 verfügten über eine Stundenleistung von 2200 PS) zu groß, um in der Nähe der Achsen oder in der Mitte derselben installiert zu werden. Man musste sie am Rahmen montieren und die Achsen von weiter her antreiben. Bei E-Loks trieb jeder Motor im Allgemeinen entweder zuerst eine Blindwelle an, bewegte die Achsen direkt oder über ein Untersetzungsgetriebe. Diese im Rahmen integrierte Blindwelle nahm die gesamte Motorkraft auf und gab sie an ein Treibgestänge weiter, das die Treibräder in Bewegung setzte. Die Treibräder wiederum waren mittels Kuppelstangen mit den anderen Achsen verbunden. Es war daher das Gestänge, das die Übertragung der Motorkraft sicherstellte und den Bewegungsfreiraum zwischen Rahmen und Rädern gewährleistete, den die durch Gleisunebenheiten hervorgerufenen Erschütterungen erforderten.

1C + C1 Typ OF-2

Visitenkarte

Herkunft
Schweden

Baujahr
1921

Typ
Güterzug-lokomotive

Antrieb
elektrisch, Einphasenstrom

gebaute Exemplare
20

hergestellte Versionen
2

Die Strecken in Lappland wurden stets von wirklich bemerkenswerten elektrischen Lokomotiven befahren, und die hier beschriebene 1C + C1 macht da keine Ausnahme. Sie waren entworfen worden, um schwere Bergwerkszüge unter harten klimatischen Bedingungen von Schweden zum norwegischen Hafen Narvik im arktischen Polarkreis zu ziehen. Diese Maschinen bezeugten endgültig den Siegeszug des Elektrifizierungssystems mit der speziellen Netzspannung von 15.000 V/16 2/3 Hz in den Regionen des hohen Nordens.

EIGENSCHAFTEN Achsfolge: 1C + C1. **Spurweite:** 1435 mm. **Länge:** 23.000 mm. **Höchstgeschwindigkeit:** 60 km/h. **Gewicht:** 138 t. **Adhäsionsgewicht:** 107 t. **Stromsystem:** Einphasenstrom 15.000 V/16 2/3 Hz. **Motoren:** 4 x 2060 kW gesamt.

GESCHICHTE Nachdem sie 1909/10 einige Versuche auf den Strecken von Tomteboda-Vatan und Stockholm-Varna unternommen hatten, entschieden sich Schweden und Norwegen, die beide gleichermaßen Anteil an der Lappland-Linie hatten, für die Elektrifizierung der Strecke Kiruna-Riksgrasen mit Einphasenstrom mit einer Frequenz von 15 Hz. Die Umstellung der 129 km langen Linie nahm Siemens 1910 vor. Die Versorgung mit Strom übernahm ein unterirdisches Kraftwerk, welches Starkstrom mit 50 Hz ins allgemeine Netz und Einphasenstrom mit 15 Hz ins Netz dieser Linie einspeiste. Die schwedische Industrie testete einige Prototypen, besonders eine Lokomotive mit einem Triebwerk vom Typ B2 mit Gestänge und verschiedene 2B2-Typen. 1921 begann sie mit der Produktion von schweren, starken Loks vom Typ 1C + C1.

Oben: Eine OF-2 an der Spitze eines langen Zuges für den Erztransport.
Auf der gegenüberliegenden Seite: Ein »Krokodil« der Sankt-Gotthard-Bahn.

TECHNIK Weil sie stark genug waren, mit Eisenerz beladene Güterzüge von 2000 t zu ziehen, war diese robuste Lokomotive im Stande, einen wirtschaftlicheren und verlässlicheren Transport zu garantieren als die Dampflokomotiven. Eine erste Baureihe, die 1921 in Dienst genommen wurde, hatte lediglich zwei Motoren mit 1180 kW. 1925 wurde eine zweite Serie von zehn Lokomotiven in Betrieb genommen, die zwei Doppelmotoren hatten und die parallel zu ihrem Gewicht (138 t) über 2060 kW Leistung verfügten. Die Lokomotiven dieser zweiten Serie waren nicht mit einem Gestänge ausgerüstet, das eine Blindwelle mit den Treibachsen verband, sondern waren mit einem Getriebe ausgestattet. Trotzdem blieben die Kuppelachsen zwischen den Treibrädern erhalten. Diese Lokomotive, die letztendlich in Serie ging, gab die allgemeinen Regeln für die schwedischen Loks der folgenden zehn Jahre vor.

ALCO-Westinghouse 1BB1

Visitenkarte

Herkunft
USA

Baujahr
1925

Typ
Güterzug-lokomotive

Antrieb
elektrisch, Einphasen-wechselstrom

gebaute Exemplare
12 kombinierte Einheiten

hergestellte Versionen
1

Unten: Die 1BB1 der Virginian RR.

Diese Lokomotiven waren immer in Gruppen zu dritt unterwegs und lieferten mit ihren 580 t auf der mangelhaften Strecke von Roanoke der Virginia RR ein bemerkenswertes Schauspiel. Die ALCO-Westinghouse 1BB1 zeichnete sich durch eine überreiche Verkleidung aus und hatte in ihrem Umfeld die originellsten Eigenschaften: einen Einphasenwechselstrom-Konverter und hervorstechende Leistungen.

EIGENSCHAFTEN Achsfolge: 3 x 1BB1. **Spurweite:** 1435 mm. **Länge:** 3 x 16.000 mm. **Höchstgeschwindigkeit:** 45 km/h. **Gewicht:** 3 x 194 t. **Adhäsionsgewicht:** 3 x 160 t. **Stromsystem:** Dreiphasenwechselstrom 11.000 V/25 Hz. **Motoren:** 3 x 2 mit 6150 kW. **Maximale Zugkraft:** 120.000 kg.

GESCHICHTE Die Virginian RR war auf der Suche nach einer Lösung für den Transport schwerer Züge auf der 214 km langen Strecke, die Mullens mit Princeton und Roanoke in West Virginia verband. Zwischen Elmore und Glarks Gap befand sich eine 18 km lange Steigung mit 21‰, die außerdem äußerst kurvenreich war, wobei Radien von knapp 150 m vorkamen. Die Gesellschaft bestellte daher die stärksten Dampfloks der Welt, darunter eine Triplex-Mallet mit vierachsigen Triebwerken und eine Mallet 1E + E1. Doch diese Maschinen verbrauchten zu viel Kohle. Aus diesem Grund wandte man sich der Elektrotraktion zu, die als einzige Antriebsform der Herausforderung genügen konnte.

TECHNIK 1925 bestellte die Virginian RR bei ALCO-Westinghouse eine Reihe von 1BB1 mit Einphasenwechselstrom-Konvertern. Dieses System verband die Vorteile des unkomplizierten Einphasenkontaks mittels eines einzigen Fahrdrahts mit der Überlegenheit und Leichtigkeit von Dreiphasenmotoren. Der einzige Nachtteil war das hohe Gewicht der Bahnumformer, deren Anwendung sich nur bei den stärksten Maschinen lohnte. Diese Loks wurden zu ständig aneinander gekuppelten Einheiten von drei Stück eingesetzt. Diese Dreierkombinationen der Virginian wurden die stärksten Lokomotiven ihrer Zeit (wobei sich klarerweise die Einzelleistungen der Maschinen addierten). Die maximale Anfahrzugkraft lag bei 120 t. Mit drei Loks an der Spitze und drei am Ende wurden 1500 bis 1800 m lange und 5400 t schwere Züge mit Leichtigkeit 23 km/h schnell befördert. Manche Züge erreichten sogar das unglaubliche Gewicht von 11.000 t.

2D2 PO

Visitenkarte

Herkunft
Frankreich

Baujahr
1926

Typ
Personenzug-lokomotive

Antrieb
elektrisch, Gleichstrom

gebaute Exemplare
49

hergestellte Versionen
2

Oben: Eine 2D2 PO (in der Lackierung der SNCF), die im Eisenbahnmuseum von Mulhouse zu sehen ist.

Diese Maschine war unter den ersten E-Loks, die auf den französischen Hauptbahnen den Dampfantrieb ablösten. Sie war von den Schweizer Firmen Brown-Boveri und SLM Winterthur entwickelt, aber in Frankreich gebaut worden. Sie befuhr die wichtigsten Strecken im Südwesten, wo sie Schnellzüge mit bis zu 140 km/h zog.

EIGENSCHAFTEN Achsfolge: 2BoBo2. **Spurweite:** 1435 mm. **Länge:** 17.780 mm. **Höchstgeschwindigkeit:** 120 km/h. **Gewicht:** 121 t. **Adhäsionsgewicht:** 72 t. **Stromsystem:** Gleichstrom 1500 V. **Motoren:** 4 x 650 kW. *(Angaben beziehen sich auf die Baureihe 5546 bis 5550)*

GESCHICHTE Nach dem Ersten Weltkrieg begann sich im französischen Schienennetz der Elektroantrieb mit 1500 V-Gleichstrom zu entwickeln. Die Compagnie du Sud beschäftigte sich mit der Elektrifizierung der Strecke über die Pyrenäen und dehnte ihren Aktionsradius auf andere Strecken aus. Die Paris-Orléans (PO), die vor allem die Hauptstädte im Südwesten wie Bordeaux, Tours und Limoges bediente, elektrifizierte ihre Bahnen ab 1926. Diese Gesellschaft verwendete das Schweizer Modell 2D2 und verbesserte es aus technischer Sicht im Lauf der 30er-Jahre.

TECHNIK Die Anordnung von vier Treibachsen und je einem Lenkgestell an jeder Seite trug noch die Handschrift der Dampflokomotiven. Die Ingenieure zogen es nämlich vor, dem Drehgestell, das die Lok in Kurven unterstützte, treu zu bleiben, auch wenn sich im Gegensatz zur Dampflok hier keine unerwünschten Bewegungen durch Kolben und Gestänge einstellten. Erst in den folgenden Jahren wurde mit Einführung der schnellen CC- und BB-Modelle Abstand vom Lenkgestell genommen. Die 2D2 der PO entwickelte bereits eine Leistung von 3600 PS. Züge von 500 bis 600 t konnten mit 120 km/h, manchmal sogar mit 140 km/h, mit Leichtigkeit über schwierige Strecken gezogen werden. Die Loks gewährleisteten einen flexiblen Betrieb und eine beachtlich einfache Bedienung. Diese Baureihe erlebte durch immer neue technische Verbesserungen eine sozusagen natürliche Weiterentwicklung: Zahnradgetriebe für den Antrieb, Hohlwellen und verkleinertes Gestänge, ständige Steigerung der Leistung bei den vier Motoren, Komplettlösungen für die Aufhängung, Abschied vom Lenkgestell usw. Die insgesamt bei der PO in Betrieb befindlichen 49 Lokomotiven vom Typ 2D2 wurden zusammen mit 23 Loks mit gleicher Achsfolge der staatlichen Eisenbahn der 1938 neugegründeten SNCF einverleibt.

Ae 4/7 FFS

Visitenkarte

Herkunft
Schweiz

Baujahr
1927

Typ
Personen- und Güterzuglokomotive

Antrieb
elektrisch, Einphasenstrom

gebaute Exemplare
127

hergestellte Versionen
2

Auf dem Bild unten eine Ae 4/7.

Diese Lokomotiven waren für die Beförderung der prestigeträchtigsten Züge wie dem *Simplon-Orient-Express* auf dem Schienennetz der Schweiz bestimmt. Bis vor wenigen Jahren konnte man die Ae 4/7 noch an der Spitze von Personenzügen in der Schweizer Eidgenossenschaft sehen.

EIGENSCHAFTEN Achsfolge: 2D01. **Spurweite:** 1435 mm. **Länge:** 17.760 mm. **Höchstgeschwindigkeit:** 100 km/h. **Gewicht:** 118 t. **Adhäsionsgewicht:** 77 t. **Stromsystem:** Einphasenstrom 15.000 V/16 2/3 Hz. **Motoren:** 4 x 574 kW.

GESCHICHTE Die Lokomotive Ae 3/6 war eine 1921 entworfene 2C1-Schnellzuglok der schweizerischen Eisenbahnen, die bis 1926 in 114 Exemplaren gebaut wurde. Die Zunahme des Verkehrs, des Gewichts der Züge, aber auch die Notwendigkeit, höhere Leistungen zu erzielen, zwang jedoch die Ingenieure, wie so oft in der Geschichte der Eisenbahn, stärkere Maschinen zu bauen. In der Welt der Dampfloks war es üblich gewesen, eine zusätzliche Treibachse einzubauen und so von einer 2'B1' zu einer 2'C1'und schließlich einer 2'D1' zu gelangen, um den Transportanforderungen gerecht zu werden. Die Ingenieure der FFS entschieden sich daher auch bei der Ae 3/6 einfach für eine zusätzliche Laufachse und verwandelten sie in eine Ae 4/7, veränderten also die Achsfolge von 2'C1' zu 2'D1'.

TECHNIK Als die Ingenieure als Bauweise für eine verlängerte Lokomotive den Einbau eines Moduls (bestehend aus einer Treibachse samt Motor) zusätzlich zu den bereits vorhandenen Modulen bei der Ae 3/6 vorschlugen, zeigten sich die Direktoren der FFS ziemlich verunsichert über die Kurventauglichkeit einer Lok mit vier in einem steifen Rahmen angebrachten Treibachsen. Doch einmal mehr bedienten sich die Konstrukteure des Erbes aus der Dampfzeit und rüsteten – in Erinnerung an die italienischen Dampfloks vom Typ 1'D und 1'D1 – die vierte Achse mit einem Lenkgestell vom Typ Zara aus. Dieses Lenkgestell bestand aus einer vorderen Laufachse, die mit der ersten Treibachse verbunden war. In Kurven erlaubte die Laufachse der Treibachse eine leichte seitliche Verschiebung, was die Kurvenstabilität begünstigte. Am anderen Ende der Lokomotive befand sich hingegen ein zweiachsiges Drehgestell, das notwendig war, um das Gewicht eines schweren Bahnumwandlers besser zu verteilen. Das Ergebnis war eine asymmetrische Lok mit einer einzelnen Achse auf einer und einem normalen Drehgestell auf der anderen Seite.

E 432 FS

Die E 432 war die letzte für Drehstrom gebaute italienische Lokomotive. Sie verließ die Fabrik als bereits entschieden war, dass dieses System zugunsten von Gleichstrom mit 3000 V abgeschafft würde. Trotzdem blieb diese Maschine an der Spitze schwerer Güterzüge bis in die Anfänge der 70er-Jahre hinein im Verkehr.

EIGENSCHAFTEN Achsfolge: 1D1. **Spurweite:** 1435 mm. **Länge:** 13.910 mm. **Höchstgeschwindigkeit:** 100 km/h. **Gewicht:** 94 t. **Adhäsionsgewicht:** 71 t. **Stromsystem:** Drehstrom 3600 V/16 2/3 Hz. **Motoren:** 2 x 1100 kW.

GESCHICHTE Die erste Elektrifizierung der Bahnen in Italien erfolgte mit Drehstrom. Die Wahl dieses Systems mit einer komplizierten Oberleitung erklärt sich aus den Schwierigkeiten, die man zu Beginn des Jahrhunderts mit dem elektrischen Antrieb mit Gleichstrom hatte. Gleichstrom von niederer Spannung war für eine Übertragung über große Distanzen ungeeignet und konnte nur für städtische Linien eingesetzt werden. Hochspannung konnte dagegen für die Motoren der damaligen Zeit nicht verwendet werden. Man stellte Versuche mit Einphasenstrom an, der einfach zu übertragen war, doch die Motoren hatten für den Eisenbahnbetrieb ungünstige Eigenschaften. Die Erfolgsgeschichte des Drehstroms wurde 1928 unterbrochen. In diesem Jahr elektrifizierten die Ferrovie dello Stato die Strecke Neapel-Foggia und erstmals kam statt Drehstrom Gleichstrom von 3000 V zur Anwendung. Seit Beginn des Jahrhunderts hatte die Gleichstromtechnik genügend Entwicklungszeit gehabt, um so bemerkenswerte Fortschritte zu machen, dass sie bereits als besser angesehen wurde. Nach kurzer Zeit zeigten die Ergebnisse, dass Dreiphasenstrom überholt und zu teuer war. Trotzdem stellte man eine Reihe von 40 Lokomotiven, nämlich jene E 432 her – schöne Maschinen mit der Achsfolge 1'D1'.

TECHNIK Mit ihren großen, mittels Gestänge gekuppelten Rädern von 1630 mm Durchmesser (worin man dem Erbe der Dampflokomotiven folgte) wurde die E 432 zur Kuriosität in der Welt des Drehstroms. Und zwar weil ihre Fahrgeschwindigkeit dadurch geregelt wurde, dass die Motoren sich mit der von den Stromphasen vorgegebenen Geschwindigkeit drehten. In diesem Fall standen vier Fahrstufen zur Verfügung, die 37, 50, 75 und 100 km/h erlaubten. Zur Freude der Eisenbahnfreunde blieben diese letzten Drehstrom-E-Loks bis zum Anfang der 70er-Jahre in Betrieb. Am Ende dieses Jahrzehnts gab es in Italien keine Strecken mit Drehstromanschluss mehr, weil der Wechsel zu Gleichstrom mit 3000 V vollzogen war.

Visitenkarte

Herkunft
Italien

Baujahr
1928

Typ
Personen- und Güterzuglokomotive

Antrieb
elektrisch, Drehstrom

gebaute Exemplare
40

hergestellte Versionen
1

Unten: Eine schöne Abbildung der E 432.

E 626 FS

Visitenkarte

Herkunft
Italien

Baujahr
1928

Typ
Personen- und Güterzuglokomotive

Antrieb
elektrisch, Gleichstrom

gebaute Exemplare
448

hergestellte Versionen
4

1928, nach 25 Jahren Drehstrom, wechselten die FS zum Gleichstrom über. Eine nicht unumstrittene Entscheidung, da die Befürworter des »italienischen« Systems vielzählig und kämpferisch waren. Für die Erneuerer sprachen jedoch die Wirksamkeit und Wirtschaftlichkeit der neuen Quecksilberdampf-Gleichrichter und die optimalen Leistungen der E 626.

EIGENSCHAFTEN Achsfolge: Bo'Bo'Bo'. **Spurweite:** 1435 mm. **Länge:** 14.950 mm. **Höchstgeschwindigkeit:** 95 km/h. **Gewicht:** 94,5 t. **Stromsystem:** Gleichstrom 3000 V. **Motoren:** 6 x 350 kW. *(Angaben beziehen sich auf die Baureihe IV)*

GESCHICHTE In den Jahren 1910 bis 1920 hatten Siemens und AEG in Deutschland sowie Brown-Boveri und Oerlikon in der Schweiz gute Resultate mit Einphasenstrom erzielt, einem System, das Westinghouse in Amerika für das Netz der Pennsylvania Railroad verwendete. Doch auch das von General Electric 1915 bis 1919 für die Chicago, Milwaukee, St. Paul & Pacific Railroad auf Millionen von Streckenkilometern angebrachte System mit 2400 V Gleichstrom machte Eindruck. Die italienischen Ingenieure entschieden sich auf der Strecke Benevento-Foggi für einen Versuch mit Gleichstrom und setzten dort die neuen Loks der Serie E 625/626 ein. Die Ergebnisse zeigten die Überlegenheit des Gleichstroms gegenüber dem Drehstrom auf.

Oben: Eine E 262. Diese Maschinen wurden in den 90er-Jahren aus dem Verkehr gezogen. Auf der gegenüberliegenden Seite: Die E-144.

TECHNIK 1926 bestellten die FS 13 Lokomotiven mit gemeinsamen und genau formulierten technischen Eigenschaften. Für den Elektroantrieb wurden nur Höchstwerte angegeben, die den Firmen Spielraum ließen. Darüber hinaus rüsteten sich die FS mit 14 Lokomotiven mit der gleichen Ausstattung aus. Ursprünglich wurden sie unter der Baureihe 625 (für den Güterverkehr mit einer Höchstgeschwindigkeit von 50 km/h) und 626 (für den Personenverkehr mit einer Höchstgeschwindigkeit von 95 km/h) zusammengefasst. Obwohl ihr Aussehen an das der Drehstromloks erinnerte, verfügten sie über eigenständige und innovative Eigenschaften, auch was die mechanischen Teile betraf. Die Achsfolge Bo'Bo'Bo' war in einen durch zwei Drehzapfen gegliederten Rahmen gelagert, die sechs Achsen und sechs Motoren bildeten drei Triebwerke. Auf dem Rahmen befand sich ein völlig starres Gehäuse. Die zweijährigen Versuche mit den 14 Prototypen, die laufend verändert und deren Bauteile ständig gewechselt wurden, gipfelten in der Definition von Produktionsvorschriften für eine Reihe von 85 Loks mit der Bezeichnung E 626, die 1931 in Betrieb genommen wurden. Von ihnen wurden dann 448 gebaut, die über 40 Jahre in Dienst blieben. Robustheit, bauliche Einfachheit und Verlässlichkeit waren ihre grundlegenden Eigenschaften. Immerhin waren Anfang der 80er-Jahre noch 385 Einheiten ausschließlich im Güterverkehr im Einsatz.

E-44 DRG

In den 30er-Jahren arbeiteten die deutschen Eisenbahnen ein breit gefächertes Programm zur Elektrifizierung aus, wobei besonderes Augenmerk auf eine der Hauptbahnen des Landes gelegt wurde: die Verbindung Stuttgart-Ulm-München. Die nationale Industrie war in die Umsetzung entsprechender Loks mit eingebunden.

EIGENSCHAFTEN Achsfolge: BB. **Spurweite:** 1435 mm. **Länge:** 15.290 mm. **Höchstgeschwindigkeit:** 90 km/h. **Gewicht:** 78 t. **Stromsystem:** Einphasenstrom 15.000 V/16 2/3 Hz. **Motoren:** 4 x 550 kW.

GESCHICHTE Um die Strecke Stuttgart-München mit E-Loks auszurüsten, wurden drei verschiedene Prototypen getestet, welche die Stammnummern E-44 001, E-44 501 und E-44 201 trugen. Der Aufbau dieser Maschinen lehnte sich an jenen der 1928 in Dienst gestellten E-75 an. Für die Tests wurden die Lokomotiven sowohl im Personen- als auch im Güterverkehr hauptsächlich auf der Strecke Magdeburg-Leipzig eingesetzt. Nur die ersten beiden bestanden den Test. Die E-44 ging in ihrer endgültigen Form 1931 in Produktion. Bis 1954 wurden insgesamt 189 Einheiten gebaut.

TECHNIK Die E-44 verfügte über zwei einfache Triebwerke ohne Kuppelstangen, wie sie die E-75 noch gehabt hatte. Die ersten Einheiten gingen 1932 in Betrieb, die letzten 1955. Von den 175 zu Ende des Zweiten Weltkrieges in Dienst befindlichen Exemplaren wurden nur 109 von der DB in Westdeutschland wieder eingesetzt und in E-144 umbenannt. Einige waren zerstört worden, einige kamen in die Sowjetunion, die restlichen verblieben in der Ostzone des Landes, der späteren DDR. Gegen Mitte der 50er-Jahre besaß die DB noch 40 Maschinen dieser Baureihe. Mit der fortschreitenden Elektrifizierung spielten dies Loks in beiden Teilen Deutschlands eine wichtige Rolle. Im Westen konnte man sie vor allem in der Landesmitte sehen, wo sie vor allem auf der Strecke Stuttgart-München, doch auch auf den Strecken von Garmisch, Berchtesgaden und bei Würzburg und Rosenheim sehen, wo sie den Personen- und Güterverkehr erledigten. Aber trotz ihrer eher niederen Geschwindigkeit (90 km/h) verkehrten sie auch auf Bergstrecken. Viele umgebaute und in E-145 umbenannte Einheiten waren auf der Strecke von Höllental in der Nähe von Freiburg im Einsatz.

Visitenkarte

Herkunft
Deutschland

Baujahr
1931

Typ
Personen- und Güterzug-lokomotive

Antrieb
elektrisch, Einphasenstrom

gebaute Exemplare
189

hergestellte Versionen
5

E 428 FS

Visitenkarte

Herkunft
Italien

Baujahr
1934

Typ
Personenzuglokomotive

Antrieb
elektrisch, Gleichstrom

gebaute Exemplare
242

hergestellte Versionen
3

Diese Lokomotive mit dem typischen Aussehen der 30er-Jahre darf mit Fug und Recht dem Buch der großen italienischen Tradition auf dem Gebiet der Elektrotraktion einverleibt werden.

EIGENSCHAFTEN Achsfolge: 2BoBo2. **Spurweite:** 1435 mm. **Länge:** 19.000 mm. **Höchstgeschwindigkeit:** 130 km/h. **Gewicht:** 135 t. **Adhäsionsgewicht:** 78 t. **Stromsystem:** Gleichstrom 3000 V. **Motoren:** 8 x 350 kW.

GESCHICHTE Mit Ende der 20er-Jahre wurde mit der 1938 fertig gestellten Elektrifizierung der Strecke Rom-Mailand begonnen. Dies war ein Hauptziel jener Zeit und fand breites öffentliches Interesse. Die Eröffnung des mit Gleichstromanschluss ausgestatteten Abschnittes Bologna-Florenz 1934 brachte allein auf diesem Teilstück eine Verringerung der Fahrzeit von 1 Stunde und 27 Minuten. Damit tauchten auch leistungsstarke Lokomotiven auf, um die schweren Personenzüge auf dieser Strecke mit 130 km/h zu ziehen. Die E 428 wurde in Dienst gestellt.

TECHNIK Diese Maschinen waren keine 2D2. Ihre vier Treibachsen waren nämlich nicht in einem durchgehenden Rahmen angebracht, sondern nach der Achsfolge 2BoBo2 zu zwei Triebwerken angeordnet, was die Kurvenstabilität verbesserte. Es gab acht Motoren, vier jeweils zu einer Einheit gekuppelt und auf einer eigenen Achse montiert. Diese Anordnung erlaubte es, jeden Motor einzeln mit 1500 V zu versorgen, oder vorausgesetzt, dass jede Einheit aus zwei Motoren in Serie geschaltet war, 3000 V einzuspeisen. Die E 428 war eine Weiterentwicklung der 1930 zu 12 Stück gebauten E 326, die den Erwartungen einer höheren »Aggressivität« auf den Schienen nicht entsprochen hatte. Die Probleme wurden durch diese neue Lokomotive behoben, von der man zwischen 1934 und 1943 242 Exemplare baute. Es gab drei Versionen, wobei Motoren und Leistung jedoch unverändert blieben. Die erste (112 Einheiten) war durch einen zentralen Aufbau mit zwei Vorbauten (vorne und hinten) gekennzeichnet. Die zweite (81 Einheiten) hatte einen geschlossenen Aufbau mit nach vorne versetztem Führerhaus, während bei der dritten (39 Einheiten) die Frontpartie mit der Karosserie in aerodynamischer Form verbunden war.

Oben: Eine E 428 der ersten Serie mit den beiden Schnauzen vorne und hinten.
Rechts: Eine Einheit der dritten Serie, bei der das Gehäuse mit der Front verbunden ist.
Auf der gegenüberliegenden Seite die GG1.

GG1

Vielleicht wegen ihrer Größe – 216 t verteilt auf 20 Räder –, vielleicht wegen ihrer eigenwilligen und zugleich eleganten Linien, sicher ist, dass der GG1 noch immer die Bewunderung von Eisenbahnbegeisterten der ganzen Welt zufliegt. Dank ihrer 12 Motoren gelang es ihr, 1600 t schwere Züge aus 20 Waggons mit 160 km/h auf der Strecke New York-Philadelphia-Washington zu ziehen.

EIGENSCHAFTEN Achsfolge: 2CoCo2. **Spurweite:** 1435 mm. **Länge:** 24.230 mm. **Höchstgeschwindigkeit:** 160 km/h. **Gewicht:** 216 t. **Adhäsionsgewicht:** 137 t. **Stromsystem:** Einphasenstrom 3000 V/25 Hz. **Motoren:** 12 x 305 kW. **Maximale Zugkraft:** 314 kN.

GESCHICHTE Die Pennsylvania Railroad, eine der stärksten und dynamischsten Eisenbahngesellschaften der USA, erreichte ihren Zenit in der Zwischenkriegszeit. Ende der 20er-Jahre nahm die »Pennsy« die Elektrifizierung von etwa 1200 km ihrer Hauptbahnen vor, die damals mit über 800 Personen- und 60 Güterzügen täglich zu den verkehrsreichsten der Welt gehörten. Dazu muss man wissen, dass diese Gesellschaft die bedeutende Strecke New York-Philadelphia-Washington betreute. Damit bediente sie die wichtigsten amerikanischen Städte innerhalb des »Korridors« mit hoher Städtedichte an der Ostküste. Schnellzüge, die mit hoher Frequenz verkehrten, wurden benötigt, doch die Verbesserung des Leistungsangebots und das steigende Gewicht der Züge überforderte auch die schnellsten Dampflokomotiven. Deswegen kam der elektrische Antrieb in Betracht. Ab 1934 wurde die Strecke komplett mit Einphasenstrom von 15.000V/25 Hz elektrifiziert, die Stromabnahme erfolgte mittels Oberleitung.

TECHNIK Die Achsfolgen 2Co2, 2Do2 oder 2CoCo2 waren in der damaligen Zeit die beste Lösung für schnelle Loks, auch weil die amerikanischen und europäischen Ingenieure bereits mit in einem starren Rahmen angebrachten Treibrädern und Lenkgestellen an beiden Enden vertraut waren. Die Pennsylvania Railroad entschied sich für die Achsfolge 2CoCo2. Dazu wollte die Gesellschaft noch eine Note in Einklang mit der ästhetischen Tradition der »Pennsy« anbringen: Den Entwurf der Karosserie übernahm der bekannte Designer Raymond Loewy. Die Lok konnte mit unglaublicher Leichtigkeit aus 20 Waggons bestehende, 1600 t schwere Züge mit 160 km/h ziehen – dank der 3680 kW, die sie im Normalbetrieb entwickelte (die Höchstleistung lag jedoch bei 6000 kW, was mehr als 8000 PS entspricht). Die GG1 blieb bis zum Erscheinen der »Amtrack«, jener Gesellschaft, die in den frühen 70er-Jahren den gesamten amerikanischen Personenverkehr übernahm, in Betrieb.

Visitenkarte

Herkunft
USA

Baujahr
1934

Typ
Personenzuglokomotive

Antrieb
elektrisch, Einphasenstrom

gebaute Exemplare
139

hergestellte Versionen
1

E-18

Visitenkarte

Herkunft
Deutschland

Baujahr
1935

Typ
Personenzuglokomotive

Antrieb
elektrisch, Einphasenstrom

gebaute Exemplare
53

hergestellte Versionen
2

Schon in der Zwischenkriegszeit war Deutschland das Land der Elektrolokomotiven mit Einphasenstrom von 15.000 V und der Spezialfrequenz von 16 2/3 Hz. Die E-18 stellte zu ihrer Zeit das Herzeigstück des technischen und gestalterischen Erfolgs auf diesem Gebiet dar.

EIGENSCHAFTEN Achsfolge: 1Do1. **Spurweite:** 1435 mm. **Länge:** 16.920 mm. **Höchstgeschwindigkeit:** 150 km/h. **Gewicht:** 108,5 t. **Adhäsionsgewicht:** 78 t. **Stromsystem:** Einphasenstrom 15.000 V/16 2/3 Hz. **Motoren:** 4 x 760 kW.

GESCHICHTE Die Firmen AEG und Siemens entwarfen die neue Lok vom Typ 1Do1, um schwere Schnellzüge auf den deutschen Hauptbahnen zu befördern. Das Ziel war bessere Ergebnisse zu erhalten als die E-17 sie lieferte. Man erinnerte sich an den berühmten Triebwagenzug *Fliegender Hamburger*, der aufgezeigt hatte, dass eine Alltagsgeschwindigkeit von 150 km/h im Bereich des Möglichen lag. Deshalb verlangte man auch von dieser Lokomotive ebensolche Leistungen. In diesem Fall konnten die 150 km/h aber an der Spitze eines 700 t schweren Zuges erreicht werden.

TECHNIK Um die von der DRG erwünschten Leistungen erbringen zu können, baute man in die E-18 Motoren mit 3800 PS (2840 kW) ein. Die Wahl eines Bissel-Gestells anstatt eines Lenkgestells schien für eine schnelle Lok gewagt und wurde trotz des Vorurteils, dass nur ein Lenkgestell im Stande sei, eine Lokomotive korrekt zu führen, vorgenommen. Die Ingenieure konnten das Stabilitätsproblem in den Griff bekommen. Sie entdeckten nämlich, dass eine Elektrolok, weil sie über keine sich schnell bewegenden Teile verfügte, auch keinen Schlinger- und Stoßbewegungen wie eine Dampflok ausgesetzt ist. Jedenfalls griff ein durch Druckluft gesteuertes, durchdachtes Blockiersystem bei hohen Geschwindigkeiten in das seitliche Spiel der beiden Bissel-Gestelle ein.

Auf dieser Seite: Zwei Abbildungen der E-18 im klassischen DB-Outfit. Auf der gegenüberliegenden Seite die E 636 FS.

E 636 FS

Die E 636 steht beispielhaft wie keine andere Maschine für die italienische Einstellung zur Welt der E-Loks. Sehr schön und in der Lage optimale Leistungen zu erbringen, wurde sie im gesamten Netz der italienischen Hauptbahnen eingesetzt.

EIGENSCHAFTEN Achsfolge: Bo'Bo'-Bo'. **Spurweite:** 1435 mm. **Länge:** 18.250 mm. **Höchstgeschwindigkeit:** 120 km/h. **Gewicht:** 101 t. **Stromsystem:** Gleichstrom 3000 V. **Motoren:** 6 x 350 kW.

Visitenkarte

Herkunft
Italien

Baujahr
1940

Typ
Personen- und Güterzuglokomotive

Antrieb
elektrisch, Gleichstrom

gebaute Exemplare
469

hergestellte Versionen
3

GESCHICHTE Zwischen 1940 und 1962 bauten die Werkstätten der staatlichen italienischen Eisenbahnen diese Baureihe mit 469 E-Loks vom Typ Bo'Bo'Bo'. Diese Achsfolge ist außerhalb der Grenzen Italiens und der Schweizer Eidgenossenschaft kaum bekannt. Dort hat sie ihre Daseinsberechtigung, weil man sie auf schwierigen, kurvenreichen Strecken einsetzt. Jedoch wurde diese Achsfolge auch aktuell von Frankreich und Großbritannien für die im Ärmelkanaltunnel eingesetzten Lokomotiven wieder aufgenommen.

TECHNIK Die E 636 war 1890 kW stark und 120 km/h schnell. Sie war die typische italienische Lokomotive der Nachkriegszeit und wurde im Personen- und Güterverkehr eingesetzt. Aus diesem Grund baute man sie auch mit drei Übersetzungen für drei Geschwindigkeiten: 105, 110, 120 km/h. Doch was diese Lokomotive kennzeichnete, war die Gliederung des Rahmens in zwei Teile. Eine gegliederte Maschine zu bauen, indem man die beiden Karosseriehälften auf ein herkömmliches mittleres Triebwerk stützte, schien jedoch logisch. Denn auf diese Weise hatte das Triebwerk keine Querverschiebung mehr, sondern diente als Angelpunkt für die beiden Hälften des Aufbaus. Doch die Skepsis war vorhanden, dass diese Lösung zu unerwünschten Bewegungen und seitlicher Instabilität führen würde. Viele zeitgenössische Ingenieure aus dem Ausland trauten dieser innovativen Einrichtung bei der E 636 daher nicht. Doch die Praxis zeugte in einem derart hohen Grad von der Güte dieser Maschine, dass die FS diese Achsanordnung noch bei vielen anderen Baureihen anwandte.

E 424 FS

Visitenkarte

Herkunft
Italien

Baujahr
1943

Typ
Personenzuglokomotive

Antrieb
elektrisch, Gleichstrom

gebaute Exemplare
158

hergestellte Versionen
2

Dieses für Italien ungewohnte Modell einer Elektrolokomotive stammt aus den 40er-Jahren. Die Achsfolge Bo'-Bo' – zwei jeweils zweiachsige einzelne Triebwerke – wurde für die ersten E-Loks der FS selten benutzt. Es handelte sich jedoch um eine weitblickende Konstruktion.

EIGENSCHAFTEN Achsfolge: Bo'-Bo'. **Spurweite:** 1435 mm. **Länge:** 15.500 mm. **Höchstgeschwindigkeit:** 100 km/h. **Gewicht:** 72,4 t. **Stromsystem:** Gleichstrom 3000 V. **Motoren:** 4 x 415 kW. *(Angaben beziehen sich auf die erste Serie)*

GESCHICHTE Unter den neuen von der FS Ende der 30er-Jahre hergestellten Gleichstromlokomotiven gehörte auch diese wenig starke und wenig schnelle Maschine. Sie war für den Transport leichter Personenzüge im Flachland bestimmt. Bei den schlecht befestigten italienischen Linien in der ersten Hälfte des 20. Jahrhunderts mussten die Lokomotivkonstrukteure immer auch ein begrenztes Achsgewicht mit einrechnen. Bei der E 424 gelang es bei 72 t Gesamtgewicht zu bleiben, indem man vier Motoren mit 415 kW, einen pro Achse, verwendete. Sie hatte das Übersetzungsverhältnis von 16/65.

TECHNIK Die E 424 ist sehr kurvengängig sowie wirtschaftlich in der Herstellung und im Verbrauch. Ihr Maschinenraum wurde mit Rollbalken versehen, und ursprünglich hatte sie den Zugang vorne über eine Flügeltür, was mit einer Vorrichtung zur gleichzeitigen Steuerung von mehreren Einheiten verbunden war. Einige Exemplare waren mit gemischten anstatt den herkömmlichen in Serie geschalteten Erregermaschinen ausgestattet. Es handelte sich um eine eigens eingebaute Einrichtung zur elektrischen Bremsung und Rückgewinnung der Energie auf der Strecke Bologna-Pistoia. Weitere originelle Einrichtungen waren das automatische Schaltwerk, das ein häufiges Anfahren mit hoher Beschleunigung ermöglichte, ohne den Motor zu überhitzen, und eine Art Tatzlagerantrieb, der 1960 zu Versuchszwecken angebracht wurde. Diese Einrichtung wurde später nach und nach bei allen Loks eingebaut. Dabei wurde die Bewegung auf die Achsen mit Hohlwellen übertragen. Im Ruhezustand saß diese konzentrisch im Motorgehäuse, mit dem es über elastische Elemente verbunden war. Diese verformten sich während der Fahrt und ließen ein geringfügiges vertikales Auspendeln zu. Gelegentlich immer wieder modernisiert, stehen die E 424 immer noch in Dienst.

Re 4/4 I SBB-CFF-FFS

Die Re 4/4 I entstand 1946 und blieb den Schweizer Eisenbahnern und den Eisenbahnfreunden weltweit von der ersten Stunde an im Gedächtnis. Ihre Beliebtheit rührte von der Tatsache her, dass sie die erste wirklich schnelle Lokomotive mit der Achsfolge BoBo und ihre Form sehr funktionell und gut gelungen war.

EIGENSCHAFTEN Achsfolge: BoBo. **Spurweite:** 1435 mm. **Länge:** 14.900 mm. **Höchstgeschwindigkeit:** 125 km/h. **Gewicht:** 56 t. **Stromsystem:** Einphasenstrom 15.000 V/16 2/3 Hz. **Motoren:** 4. **Stundenleistung:** 1850 kW.

GESCHICHTE In der Zeit nach dem Zweiten Weltkrieg war die Schweiz das fortschrittlichste Land auf dem Feld der E-Loks. Ein weiterer Schritt bestand in der Konstruktion einer schnellen Lokomotive ohne das alte, von der Dampftraktion herstammende Lenkgestell. Diese Lok war die Re 4/4 I.

TECHNIK Die Re 4/4 I war eine sehr leichte BoBo, die gerade 56 t erreichte. Ihr Aussehen war sehr individuell, die mittige Tür vor jedem Führerhaus diente zur Erleichterung von Manövern in umgekehrter Fahrtrichtung (Züge mit den Waggons voran). Ihre Leistungen (rund 125 km/h) mögen heute niedrig erscheinen, aber zur Zeit ihrer Planung war der Typ BB den langsamen Güterzügen oder Rangierloks auf Bahnhöfen vorbehalten. Zu ihrer Zeit war die Re 4/4 I jedenfalls die schnellste BB der Welt und es gelang ihr zu beweisen, dass Laufachsen für E-Loks überflüssig waren. Ihr Erscheinen zeigte das Ende der 2D2, der 1CC1 und anderer komplizierter und schwerer Maschinen in der ganzen Welt an, die USA eingeschlossen. Diese Maschine offenbarte außerdem, dass die »Nur-Treibachsen-Lokomotive« vom Typ BB oder CC sich auch für schnelle Fahrten eignete. Die Re 4/4 wurde vor allem im Regionalverkehr zur Beförderung von Zügen unter 400 t verwendet. Sie befuhr vor allem die Strecken Zürich-Genf, Genf-Brig und auch Brig-Domodossola. Ab 1959 wurden diese Züge ausgemustert und die Lok durch die stärkere Rbe 4/4 ersetzt. Diese verfügte über 2030 kW, die ausreichten, um Züge von 500 bis 600 t mit einer Geschwindigkeit von 125 km/h zu ziehen. Die letzten vier noch bestehenden Exemplare werden als Rangierloks verwendet.

Visitenkarte

Herkunft
Schweiz

Baujahr
1946

Typ
Personenzuglokomotive

Antrieb
elektrisch, Einphasenstrom

gebaute Exemplare
45

hergestellte Versionen
1

CC 7107 SNCF

Visitenkarte

Herkunft
Frankreich

Baujahr
1952

Typ
Personenzug-lokomotive

Antrieb
elektrisch, Gleichstrom

gebaute Exemplare
1

hergestellte Versionen
1

Weil sie 1955 den Geschwindigkeitsrekord von 331 km/h aufgestellt hat, wurde die CC 7107 gefeiert. Sie gehörte zur Baureihe 7100, die gleich nach dem letzten Krieg die Wiederkehr der Elektrotraktion in Frankreich und den Verzicht auf die Bauweise mit Laufachsen mitbestimmte. Diese Loks wurden für schwere Schnellzüge auf der Strecke Paris-Lyon eingesetzt, die sie in weniger als 4 Stunden zurücklegten, während die Dampflokomotiven mit ihren 150 km/h für den gleichen Weg 6 bis 8 Stunden gebraucht hatten.

EIGENSCHAFTEN Achsfolge: CoCo. **Spurweite:** 1435 mm. **Länge:** 18.920 mm. **Höchstgeschwindigkeit:** 331 km/h. **Gewicht:** 107 t. **Stromsystem:** Gleichstrom 1500 V. **Motoren:** 6. **Stundenleistung:** 3490 kW.

GESCHICHTE In den Kriegsjahren prüfte die SNCF verschiedene CC-Modelle, hauptsächlich auf der Strecke Brive-Montauban, doch handelte es sich dabei noch um keine Hochgeschwindigkeitslokomotiven. Doch die Elektrifizierung der Strecke Paris-Lyon war gerade beschlossen worden und daher war der Moment gekommen, eine schnelle Lokomotive zu konzipieren. Vorsichtshalber bestellte die SNCF eine neue Baureihe von 2D2. Den Ingenieuren Marcel Garreau und Fernand Nouvion gelang es jedoch, die SNCF von einer CoCo zu überzeugen, die zu höheren Geschwindigkeitsleistungen fähig war. Daher wurde vereinbart, dass die Firma Alsthom 58 Maschinen bauen sollte.

TECHNIK Ein Rekord 1954 mit 243 km/h und einer 1955 mit 331 km/h machten die CC 7100 zur bekanntesten Elektrolokomotive der 50er- und 60er-Jahre. Die bekanntesten Modellbahnhersteller mussten sie ins Programm nehmen, weil viele Eisenbahnfreunde sie in ihrer Sammlung haben wollten. Der Rekord zeigte aber darüber hinaus auf, was der Ingenieur Fernand Nouvion vorausgesehen hatte: Bei einer CoCo waren die seitlichen Widerstandskräfte, die auf die Schienen wirkten, niedriger als bei einer 2Do2 mit 100%. Lokomotiven ohne Laufachsen waren daher stabiler und beanspruchten das Schienenmaterial weniger als jene mit Laufgestellen.

Rechts: Die CC 7107, die einen Geschwindigkeitsrekord aufstellte. Oben: Die am Lokkasten angebrachte Gedenktafel. Auf der gegenüberliegenden Seite eine Ae 6/6.

Ae 6/6 SBB-CFF-FFS

In den 40er-Jahren nützte die Schweiz ihren Neutralitätsstatus, um die Elektrolokomotive der Zukunft vorzubereiten. Die Ingenieure des Landes entwarfen und bauten eine schnelle Lokomotive ohne Laufachsen vom Typ CC. Die Ae 6/6 aus dem Jahre 1954 war zu ihrer Zeit die ausgeklügeltste Umsetzung dieser Achsfolge.

EIGENSCHAFTEN Achsfolge: CoCo. **Spurweite:** 1435 mm. **Länge:** 19.310 mm. **Höchstgeschwindigkeit:** 125 km/h. **Gewicht:** 120 t. **Stromsystem:** Einphasenstrom 15.000 V/16 2/3 Hz. **Motoren:** 6. **Stundenleistung:** 4300 kW.

GESCHICHTE Die in den Zwischenkriegsjahren gebauten schnellen E-Loks hatten an jeder Seite Laufgestelle, welche die Treibräder einrahmten. Die Ingenieure der 20er-Jahre waren überzeugt, dass diese für gute Kurvendurchfahrten und zur Vermeidung von Schlinger- und Stoßbewegungen bei hohen Geschwindigkeiten notwendig wären. Die schweizerischen Ingenieure bewiesen hingegen mit ihren BoBo und CoCo, dass Fahrten mit mehr als 120 km/h ohne Stabilitätsprobleme möglich waren. In den 40er-Jahren läuteten sie mit Lokomotiven, die nur noch Treibachsen hatten, eine neue Ära ein. Die Schweizer Ingenieure glaubten aber, dass sechs Treibachsen für eine schnelle Lokomotive unverzichtbar wären und entschieden sich daher für das Modell CoCo. So überließen sie die Achsfolge BoBoBo, die sich besser an enge Kurven anpassen kann, den Italienern. In Italien hatte man nämlich schon 1928 bei der E 626 auf Laufachsen verzichtet, während 1940 die E 636 vorgestellt wurde, ein Modell BoBoBo mit sechs Treibachsen und 2100 kW Dauerleistung.

TECHNIK Der Direktantrieb über Induktionsmotoren der Ae 6/6 – übrigens identisch mit jenen der Ae 4/4 –, die mit einer Frequenz von 16 2/3 Hz liefen, war wegen der erhöhten Anzahl an Polen einigermaßen groß. Sie nahmen daher viel Platz zwischen den Rädern der Triebwerke ein, weshalb man gezwungen war, diese zu verlängern. Diese verlängerten Triebwerke lenkten wiederum schlecht in Kurven ein. Die Ingenieure, welche die Ae 6/6 entworfen hatten, kamen daher auf die Idee, die Motoren höher anzubringen und integrierten sie teilweise in den Aufbau. So wurde es möglich, die Triebwerke kurz zu halten und die Kurvendurchfahrt zu verbessern. Nun war es aber notwendig, die Triebwerke mit Schwingstangen auszurüsten, welche die Fixierung des Lokkastens sichern und für die Haftung der Antriebsräder sorgen mussten. Man war gezwungen, dieses System an den Triebwerken am tiefstmöglichen Punkt, also beinahe schon auf Schienenniveau, anzubringen.

Visitenkarte

Herkunft
Schweiz

Baujahr
1954

Typ
Personenzuglokomotive

Antrieb
elektrisch, Einphasenstrom

gebaute Exemplare
120

hergestellte Versionen
1

BB 12000 SNCF

Visitenkarte

Herkunft
Frankreich

Baujahr
1954

Typ
Personen- und Güterzuglokomotive

Antrieb
elektrisch, Einphasenstrom

gebaute Exemplare
168

hergestellte Versionen
2

Oben: Die BB 12004 der SNCF.

Mit ihrem mittigen Führerhaus und den beiden vorspringenden Schnauzen stellte diese eigenwillige Lokomotive eines der ersten Beispiele für Güterzugloks der SNCF dar. Die BB 12000 entstand zur gleichen Zeit wie die Elektrifizierung mit Einphasenstrom mit Kraftstromfrequenz.

EIGENSCHAFTEN Achsfolge: BoBo. **Spurweite:** 1435 mm. **Länge:** 15.200 mm. **Höchstgeschwindigkeit:** 120 km/h. **Gewicht:** 85,6 t. **Stromsystem:** Einphasenstrom 15.000 V/50 Hz. **Motoren:** 4 x 620 kW.

GESCHICHTE Die 50er-Jahre brachten den Übergang von der Dampf- zur Elektrotraktion. Und daraus erwuchsen zwei Probleme: Personal für die Steuerung und Wartung zu finden und die Wartung zu organisieren, die hohes technisches Verständnis voraussetzte. Auf der Strecke Valenciennes-Thionville in Frankreich geschah der Wechsel von Dampf auf Elektrizität plötzlich, ohne jegliche vorangegangene Versuche. Das berufliche Niveau des Maschinenpersonals war nicht besonders hoch. Die Verantwortlichen für die Traktion bei der SNCF, Fernand Nouvion und André Cossié, waren sich dessen bewusst. Deshalb statteten sie das Führerhaus der BB 12000 mit einfachen Instrumenten und nicht zu komplizierten Anlagen aus.

TECHNIK Fernand Nouvion vereinfachte die BB 12000 so weit wie möglich, obwohl er den ungewöhnlichen Weg der Verwendung von Gleichrichtern gewählt hatte (es handelte sich um die erste Baureihe von Lokomotiven mit Gleichrichtern der Welt). Sowohl was die allgemeine Planung mit einem einzelnen, mittig angebrachten Führerhaus betraf, wie auch auf dem Gebiet der elektrischen Anlagen mit wirkungsvollem aber einfachem Material aus der Schweiz, hatte Nouvion sehr klug gehandelt. Schließlich baute er auch einen Stufenwähler in Form eines Steuerrads ein, der von den Lokomotivführern als »Aufschnittmaschine« bezeichnet wurde. Diese Einrichtung machte sich wegen ihrer Robustheit und Einfachheit bezahlt, was die Einsatzmöglichkeiten der ausgezeichneten BB 12000 beträchtlich vermindert hätte. Der folgende Vormarsch der Elektronik konnte diese Maschinen kaum verbessern, deren elektrische Installationen bereits sehr vereinfacht waren. Die Leistungen dieser Lok waren aber hervorragend: Die BB 12000 konnte 3580 PS bei 52 km/h entwickeln und eine Spitzengeschwindigkeit von 120 km/h erreichen. 148 Exemplare wurden für die SNCF gebaut, 20 für die luxemburgische Eisenbahn.

CC 14000 und 14100 SNCF

Diese großartige Lokomotive erntete bereits kurz nach ihrem Erscheinen 1954 auf der Strecke Valenciennes-Thionville beachtlichen Beifall. Diese Tatsache ist noch interessanter, da es sich um eine Güterzuglokomotive handelte, die wirklich langsam unterwegs war. Sie sah dem »Krokodil« recht ähnlich, hatte aber im Unterschied zu der schweizerischen Maschine keinerlei Gestänge.

EIGENSCHAFTEN Achsfolge: CoCo. **Spurweite:** 1435 mm. **Länge:** 18.890 mm. **Höchstgeschwindigkeit:** 60 km/h. **Gewicht:** 125 t. **Stromsystem:** Einphasenstrom 15.000 V/50 Hz. **Motoren:** 6 x 310 kW. *(Angaben beziehen sich auf die Baureihe CC 14100)*

GESCHICHTE Auf der 1954 elektrifizierten Linie Valenciennes-Thionville war der Übergang von Dampfkraft auf den Elektroantrieb ohne jegliche vorangegangene Erfahrung erfolgt. Wie schon bei der BB 12000 setzten die Ingenieure Fernand Nouvion und André Cossié bei den CC der Baureihen 14000 und 14100 auf eine möglichst einfache Handhabung. Das Führerhaus war daher mit einfachsten Instrumenten und Armaturen ausgestattet. Seit beinahe 30 Jahren war die Bedienung der Stromabnehmer immer rechts erfolgt, die Betätigungselemente waren in der Mitte und der Fahrstufenschalter links angebracht. Dies entsprach einer gleichbleibenden Anordnung, die vom Zugpersonal einfach wiederzuerkennen war.

TECHNIK Die CC 14000 und CC 14100 waren besonders für den Güterverkehr und für Fahrten mit einer Höchstgeschwindigkeit von 60 km/h ausgelegt worden. Die niedere Geschwindigkeit war deshalb gerechtfertigt, weil diese Lokomotiven die Dampfloks mit der Achsfolge 1'E unterstützen sollten, die mit 60 km/h verkehrten. Die Ingenieure dachten, dass solch eine Geschwindigkeit für den Transport von schweren erzbeladenen Zügen ausreichend wäre. Die neuen Loks wurden sowohl aus technischer als auch aus optischer Sicht ein wahrer Erfolg. Die 65 Loks der Baureihe CC 14100 verfügten über Gleichstrommotoren und eine Gruppe von Einphasen/Gleichstromtransformatoren, die eine Synchronmaschine antrieb, die weiters einen Generator antrieb. Die 20 Lokomotiven Modell CC 14100 hatten Drehstrommotoren und eine Einphasen/Dreiphasen-Gruppe. Anzumerken ist, dass die SNFC Befürworter der Konvertergruppen waren und die Gleichrichtertechnik ziemlich klug anwandten. Die Technik der Elektrifizierung mit Einphasenstrom mit hoher Frequenz war noch nicht perfekt. Die CC 14000 und 14100 verwendeten – ausgehend von der Netzspannung – die komplizierten und schweren Konvertergruppen, die gebraucht wurden, um mit einem durch einen unabhängigen Elektromotor versorgten Generator der Lokomotive die benötigte Bordspannung zu liefern.

Visitenkarte

Herkunft
Frankreich

Baujahr
1954

Typ
Güterzuglokomotive

Antrieb
elektrisch, Einphasenstrom

gebaute Exemplare
85

hergestellte Versionen
2

Auf dem Bild unten eine CC 14100.

Baureihe 139-140 DB

Eine Einheit der Baureihe 139 an der Spitze eines Personenzuges.

Visitenkarte

Herkunft
Deutschland

Baujahr
1957

Typ
Personen- und Güterzug-lokomotive

Antrieb
elektrisch, Einphasenstrom

gebaute Exemplare
etwa 900

hergestellte Versionen
2

Das Einheitslokomotivenprogramm in Westdeutschland für 1954 umfasste eine Mischform der E-10 für Schnell- und Güterzüge: die E-40, später dann 140. Diese Baureihe war mit über 900 gebauten Stück die zahlenstärkste in der Geschichte der DB.

EIGENSCHAFTEN Achsfolge: BoBo. **Spurweite:** 1435 mm. **Länge:** 16.950 mm. **Höchstgeschwindigkeit:** 120 km/h. **Gewicht:** 84 t. **Stromsystem:** Einphasenstrom 15.000 V/16 2/3 Hz. **Motoren:** 4. **Stundenleistung:** 3240 kW.

GESCHICHTE Mitte der 50er-Jahre sah das ambitionierte Programm zur Erneuerung des Maschinenparks der DB den Ankauf von 1938 Einheiten vor, darunter 959 BoBo des Typs E-40. Dabei handelte es sich um eine Mischform der E-10, die für den Transport nationaler und internationaler Schnellzüge eingesetzt wurde. Die neue Lok sollte den Regional-, den Schnellzug- und den Güterverkehr bedienen. Die Lieferung dieser Lokomotiven sollte über 16 Jahre gestaffelt erfolgen. Bis 1973 sollten durchschnittlich 50 Einheiten jährlich in Dienst gestellt werden. In Hinblick auf die Modernisierung der Höllentalbahn im Schwarzwald wurde eine Gruppe von elf E-40-Loks einem Test unterzogen, der die Leistungssteigerung des Bremssystems zum Gegenstand hatte. Diese Versuche führten nach und nach zur Baureihe 139.

TECHNIK Während die Auslieferung der E-40 voranging, aus der ab 1968 die Baureihe 140 wurde, stattete man die Maschinen für Mehrfachsteuerung aus. Die Baureihe 140 war im ganzen Land (BRD) verstreut und bildete ein wichtiges Element im Fuhrpark der elektrifizierten Linien. Ihr Einsatz bedeutete aber andererseits auch die Elektrifizierung vieler Nebenstrecken. Ab 1979 wurden die mit elektrodynamischer Widerstandsbremse versehenen 140 der Baureihe 139 zugerechnet. Sie wurden hauptsächlich im Schwarzwald eingesetzt, wo sie ohne Probleme auch schwierige Strecken befahren konnten. Die Entwicklung der »rollenden Landstraße«, also der Transport von Lkw auf der Schiene, hat ihnen eine zusätzliche Aufgabe beschert. Die 139 werden mit absoluter Priorität für die Beförderung solcher Züge herangezogen und überschreiten auf der Brennerstrecke, zwischen München und Italien, die Grenze. Der Bestand an 139 beläuft sich insgesamt auf 47 Exemplare. Die zugrunde liegende Baureihe umfasst nach Abzug der durch Unfall beschädigten Loks zur Zeit etwa 800 Maschinen, die auf acht Betriebswerke verteilt sind. Wie andere Baureihen auch wurde diese in ihrer Laufbahn mehrmals umlackiert. Zuerst waren sie grün, dann ozeanblau-beige und schließlich verkehrsrot. Die Robustheit und die hohe Qualität dieser Maschinen sichert der Baureihe noch eine glänzende Karriere für weitere zehn Jahre – zumindest was die neueren Exemplare betrifft.

Dm 3 SJ

Die Dm 3 besteht aus einer Kombination von drei Lokomotiven und ist daher eine einzigartig große Lokomotive, ja sogar eine der größten Güterzugloks der Welt. Unter den Besonderheiten, die sie auszeichnen, sind die Treibstangen, die 24 Räder bewegen und die Gesamtleistung von 7200 kW. Nicht weniger Bedeutung kommt der Strecke zu, auf der sie normalerweise verkehrt: die so genannte Polarkreisbahn.

EIGENSCHAFTEN Achsfolge: 1'D + D + D1'. **Spurweite:** 1435 mm. **Länge:** 35.250 mm. **Höchstgeschwindigkeit:** 75 km/h. **Gewicht:** 270 t. **Adhäsionsgewicht:** 240 t. **Stromsystem:** Einphasenstrom 15.000 V/16 2/3 Hz. **Motoren:** 6 x 1200 kW.

GESCHICHTE Die Ursprünge dieser Lokomotive dürften in einer 1'C1' zu suchen sein, die in Schweden unter dem Namen »Baureihe D« bekannt war. 1940 wurde aus ihr eine Lok vom Modell 1'D, indem man eine Bissel-Achse durch eine zusätzliche Treibachse ersetzte und eines der beiden Führerhäuser entfernte. Jede 1'D-Lokomotive war immer dafür gedacht, mit einer zweiten zusammenzuarbeiten. Das Ende ohne Führerhaus wurde mit dem entsprechenden Ende einer baugleichen 1'D verbunden. So entstand eine Doppelmaschine vom Modell 1'D + D1'. Diese 1'D + D1' erhielten die Baureihenbezeichnung Dm und bildeten bald einen Park von 19 Maschinen. Das wachsende Gewicht der Züge verlangte jedoch bald nach noch mehr Leistung.

TECHNIK Zu Beginn der 60er-Jahre bauten die schwedischen Eisenbahnen neue Lokomotiven, die immer noch mit den vorhergehenden 1'D-Modellen übereinstimmten, jedoch kein Führerhaus und keine Laufachse mehr hatten. Zwischen zwei 1'D-Loks gespannt, entstand eine Dreifachlokomotive mit der Achsfolge 1'D + D + D 1', welche zur Baureihe Dm 3 wurde. Nach ersten Versuchen mit drei Exemplaren wurde diese Kombination auf die gesamte Baureihe ausgedehnt und bildete einen einheitlichen Maschinenpark von 19 Exemplaren. Die so entwickelte Leistung erreichte 7200 kW, was ohne Zweifel einen europäischen Rekord darstellt. Doch eine derartige Kraft verursachte ernsthafte Probleme mit der Haltbarkeit der Kupplungen. Aus diesem Grund versuchte man es mit automatischen Kupplungen russischer Bauart. Diese außergewöhnlichen Lokomotiven verkehren auch heute noch im skandinavischen Schienennetz, vor allem auf der so genannten Polarkreisbahn, die das Bergbaugebiet von Kiruna mit der Hafenstadt Narvik verbindet.

Visitenkarte

Herkunft
Schweden

Baujahr
1960

Typ
Güterzuglokomotive

Antrieb
elektrisch, Einphasenstrom

gebaute Exemplare
19 x 3

hergestellte Versionen
1

Auf dem Bild unten eine imposante Dm 3.

VL-80 SDZ

Visitenkarte

Herkunft
Russland

Baujahr
1963

Typ
Personen- und Güterzuglokomotive

Antrieb
elektrisch, Einphasenstrom

gebaute Exemplare
4000

hergestellte Versionen
3

Oben: Eine VL-80 an der Spitze eines Personenzuges.

Lenin hatte eine hohe Meinung von der Eisenbahn und hielt viel von der Elektrifizierung des Schienennetzes der Sowjetunion. Deshalb wurde diese ab 1963 gebaute Lokomotive mit seinen Initialen, VL, versehen. Die lange VL-80 mit der Achsfolge BoBo + BoBo durchquert die Steppe und hat viel dazu beigetragen, der russischen Wirtschaft zum Aufschwung zu verhelfen.

EIGENSCHAFTEN Achsfolge: BoBo + BoBo. **Spurweite:** 1435 mm. **Länge:** 35.840 mm. **Höchstgeschwindigkeit:** 110 km/h. **Gewicht:** 184 t. **Stromsystem:** Einphasenstrom 25.000 V/50 Hz. **Motoren:** 8 x 590 kW.

GESCHICHTE Die Ursprünge dieser Familie von Loks stammen aus dem Jahre 1953, als eine Serie von robusten und schweren permanent verbundenen Paaren vom Typ BoBo entstand, wobei jedes Element mit einem Führerhaus versehen war. Diese Baureihe hieß VL-8, wog etwa 184 t und fuhr in einem Netz mit 3000 V-Gleichstrom, dem System, welches zuerst in der Sowjetunion verwendet wurde. Später wurde die Elektrifizierung mit 25.000V/50 Hz-Einphasenstrom weitergeführt. Statt neue Lokomotiven zu bauen, fuhr man in der UdSSR mit dem Bau der VL-Loks fort und passte sie mit einfachen Gleichrichtern an Bord an den Einphasenstrom an. Jene Maschinen, die nach 1963 weitergebaut wurden, taufte man daher in VL-80 um.

TECHNIK Mit Quecksilber-Gleichrichtern, später mit Silikon-Gleichrichtern ausgestattet (Baureihe VL-80T), unterliefen die VL-80-Loks im Lauf der Jahre einige Veränderungen. Zuerst war eine rheostatische Bremse eingebaut (Baureihe VL-80K), dann Thyristoren mit Bremsenergierückgewinnung (Baureihe VL-80R). Es existierte auch eine Zweistrombaureihe (VL-82). Darüber hinaus unternahm man noch Tests mit Asynchronmotoren (Baureihe VL-80A). Die VL-80 sind jedenfalls sehr leistungsstarke Maschinen. Sie können tatsächlich Gesamtleistungen von 4720 kW erbringen. Dafür sorgen die acht 590-kW-Motoren und die klassische Konzeption mit vorderer Federung und Zahnradgetriebe. Die VL-80 sind auch heute noch in Betrieb. Sie verkehren auf den elektrifizierten Strecken in den Ländern der Ex-Sowjetunion und man sieht sie meist an der Spitze schwerer Güterzüge, bisweilen ziehen sie auch Personenzüge.

BB 17000 SNCF

Visitenkarte

Herkunft
Frankreich

Baujahr
1965

Typ
Personen- und Güterzuglokomotive

Antrieb
elektrisch, Einphasenstrom

gebaute Exemplare
294

hergestellte Versionen
2

Oben: Eine BB 17000.

Mit Aufnahme der Umstellung aus Elektrotraktion in den 60er-Jahren brauchten die SNCF eine leichte Universallokomotive, die Güterzüge, Personenzüge, Vorortezüge und auch solche, die sich zu dieser Zeit noch »Express« nannten, ziehen konnte. Das war die Aufgabe der BB 8500 + 17000 = 25500.

EIGENSCHAFTEN Achsfolge: BB. **Spurweite:** 1435 mm. **Länge:** 14.400 mm. **Höchstgeschwindigkeit:** 90/140 km/h. **Gewicht:** 74 t. **Stromsystem:** Einphasenstrom 25.000 V. **Motoren:** 2.

GESCHICHTE Das Nebeneinander von Einphasenstrom mit 25.000 V und Gleichstrom mit 1500 V warf auf den Strecken der SNCF das Problem der »elektrischen Grenze« zwischen den beiden Systemen auf. Die SNCF kam nicht umhin, Lokomotiven, die diese Grenze überwinden konnten, zu bauen, das heißt Loks, die mit beiden Stromarten zu betreiben waren. Ein auf einer BB 16500 basierender Prototyp führte zur Konstruktion einer Dreierserie von Lokomotiven, der BB 8500, 17000 und 25500 – Universalloks, die sich für alle Aufgaben eigneten. Die 8500 blieb auf das alte System mit 1500-V-Gleichstrom beschränkt. Die hier beschriebene 17000 verkehrte im neuen System mit 25.000-V-Einphasenstrom. Die 25500 war die einzige Zweistromlok der Familie. Aber nicht zu verwechseln, war die 25500 die Vorläuferin der beiden anderen. Die 8500 und die 17000 waren bloß für ein System geeignete Versionen. Es handelt sich um eine sehr große Familie, zu der über 500 Lokomotiven zählen, aber nur 106 Exemplare vom Typ BB 17000.

TECHNIK Wie auch die anderen zu dieser Familie gehörenden Maschinen, war die BB 17000 mit zwei Übersetzungsverhältnissen ausgestattet, was es ihr ermöglichte, zwei Aufgaben zu erfüllen: die Beförderung von Güterzügen mit einer Höchstgeschwindigkeit von 90 km/h und die von Personenzügen mit von 140 km/h. Ihre höchste Dauerleistung betrug 2940 kW bei 140 km/h. Diese Leistung war mehr als ausreichend und eignete sich auch hervorragend für den Personenverkehr auf den Hauptbahnen des Landes. Trotzdem findet man diese Lokomotive sehr oft an der Spitze von Vorortezügen, vor allem in den nördlichen und östlichen Gebieten Frankreichs sowie auf den wenigen elektrifizierten Strecken des Westens.

BB 25100 SNCF

Visitenkarte

Herkunft
Frankreich

Baujahr
1965

Typ
Personen- und Güterzuglokomotive

Antrieb
elektrisch, Zweistromsystem

gebaute Exemplare
95

hergestellte Versionen
1

Oben: Eine BB 25100-Zweistromlokomotive. Auf der gegenüberliegenden Seite: Eine RC der schwedischen Eisenbahn.

Als erste wirkliche Zweistromlokomotive mit großer Kraft stellte die BB 25100 die Lösung des Problems der zwei nebeneinander existierenden Elektrifizierungssysteme auf den französischen Linien dar, mit dem bis dahin schwer umzugehen war.

EIGENSCHAFTEN Achsfolge: BoBo. **Spurweite:** 1435 mm. **Länge:** 16.200 mm. **Höchstgeschwindigkeit:** 130 km/h. **Gewicht:** 89 t. **Stromsystem:** Gleichstrom 1500 V, Einphasenstrom 25.000 V/50 Hz. **Motoren:** 4. **Dauerleistung:** 4130 kW.

GESCHICHTE Während die Strecke Paris-Le Mans 1937 mit dem alten 1500 V-Gleichstrom-System elektrifiziert wurde, verwendete man beim Ausbau des Netzes in Richtung Bretagne das neue System mit 25.000V/50 Hz. Es gab so viele Bahnhöfe an der Grenze zwischen diesen beiden Systemen, dass Le Mans in einen riesigen Eisenbahnknoten verwandelt werden musste, um die Lokomotiven zu wechseln. Das Rangieren der Maschinen, die verschiedene Systeme benutzten, führte zu problematischen Zeitverlusten. Ideal wäre eine Lok gewesen, die mit beiden Spannungen betrieben werden konnte. Ab 1955 in Savoia durchgeführte Versuche hatten gezeigt, dass es möglich war, Lokomotiven (sie wurden die »kleinen Zweistromloks« genannt) in Bewegung zu setzen, die andere Spannungen zuließen, allerdings weniger Leistung brachten. 1961 (im Zuge der Elektrifizierung der Strecke Dijon-Neufchâteau) bewiesen mit einer entgleisten, reparierten und zu einer Zweistrom-BB 20005 umgebauten BB 16000 durchgeführte Versuche, dass man eine Mehrsystemlösung »bei gleichbleibender Leistung« finden konnte. Nun war auch klar, dass man bei höherer Geschwindigkeit mit einem einfachen Ruck durch eine kurze Unterbrechung der Spannung von einem System zum anderen wechseln konnte. So entstanden die »großen Zweistromloks«, die in der Lage waren, in beiden Systemen beinahe die gleiche Leistung zu entwickeln.

TECHNIK Ausgehend von einer beschädigten und dann umgebauten BB 16028, von der sie die Form beibehielt, entstand die Baureihe BB 25100. Es handelte sich um eine Lokomotive, die mit Ignitron-Gleichrichtern ausgestattet war. Diese erlaubten eine zufrieden stellende Verwendung sowohl des Einphasenstroms (allerdings gleichgerichtet) als auch des Gleichstroms für die vier mit Gleichstrom betriebenen Motoren. Die Leistung lag mit Gleichstrom bei rund 3400 kW und mit Wechselstrom bei 4130 kW. Das verlieh ihr Kraft genug, 1000 t schwere Züge mit 130 km/h zu ziehen. Diese Lok und ihre Schwester, die BB 25200, wurden nicht nur in Le Mans, sondern auch auf anderen Strecken eingesetzt. So vor allem auf der Linie Marseille-Toulon, wo die Elektrifizierung der Côte d'Azur mit Einphasenstrom die gleichen Probleme hervorrief. Heute sind noch 52 Einheiten in Dienst.

RC SJ

Schweden kann auf eine lange Tradition im Bereich der elektrisch betriebenen Eisenbahn zurückblicken. Die RC sind das Aushängeschild dieser industriellen und kommerziellen Kraft.

EIGENSCHAFTEN Achsfolge: BoBo. **Spurweite:** 1435 mm. **Länge:** 15.520 mm. **Höchstgeschwindigkeit:** 135 km/h. **Gewicht:** 78 t. **Stromsystem:** Einphasenstrom 15.000 V/16 2/3 Hz. **Motoren:** 4 x 900 kW. *(Angaben beziehen sich auf das Modell RC-4)*

GESCHICHTE In für die dynamische Industrie und Wirtschaft des Landes beispielhafter Weise engagierte sich die schwedische Firma ASEA in den 60er-Jahren auf dem Gebiet der Elektrotraktion für den technischen Fortschritt. So wurde beispielsweise mit Hilfe von französischen Ingenieuren und Louis Armand die Entwicklung der 50 Hz-Technik vorangetrieben. Die ersten Serienfahrzeuge, die von neuen Technologien wie Thyristoren und elektronischen Schaltungen profitierten, waren die 1967 hergestellten 20 E-Loks vom Typ RC-1.

TECHNIK In den RC-Lokomotiven kamen Thyristoren zur Lösung des alten Problems der Umwandlung von Wechselstrom für die Motoren zur Anwendung. Wechselstrombetrieb hat zahlreiche Vorteile gegenüber Gleichstrom: bessere Übertragung, einfachere Anlagen. Auf der anderen Seite eignen sich die herkömmlichen Wechselstrommotoren mit Kollektoren nicht für häufiges Anfahren, wie es im Eisenbahnbetrieb aber wesentlich ist. Die Umwandlung durch Kollektoren machte beim Anfahren und während langer Fahrten mit niederen Geschwindigkeiten Schwierigkeiten. Dank der Entwicklung der Elektronik in den 60er-Jahren fand man die Lösung. Der Strom wurde nicht mehr direkt in den Motor geleitet, sondern über Halbleiterelektronik. Schweden war eines der ersten Länder, wo diese innovative Technik verwendet wurde. In die RC-1-Loks wurde ein komplettes System eingebaut, das 12 Schaltstufen beinhaltete, die drei Brückengleichrichter mit fünf parallelgeschalteten 1300 V/285 A-Thyristoren und sieben ebenfalls parallelgeschalteten 1300 V/300 A-Dioden versorgten. Die RC-4 aus dem Jahre 1975 war die Lokomotive, die mehr als jede andere hohe Leistungen erzielen konnte: 3400 W bei nur 78 t und einer Höchstgeschwindigkeit von 135 km/h. Von ihr wurden 76 Stück produziert, ihr Antriebssystem war bereits sehr vereinfacht und bestand aus nur noch zwei Brückenschaltungen in Serie pro Motor. Die 1982 entstandene RC-5 verfügt im Großen und Ganzen über die gleichen Anlagen, die aber noch weiter verbessert wurden und noch höhere Leistungen erbringen.

Visitenkarte

Herkunft
Schweden

Baujahr
1967

Typ
Personen- und Güterzuglokomotive

Antrieb
elektrisch, Einphasenstrom

gebaute Exemplare
270

hergestellte Versionen
5

CC 6500 SNCF

Visitenkarte

Herkunft
Frankreich

Baujahr
1969

Typ
Personen- und Güterzuglokomotive

Antrieb
elektrisch, Gleichstrom

gebaute Exemplare
78

hergestellte Versionen
2

Optisch gelungen, war die VV 6500 Ende der 60er-Jahre eine der schönsten französischen Elektrolokomotiven und sie markierte einen großen Fortschritt in puncto Geschwindigkeit und Leistung.

EIGENSCHAFTEN Achsfolge: CC. **Spurweite:** 1435 mm. **Länge:** 20.190 mm. **Höchstgeschwindigkeit:** 220 km/h. **Gewicht:** 118 t. **Stromsystem:** Gleichstrom 1500 V. **Motoren:** 2. **Dauerleistung:** 5900 kW.

GESCHICHTE Ende der 60er-Jahre wurde es für die SNCF extrem bedeutend, das Feld der Geschwindigkeit zurückzugewinnen, weil hier das Flugzeug eine immer gewichtiger werdende Monopolostellung aufzubauen begann. Darum schuf man eine Basis für ein Programm, das Schnellzüge mit 200 km/h vorsah. Unter diesen Voraussetzungen entwarf man die CC 6500 (Gleichstrom), die CC 14500 (Einphasenstrom) und die CC 21000 (Zweistromsystem). Die Familie der Lokomotiven dieses Typs (6500 + 14500 = 21000) gehörte daher zusammen. In Wirklichkeit ging allerdings nur die CC 6500 in Serie, sieht man von vier Exemplaren der CC 21000 ab. Schnelle CC-Loks für das Einphasenstrom-Netz wurden gar keine gebaut.

TECHNIK Diese beeindruckenden Lokomotiven wurden an der Spitze von Zügen wie dem *Le Capitole* (Paris-Toulouse) und dem *L'Étendard* (Paris-Bordeaux) bekannt, die auf Abschnitten ihrer Strecken mit 200 km/h fuhren. Zu der Zeit waren die Japaner Meister der schnellen Eisenbahnen. Ihr täglich verkehrender Shinkansen fuhr auf einer speziell eingerichteten Bahn 210 km/h, während die französischen CC-Loks normale Strecken mit herkömmlichen Zügen befuhren. Da sie mit zwei Übersetzungsverhältnissen ausgestattet war, konnte die CC auch Güterzüge mit der entsprechend niedrigeren Übersetzung ziehen. Bei solchen Gelegenheiten sah man sie – ausgestattet mit einem Abnehmer für die dritte, stromführende Schiene – in der Tallandschaft von Maurienne langsame Güterzüge mit 50 bis 60 km/h oder weniger über Steigungen von 18‰ ziehen.

Baureihe E-103 DB

Diese deutsche E-Lok gehört aus technischer und ästhetischer Sicht zu den am besten gelungenen ihrer Zeit.

EIGENSCHAFTEN Achsfolge: CoCo. **Spurweite:** 1435 mm. **Länge:** 19.500 mm. **Höchstgeschwindigkeit:** 200 km/h. **Gewicht:** 114 t. **Stromsystem:** Einphasenstrom 15.000 V/16 2/3 Hz. **Motoren:** 6 x 1180 kW.

GESCHICHTE 1965 lieferte die Firma Siemens Schukert & Henschel eine Reihe von vier Lokomotiv-Prototypen vom Typ CC. Diese Loks wurden vor jene Züge gespannt, die für die in München stattfindende Internationale Transportausstellung eingesetzt wurden. Zwischen Augsburg und der bayerischen Hauptstadt erreichten sie 200 km/h. Der Erfolg war derart durchschlagend, dass die DB zusätzlich 145 Exemplare bestellte, die dann zusammen mit den vier Prototypen die große Baureihe E-103 bildeten. Um eine exzessive Beanspruchung der Strecken zu vermeiden – schließlich konnten diese Lokomotiven herkömmliche Gleise mit 200 km/h befahren –, beschloss man Ende der 60er-Jahre die Geschwindigkeit auf 160 km/h zu begrenzen. 1977 fanden sich endlich passende Bedingungen für die Beschleunigung der E-103 und sie konnte auf einer Intercity-Strecke mit geeigneten Voraussetzungen wieder in ihrer gewohnten Geschwindigkeit verkehren. Auf dieser Strecke wurden auch Versuche mit 250 km/h unternommen, dafür verwendete man die eigens für diesen Zweck konzipierte E-103.118. Die E-103 verkehrt auch heute noch im deutschen Schienennetz, doch haben sie als IC (Intercity)-Lok nach Einführung der schnellen ICE (Inter City Express) an Bedeutung verloren.

TECHNIK Was die E-103 zu einer herausragenden Lokomotive machte, waren die Kombination von Geschwindigkeit und Leistung. 1985 erreichte die E-103.003 zwischen Gütersloh und Neubeckum 283 km/h und stellte somit einen neuen Rekord auf. Schon in jenen Jahren war die Leistung der Gruppe auf 7440 kW bei 181 km/h erhöht worden, womit die E-103 nicht nur die schnellste, sondern auch die stärkste Lok der DB war. Die 103.118 erreichte auf einer Teststrecke eine Leistung von bis zu 10.400 kW bei einer Höchstgeschwindigkeit von 250 km/h. Damit wurde augenscheinlich, dass die Möglichkeiten dieser Baureihe weit höher waren als angenommen. Das Design dieser Maschine war das Resultat zahlreicher aerodynamischer Tests. Um dem Platzmangel entgegenzutreten, wurden die letzten Einheiten dieser Baureihe jedoch mit einer längeren Kabine versehen.

Visitenkarte

Herkunft
Deutschland

Baujahr
1970

Typ
Personenzuglokomotive

Antrieb
elektrisch, Einphasenstrom

gebaute Exemplare
149

hergestellte Versionen
3

WAM 4 IR

Visitenkarte

Herkunft
Indien

Baujahr
1971

Typ
Personen- und Güterzuglokomotive

Antrieb
elektrisch, Einphasenstrom

gebaute Exemplare
über 300

hergestellte Versionen
3

Mit der Unabhängigkeit Indiens kam auch die technische Selbstständigkeit. Voraussicht und Mut haben dazu beigetragen, dass sich dieses Land beim Bau seines Eisenbahnmaterials der besten Technologie bedient hat. Das war schließlich auch bei der Elektrifizierung mit 50 Hz-Einphasenstrom der Fall.

EIGENSCHAFTEN Achsfolge: CoCo. **Spurweite:** 1676 mm. **Länge:** 18.974 mm. **Höchstgeschwindigkeit:** 120 km/h. **Gewicht:** 114 t. **Stromsystem:** Einphasenstrom 25.000 V/50 Hz. **Motoren:** 6 x 448 kW.

GESCHICHTE Um ihren ausgezeichneten und umfangreichen Fuhrpark an Dampflokomotiven zu ersetzen, entschieden sich die indischen Eisenbahnen für die Elektrotraktion, ohne allerdings die Möglichkeit zu haben, die fortschrittliche europäische Technologie zu importieren. Die europäischen Loks waren zwar leistungsstark, aber auch anspruchsvoll in Betrieb und Wartung. Daher entschied man sich in Indien für einfaches und robustes Material.

TECHNIK Die CoCo WAM 4, die erste 1971 in Indien hergestellte Baureihe, war aus mechanischer Sicht durch Motoren gekennzeichnet, die über einfache Zahnradgetriebe mit den Treibachsen verbunden waren, wie dies bei Straßenbahnen und den ersten, aus der Zeit vor dem Ersten Weltkrieg stammenden Elektrolokomotiven bekannt war. Der Wunsch nach möglichst einfachen Lösungen veranlasste die Planer, dem Beispiel zahlreicher europäischer Eisenbahnen zu folgen. Das heißt, dass sie bewegliche Triebwerke verwendeten, wie sie schon zuvor bei den dieselelektrischen Loks vom Typ CoCo eingesetzt worden waren, da diese, was die Motoren und die Antriebstechnik betrifft, gleich angelegt waren wie E-Loks.

Auf dieser Seite: Aktuell bei den Indian Railways in Dienst stehende WAM 4-Loks.

Re 6/6 SBB-CFF-FFS

Diese BoBoBo ist unter ihresgleichen eine klassische Lokomotive. Sie wurde für Strecken mit starken Steigungen, darunter die Sankt-Gotthard-Bahn, gebaut.

EIGENSCHAFTEN Achsfolge: BoBoBo. **Spurweite:** 1435 mm. **Länge:** 19.310 mm. **Höchstgeschwindigkeit:** 140 km/h. **Gewicht:** 123 t. **Stromsystem:** Einphasenstrom 15.000 V/16 2/3 Hz. **Motoren:** 6 x 1300 kW.

GESCHICHTE Die meisten Eisenbahnen, die sich sechsachsiger Lokomotiven bedienten, entschieden sich für die Achsfolge CoCo, mit zwei Triebwerken zu je drei Achsen. Diese Triebwerke waren jedoch lang, wenig stabil in Kurven und beanspruchten die Schienen. Auf gewundenen Bergstrecken (wie in der Schweiz und in Italien) brachte die Verteilung der sechs Achsen auf drei Triebwerke (Modell BoBoBo) eine bessere Kurvenstabilität und verlieh der Lokomotive eine weichere Fahrweise. Trotzdem fürchteten jene Ingenieure, die das Modell CoCo unterstützten, bei der BoBoBo Schlinger- und Stoßbewegungen, ganz zu schweigen davon, dass ein mittleres Triebwerk mechanisch schwierig zu bewerkstelligen ist, da es in Kurven seitliches Spiel haben muss. Die Re 6/6 bewies in einem direkten Vergleich mit der schweizerischen Ae 6/6 (Modell CoCo), dass der größte Teil dieser Vorbehalte überholt war.

TECHNIK Bei der Elektrifizierung in den 20er-Jahren entschieden sich die Schweiz und Deutschland dafür, Einphasenstrom zu verwenden – vor allem weil er sich über lange Distanzen leicht leiten lässt. Jene Motoren, die den Wechselstrom direkt abnahmen, bereiteten aber Probleme mit der Umwandlung in den Kollektoren, wenn sie einer höheren Zugkraft bei niederen Geschwindigkeiten ausgesetzt wurden. Aus diesem Grund wählten die Schweizer und die Deutschen daher eine spezielle Frequenz (16 2/3 Hz, ein Drittel der Betriebsfrequenz), um das Problem teilweise in den Griff zu bekommen. Jedenfalls blieben auf starken Steigungen einige Schwierigkeiten bestehen. 1972 stellten die schweizerischen Ingenieure jedoch ihr Können im Umgang mit den 16 2/3 Hz unter Beweis, indem sie die Re 6/6 bauten. Sie konnte bei 140 km/h eine Leistung von 7440 kW erbringen oder einen 800 t schweren Zug mit 80 km/h über Steigungen von 26‰ ziehen. Es handelte sich hierbei um die stärkste Lok der Welt, die mit dieser Spannung betrieben wurde. Sie war aber auch eine der effizientesten, weil einer der größten Vorteile des Einphasenstroms in seinem fortschrittlichen Bremssystem besteht. Bei starken Gefällen, wo die Lokomotive bremsen muss, funktionieren die Motoren wie Generatoren und speisen den so gewonnenen Strom zurück in das Oberleitungssystem ein. Außerdem konnte der Zug ohne herkömmliche Bremsen verzögert werden, was bedeutet, dass im Unterschied zu mechanischen Bremsen kein Verschleiß und kein Nachlassen der Bremswirkung auftrat.

Visitenkarte

Herkunft
Schweiz

Baujahr
1972

Typ
Personenzuglokomotive

Antrieb
elektrisch, Einphasenstrom

gebaute Exemplare
52

hergestellte Versionen
1

181.2 DB

Visitenkarte

Herkunft
Deutschland

Baujahr
1974

Typ
Personen- und Güterzuglokomotive

Antrieb
lektrisch, Zweistromsystem

gebaute Exemplare
25

hergestellte Versionen
1

Die Entwicklung der Zusammenarbeit der französischen und deutschen Eisenbahn veranlasste die DB zur Anschaffung von Lokomotiven, die mit beiden Stromsystemen zurechtkamen. Verschiedenste Prototypen führten schließlich zu einer Serie von 25 Maschinen, die zwischen Juli 1974 und April 1975 ausgeliefert wurden.

EIGENSCHAFTEN Achsfolge: BoBo. **Spurweite:** 1435 mm. **Länge:** 17.940 mm. **Höchstgeschwindigkeit:** 160 km/h. **Gewicht:** 83 t. **Stromsystem:** Einphasenstrom 15.000 V/16 2/3 Hz, Einphasenstrom 25.000 V/50 Hz. **Motoren:** 4. **Stundenleistung:** 3200 kW.

GESCHICHTE Die Elektrifizierung der kurzen Strecke zwischen Forbach (Frankreich) und Saarbrücken (Deutschland) brachte das Problem des Vorhandenseins zweier verschiedener Spannungen, über das man sich bis dahin mit Dampf- oder Dieseltraktion hinweggeholfen hatte. Der Wechsel der Loks kostete Zeit. Aus diesem Grund stellte die DB zu Beginn der 60er-Jahre einige Prototypen in Dienst. Zuerst einige E-320 (die spätere Baureihe 182), dann einige E-310 (später 181) und schließlich die E-410, die eine kurze Laufbahn als Baureihe 184 absolvierte. Die Vielzahl und die technischen Unterschiede dieser Maschinen bewegten die DB, eine 25 Stück umfassende Serie von einheitlichen Lokomotiven zu erwerben, die Baureihe 181.2. Diese Maschinen eigneten sich für den Personenverkehr ebenso wie für den Transport schwerer Erzzüge und stellen heute noch ein wichtiges Element im Maschinenpark der Deutschen Bahn dar.

TECHNIK Bei der herkömmlichen Technik mussten für zwei Frequenzen (16 2/3 Hz und 50 Hz) geeignete Lokomotiven mit schweren Transformatoren ausgerüstet werden, die ihre Effizienz und Leistung einschränkten. Die Entwicklung der Elektronik führte bei der DB zu einem ersten Einsatz von Thyristoren in der 181 (1967). 1974 wurde die Verwendung von Thyristoren zur Umwandlung für den Fahrstrom und die zahllosen Hilfsbetriebe integriert. Diese Technik kam in der kleinen, aber wichtigen Baureihe zur Anwendung, die in der Lage war, gleiche Leistungseffizienz mit beiden Frequenzen zu gewährleisten.

E-111 DB

Deutschland ist jenes Land mit der elektrischen Tradition von Einphasenstrom und 16 2/3 Hz-Frequenz. Es gehört zur Avantgarde bei dieser innovativen Technologie und verwendet schon lange Direktmotoren, um die Probleme der Kollektormotoren zu beheben, welche dieses Stromsystem verwenden. Die E-111 gehört zu den wichtigsten Baureihen mit Direktmotoren.

EIGENSCHAFTEN Achsfolge: BoBo. **Spurweite:** 1435 mm. **Länge:** 18.050 mm. **Höchstgeschwindigkeit:** 160 km/h. **Gewicht:** 84 t. **Stromsystem:** Einphasenstrom 15.000 V/16 2/3 Hz. **Motoren:** 4. **Stundenleistung:** 3260 kW.

GESCHICHTE Noch heute sind die Eisenbahnen Europas in vier verschiedene Bahnstromsysteme unterteilt: zwei Gleichstromsysteme (3000 und 1500 V) und zwei Einphasensysteme (15.000 und 25.000 V), was von den unterschiedlichen Zeiten der Ausführung und den ungleichen Bewertungen bei der Auswahl zeugt. Gleichstrom erlaubt die Verwendung von Motoren mit optimaler Leistung beim Anfahren und bei der Höchstgeschwindigkeit. Einphasenstrom lässt dagegen Strecken mit weniger teurer Stromeinspeisung und einfachere Ausrüstung der Lokomotiven zu. Heute hat der Inverter, jenes wunderbare elektronische Instrument, mit der so genannten »Leistungselektronik« die vier Systeme jedoch tatsächlich vereinheitlicht. Dazu waren aber 30 Jahre an Forschung und Versuchen notwendig und Deutschland hatte dabei eine wichtige Rolle inne. Die E-111 darf als erste deutsche Lokomotive des fortgeschrittenen Zeitalters bezeichnet werden.

TECHNIK Die – in der Baureihe E-10 (oder E-110) produzierte – E-111 zeigte mit ihren 220 Exemplaren auf, wie weit der Direktmotor bezüglich Leistung verbessert werden konnte. Natürlich nutzten die Motoren immer noch die herkömmliche elektromechanische Umwandlung, aber ein elektronischer Wechselstromgenerator mit Thyristoren und vielen elektronischen Hilfen unterstützte diesen Prozess. Diese Lokomotive war im Stande, 3620 kW zu entwickeln und mit 160 km/h zu fahren. Sie wurde für das Ziehen von leichten Schnellzügen, vor allem in entfernten Randgebieten und auf stark frequentierten Vorortebahnen, eingesetzt.

Visitenkarte

Herkunft
Deutschland

Baujahr
1974

Typ
Personenzuglokomotive

Antrieb
elektrisch, Einphasenstrom

gebaute Exemplare
220

hergestellte Versionen
1

E 656 FS

Visitenkarte

Herkunft
Italien

Baujahr
1975

Typ
Personen- und Güterzuglokomotive

Antrieb
elektrisch, Gleichstrom

gebaute Exemplare
458

hergestellte Versionen
2

Oben: Eine E 656 am Bahnhof Domodossola.

Die Lokomotive vom Typ BoBoBo mit drei zweiachsigen Triebwerken ist praktisch eine ausschließlich italienische. Diese Anordnung haben später auch andere Länder wie Japan und Neuseeland verwendet. Die E 656 ist die letzte Vertreterin dieser traditionsreichen italienischen Familie.

EIGENSCHAFTEN Achsfolge: BoBoBo. **Spurweite:** 1435 mm. **Länge:** 18.290 mm. **Höchstgeschwindigkeit:** 150 km/h. **Gewicht:** 120 t. **Stromsystem:** Gleichstrom 3000 V. **Motoren:** 12 x 400 kW.

GESCHICHTE Die erste Baureihe von E-Loks mit 1400 kW mit sechs Treibachsen und drei Triebwerken wurde kurz nach Ausbruch des Ersten Weltkriegs für Eisenbahnlinien mit engen Kurven getestet. Dies war also der eigentliche Ursprung des Wechsels zur Elektrolokomotive mit sechs Treibachsen, die für Strecken mit vielen Kurven und kleinen Radien zu »starre« Formel CC wurde vermieden. Zwischen 1940 und 1962 bauten italienische Ingenieure eine Reihe von 460 Lokomotiven vom Typ BoBoBo. Dies war die Baureihe 636. Mit ihren 1890 kW und einer Geschwindigkeit von 120 km/h konnte sie auf allen italienischen Strecken eingesetzt werden und eine Vielfalt von Aufgaben übernehmen. 1958 erschien die E 645. Diese 295 Lokomotiven waren mit einer Zugkraft von 3780 kW bei 120 km/h viel stärker. Später kam die E 646, die ab 1961 gebaut wurde und bei nahezu gleichbleibender Zugkraft 140 km/h schnell fahren konnte. Schließlich kam 1975 die E 656, die durch beachtlich höhere Leistung gekennzeichnet ist. Ihre Laufbahn dauert heute noch an. Man kann sie an der Spitze von Schnellzügen auf den wichtigsten Abschnitten aller Hauptstrecken der italienischen Eisenbahn sehen.

TECHNIK Die E 656 bildet die letzte Gruppe von E-Loks mit elektromechanischer Ausstattung. Die 12 Motoren in der Version mit gesteigerter Leistung, wie sie schon in der 645-646 montiert waren, sind immer noch »Zwillinge«, sprich zwei Anker befinden sich in einem Gehäuse. Wie die 645-646 verfügt die 656 über vier Fahrstufenkombinationen, die sich durch verschiedene Motorenschaltungen ergeben. Darüber hinaus gibt es aber wie bei der E 444 eine Anfahrautomatik, die auch drei Zwischen-Nullstellungen vorsieht. Auf diese Weise ist es möglich, die Lokomotive während der Fahrt abzuschalten, ohne die Motoren in ihre vorherigen Kombinationen zurückzuschalten.

Baureihe 20 SNCB

Es handelt sich hier um eine belgische Lokomotive von großer Klasse, optisch sehr gelungen und auch sehr stark. Diese Universallokomotiven liefen ab 1975 an der Spitze von Schnellzügen und schweren Güterzügen über das Schienennetz des SNCB.

EIGENSCHAFTEN Achsfolge: CoCo. **Spurweite:** 1435 mm. **Länge:** 19.500 mm. **Höchstgeschwindigkeit:** 160 km/h. **Gewicht:** 110 t. **Stromsystem:** Gleichstrom 3000 V. **Motoren:** 6. **Stundenleistung:** 5150 kW.

GESCHICHTE Von diesen Lokomotiven wurden 25 Stück gebaut. Ein Teil wurde 1975, der zweite 1976 produziert. Der Lokkasten und die mechanischen Teile lieferte La Brugeoise et Nivelles, während die elektrischen Einrichtungen und die Oberleitung von den Ateliers de Costruction Électrique in Charleroi erzeugt wurden. Die Aufgabe dieser Maschine ist eine bedeutende, vor allem weil sie schwere Güterzüge für die heimische Wirtschaft transportiert. Ihr Standort ist das Betriebswerk in Ronet.

TECHNIK Weil sie über eine beträchtliche Anfahrts-Zugkraft verfügen, können sie die schwersten Güterzüge des Hafens von Antwerpen ruhig in Bewegung setzen. Das Achsgewicht von 18,34 t erlaubt ihnen, im gesamten belgischen Netz zu verkehren und sie kommen auch spielend mit Kurven von nur 100 m Radius zurecht. Auf den Hauptbahnen von Luxemburg erreichen sie an der Spitze von Schnellzügen leicht 160 km/h. Die Baureihe 20 besteht aus Einstrommaschinen, die ausschließlich den 3000 V-Gleichstrom des nationalen Stromnetzes verwenden. Die CoCo 20 war die erste belgische Lok mit Zweiweggleichrichtern, die unabhängig von den Erregermaschinen arbeitete. Jeder Gleichrichter besteht aus acht Thyristoren Th1 (500 A und 1400 V), die mit einer Rücklaufdiode verbunden sind. So kann Bremsenergie zurückgewonnen und sofort vom Antrieb zur Bremsung gewechselt werden, was hohe Elastizität und eine erwähnenswerte Wirtschaftlichkeit gewährleistet.

Visitenkarte

Herkunft
Belgien

Baujahr
1975

Typ
Personen- und Güterzuglokomotive

Antrieb
elektrisch, Gleichstrom

gebaute Exemplare
25

hergestellte Versionen
1

BB 22200 SNCF

Visitenkarte

Herkunft
Frankreich

Baujahr
1976

Typ
Personen- und Güterzuglokomotive

Antrieb
elektrisch, Zweistromsystem

gebaute Exemplare
205

hergestellte Versionen
2

Zweisystemlokomotiven wie die BB 22200 erlauben es, Strecken zu befahren, in deren Oberleitungssystem zum Teil Einphasenstrom, zum Teil Gleichstrom eingespeist wird – wie dies bei den SNCF der Fall ist.

EIGENSCHAFTEN Achsfolge: BB. **Spurweite:** 1435 mm. **Länge:** 17.480 mm. **Höchstgeschwindigkeit:** 160 km/h. **Gewicht:** 90 t. **Stromsystem:** Gleichstrom 1500 V, Einphasenstrom 25.000V/50 Hz. **Motoren:** 2. **Dauerleistung:** 4360 kW.

GESCHICHTE Die Familie der BB 7200 + 15000 = 22200 ist bezeichnend für die französischen Elektrolokomotiven der 70er-Jahre. In dieser Zeit entstanden nämlich drei Baureihen von leichten, starken und schnellen Loks. Doch war vor allem die BB 22200, die mit ihrem Konzept als Zweistromlokomotive eine dauerhafte Lösung für das – auf den französischen Strecken bestehende – Problem der vorhandenen zwei Stromsysteme lieferte.

TECHNIK Der Einsatz von elektronischen Komponenten im Fahrstromkreis von Einphasenstrom-Lokomotiven dient der Umwandlung der Spannung, damit sie auch von Gleichstrommotoren benutzt werden kann (so zum Beispiel bei der BB 15000). Thyristoren verwendet man aber auch in Gleichstromlokomotiven zur Steuerung der Motoren, vor allem zum so genannten »Zerhacken« von Gleichstrom, was die Motorleistung erhöht (das ist bei der BB 7200 der Fall). Die BB 15000, die »Erstgeborene« dieser Familie, eignet sich für Einphasenstrom und ist trotzdem der BB 7200, der »zweitgeborenen« Gleichstromlok, recht ähnlich, die Thyristoren zur Spannungsregelung benutzt. Für die Zweisystemlokomotive BB 22200 genügt es dann, eine zusätzliche Gleichrichterzelle hinzuzufügen, die beide Stromarten umwandeln kann. Diese Lokfamilie mit zwei einmotorigen Triebwerken entwickelt in der Zweisystemausführung 4360 kW im Gleichstromnetz und 3960 kW im Wechselstromnetz bei 160 bzw. 200 km/h.

E 632-633 FS

Visitenkarte

Herkunft
Italien

Baujahr
1981

Typ
Personen- und Güterzuglokomotive

Antrieb
elektrisch, Gleichstrom

gebaute Exemplare
209

hergestellte Versionen
3

Diese Lokomotive weist die technische Besonderheit auf, ein Typ BBB zu sein. Das heißt, sie hat drei zweiachsige Triebwerke. Diese Formel ist in Italien weit verbreitet und sie ist taucht schon in viel früheren Versionen auf. Doch sie besitzt noch andere, absolut eigene Eigenschaften, die sie dem Einfallsreichtum der »italienischen Schule« verdankt.

EIGENSCHAFTEN Achsfolge: BBB. **Spurweite:** 1435 mm. **Länge:** 17.800 mm. **Höchstgeschwindigkeit:** 160 km/h. **Gewicht:** 103 t. **Stromsystem:** Gleichstrom 3000 V. **Motoren:** 3 x 1635 kW.

GESCHICHTE Diese Maschine ist in zwei verwandte Baureihen unterteilt, die E 632 *(rechts)* und die E 633 *(oben)*. Sie sind aus 1976 durchgeführten Versuchen hervorgegangen, Gleichstrombetrieb auf Thyristoren-Basis zu installieren.

TECHNIK Mit 3000 V-Gleichstrom können die E 362-363 4200 kW entwickeln, was beim Transport von schweren Zügen akzeptable Geschwindigkeiten (160 km/h) erlaubt, auch auf kurvenreichen Strecken. Diese mit drei Triebwerken versehene Lokomotive eignet sich für alle Aufgabenbereiche. Sie eignen sich besonders für schwere Personenzüge, Regionalzüge und schnelle Güterzüge. Die sehr klare, kantige Linienführung verleiht der Maschine ein funktionelles und modernes Aussehen, das sich auch in ihren ausgezeichneten Leistungen widerspiegelt.

Baureihe EA DSB

Visitenkarte

Herkunft
Dänemark

Baujahr
1984

Typ
Personen- und Güterzuglokomotive

Antrieb
elektrisch, Einphasenstrom

gebaute Exemplare
22

hergestellte Versionen
1

Oben: Eine EA 3014 auf dem Bahnhof von Roskilde (Dänemark).

Obwohl sie vom Aussehen her an viele andere moderne Lokomotiven erinnert, die auf europäischen Schienennetzen verkehren, ist die EA der dänischen Eisenbahn eine besonders fortschrittliche Maschine, was Leistung und elektrische Ausrüstung anbelangt.

EIGENSCHAFTEN Achsfolge: BBB. **Spurweite:** 1435 mm. **Länge:** 19.380 mm. **Höchstgeschwindigkeit:** 175 km/h. **Gewicht:** 80 t. **Stromsystem:** Einphasenstrom 25.000 V/50 Hz. **Motoren:** 2. **Dauerleistung:** 4000 kW.

GESCHICHTE Mitte der 80er-Jahre besaß Dänemark eigentlich kaum elektrifizierte Strecken, sieht man von ein paar hundert Kilometer mit 1500 V-Gleichstrom rund um Kopenhagen ab. Mit dem fortschreitenden Verschwinden der Dampfkraft, vor allem nach dem Zweiten Weltkrieg, bediente sich Dänemark der Dieseltraktion. Darüber hinaus verzögerte auch der günstige Ankauf von Dampflokomotiven aus dem Ausland ein wenig die Elektrifizierung. Gegen Ende der 80er-Jahre zwangen die hohen Ölpreise das Land, sich mit einer teilweisen Elektrifizierung seines Eisenbahnnetzes auseinander zu setzen.

TECHNIK Dänemark entschied sich für die Anwendung von Einphasenstrom mit Betriebsfrequenzen, wie sie schon von anderen europäischen Ländern wie Frankreich, Großbritannien und Portugal benutzt wurden. Bei der Auswahl des Lokomotivenmaterials orientierte man sich aber an der leichten und starken BB mit Asynchronmotor. Die ersten beiden Loks der späteren Baureihe EA, die 3001 und die 3002, bestellte man bei der deutschen Firma Henschel. Später, zwischen 1984 und 1986, vervollständigte der dänische Hersteller Scandia die Baureihe mit den Lokomotiven Nr. 3003 bis 3022. Mit ihren gerade einmal 80 t und einer Leistung von 4000 kW gehören diese Maschinen zu den ausgeklügeltsten Lokomotiven Europas. Die Höchstgeschwindigkeit von 175 km/h konnte allerdings zuerst nicht ausgenutzt werden, da die Elektrifizierung und die Anpassung der Strecken an Höchstgeschwindigkeiten noch im Gange waren.

BB 26000 Sybic SNCF

Die letzte BB-Baureihe der SNCF trägt den Beinamen »Sybic« – eine Zusammensetzung aus den Wörtern »synchrone« (synchron), was sich auf die Art der Motoren bezieht, und »bitension« (Zweistrom), in Hinsicht auf das Stromsystem. Diese Maschine verkörpert die Rolle einer Universallokomotive unübertrefflich. Sie ist im Stande alle Aufgaben zu erfüllen: an der Spitze von schwersten Güter- bis zu Schnellzügen.

EIGENSCHAFTEN Achsfolge: BB. **Spurweite:** 1435 mm. **Länge:** 17.700 mm. **Höchstgeschwindigkeit:** 200 km/h. **Gewicht:** 90 t. **Stromsystem:** Gleichstrom 1500 V, Einphasenstrom 25.000 V/50 Hz. **Motoren:** 2. **Dauerleistung:** 5600 kW.

GESCHICHTE Obwohl er seit den Anfängen des Elektroantriebs bekannt war, wurde der Synchronmotor auf dem Gebiet der Eisenbahntechnik nie erfolgreich eingesetzt. Weil er ohne Kollektor auskommt und somit ein Verschleißteil wegfällt, erweist er sich als besonders geeignet für lange Eisenbahnfahrten und ist ein ausgezeichneter Motor. Dank der Elektronik, die ausgehend von den Signalen, die sie vom Läufer empfängt, den Motor steuert, fand sich doch noch eine Anwendungsmöglichkeit. Nachdem er in einigen Lokomotiven und dann im TGV Paris Sud-Est Nr. 88 getestet wurde, feierte die Synchronmaschine schließlich mit der BB 26000 und dem TGV Atlantique seinen Triumph.

TECHNIK Diese Lokomotive kann wegen ihres Motors und der elektronischen Motorsteuerung sämtliche Funktionen von 0 bis 200 km/h erfüllen. Egal welche Stromart verwendet wird, 1500 V-Gleichstrom oder 25.000 V-Einphasenstrom, entwickelt sie die gleiche Leistung: 5600 kW (das entspricht 7500 PS). Sie ist daher eine wirkliche Zweistromlokomotive. Darüber hinaus erlaubt ihr geringes Gewicht das Befahren aller Strecken. Folglich handelt es sich hier um die erste wirkliche »Universallokomotive«.

Visitenkarte

Herkunft
Frankreich

Baujahr
1988

Typ
Personen- und Güterzuglokomotive

Antrieb
elektrisch, Zweistromsystem

gebaute Exemplare
234

hergestellte Versionen
1

Die Universallokomotive der französischen Eisenbahn, die BB 26000.

E 402 A-B FS

Visitenkarte

Herkunft
Italien

Baujahr
1988

Typ
Personen- (E 402 A) und Güterzuglokomotive (E 402 B)

Antrieb
elektrisch, Gleichstrom (E 402 A), Zweistromsystem (402 B)

gebaute Exemplare
110

hergestellte Versionen
2

Die E 402 A der FS ist eine innovative Maschine, zum einen wegen der Form, die sich vom rechteckigen Design der 80er-Jahre abhebt, zum anderen wegen der eingebauten Technik, die an ausländische Innovationen ebenso angepasst ist wie an die Bedürfnisse des italienischen Netzes. Noch moderner und technologisch fortgeschrittener ist die von Pininfarina entworfene E 402 B.

EIGENSCHAFTEN Achsfolge: Bo'Bo'. **Spurweite:** 1435 mm. **Länge:** 18.860 mm. **Höchstgeschwindigkeit:** 220 km/h. **Gewicht:** 86 t. **Stromsystem:** Gleichstrom 3000 V. **Motoren:** 4 x 1500 kW. *(Angaben beziehen sich auf die Baureihe E 402 A)*

GESCHICHTE Die 1985 ausgelieferte erste Lokomotive dieser Baureihe (402.000) wurde »Das Bildnis« genannt. Man kann sie als eine Art Versuchsarbeit zur Nachprüfung des Entwurfs betrachten. 1988 folgten fünf Prototypen (402.001 bis 402.005), mit denen die Bestätigung der Betriebstauglichkeit getestet wurde. Dies war eine lange und ergebnisreiche Arbeit. 1992 erhielt die Konstruktionsfirma den Auftrag über 40 Lokomotiven der ersten Baureihe (E 402.006 bis 402.045), die zwischen 1994 und 1996 in Dienst gestellt wurden. Sie wurden E 402 A (oder »die Roten« nach ihrer Lackierung, *unten)* benannt, um sie von der Baureihe E 402 B (»die Grünen«, *oben*), den Maschinen der zweiten Serie, zu unterscheiden. Diese wurden 1997 geliefert und in Betrieb genommen. Sie trugen die Stammnummern E 402.101 bis 402.180.

TECHNIK Das grundlegend Neue bei der E 402 A lag in den vier Asynchronmaschinen, die mit Drehstrom betrieben wurden. Die Leistungsregelung erfolgt durch einen Chopper-Komplex mit Thyristoren, der die Spannung stabilisiert und ihren Wert auf 4200 V anhebt. Anschließend wird der Gleichstrom durch einen Inverter in Drehstrom für die Motoren umgewandelt. Die mit einem Käfiganker versehenen Motoren bieten viele Vorteile, unter anderem arbeiten sie im schnellen Bereich ebenso gut wie im langsamen mit schwerer Last. Sie können nämlich schon bei sehr geringen Geschwindigkeiten ihre Höchstleistung entwickeln und sie durch alle Fahrstufen bis zu 220 km/h halten. Bei der E 402 B finden wir noch Transformations- und Kühleinrichtungen für den Zweisystembetrieb. Die Triebwerke wurden überarbeitet und leichter gemacht, ohne an Stabilität zu verlieren. Die Ausrüstung umfasst eine Einrichtung, die in der Lage ist, das Stromsystem automatisch zu erkennen, der das gesamte Umwandlungssystem der Stromkreisläufe untergeordnet ist.

E-112 DB

Diese schnelle Lokomotive ist das Sinnbild des wiedervereinigten Deutschland. Sie war nämlich für den Personenverkehr auf den Strecken bestimmt, welche die Bundesländer des ehemaligen Westdeutschland mit denen des früheren Ostdeutschland verbinden. Mit ihren 160 km/h hat sie die alten Loks der DDR abgelöst.

EIGENSCHAFTEN Achsfolge: BoBo. **Spurweite:** 1435 mm. **Länge:** 16.640 mm. **Höchstgeschwindigkeit:** 160 km/h. **Gewicht:** 82 t. **Stromsystem:** Einphasenstrom 15.000 V/16 2/3 Hz. **Motoren:** 4 x 1055 kW.

GESCHICHTE Das goldene Zeitalter der E-112 begann mit der Intensivierung der Schnellzugverbindungen auf den Hauptbahnen des vereinigten Deutschland. Die Deutsche Bahn Aktiengesellschaft, oder DB-AG, hatte kurz davor die beiden Schienennetze unter ihrer Leitung zusammengezogen. Es erwies sich als dringend notwendig, schnelle und effiziente Verbindungen zwischen den beiden alten Netzen einzurichten. Daher wurden 100 Lokomotiven vom Typ E-112 ausschließlich für den Personenverkehr abgestellt. Man kann diese Maschinen zwischen Berlin und den östlichen Landesteilen in Betrieb sehen. Auch auf der Strecke, die Magdeburg mit vielen Städten im Westen verbindet, verkehren sie. Darüber hinaus sind sie auch im Wendezugverkehr in den äußeren Randbezirken Berlins im Einsatz.

TECHNIK Der Plan für diese Lokomotive entstand in der Deutschen Demokratischen Republik. 1982 unternahm die Eisenbahngesellschaft der DDR, die Deutsche Reichsbahn, einige Versuche mit einer Maschine, die mit Gleichrichtern auf Thyristor-Basis ausgestattet war, die BB 212-001. Daraus entstand zum einen die Baureihe 243, die aus starken, aber auf 120 km/h limitierten Universallokomotiven bestand; zum anderen führten diese Experimente zur Baureihe 212, einer sehr starken Maschine mit 4200 kW, die 160 km/h fahren konnte und ab 1990 vom LEW Henningsdorf gebaut wurde. Vor allem die 212 (Stammnummern 112-002 bis 112-040) machten durch ihre ausgezeichneten Leistungen auf sich aufmerksam. Dies wurde durch Verbesserungen an den Hauptbahnen der Ex-DDR möglich, die Geschwindigkeiten jenseits der üblichen 120 km/h erreichen wollte. Auf der Hauptstrecke Berlin-Dresden konnten die 160 km/h spielend gehalten werden, ebenso im Westen zwischen Hannover und Bremen. Diese Leistungen führten zu einer zweiten Bestellung dieser Loks, die dann von der AEG gebaut wurden. Sie dienten hauptsächlich der Verbindung zwischen den beiden Landesteilen.

Visitenkarte

Herkunft
Deutschland

Baujahr
1990

Typ
Personenzuglokomotive

Antrieb
elektrisch, Einphasenstrom

gebaute Exemplare
130

hergestellte Versionen
1

Re 460 SBB-CFF-FFS

Visitenkarte

Herkunft
Schweiz

Baujahr
1991

Typ
Personen- und Güterzuglokomotive

Antrieb
elektrisch, Einphasenstrom

gebaute Exemplare
119

hergestellte Versionen
1

Die jüngste und fortschrittlichste der Schweizer Lokomotiven, die Re 460, ist auch durch ein sehr modernen Design geprägt, das die Handschrift von Pininfarina trägt. In vielerlei Hinsicht überraschend, ist sie Teil des Programms »Rail 2000«.

EIGENSCHAFTEN Achsfolge: BoBo. **Spurweite:** 1435 mm. **Länge:** 18.500 mm. **Höchstgeschwindigkeit:** 230 km/h. **Gewicht:** 84 t. **Stromsystem:** Einphasenstrom 15.000 V/16 2/3 Hz. **Motoren:** 4 x 1525 kW.

GESCHICHTE Das Schienennetz der Schweiz weist ganz besondere Bedürfnisse auf, die in einer eher geringen Ausdehnung und einem schwierigen Anforderungsprofil der Strecken begründet liegen. Weiters eignet es sich nicht für Höchstgeschwindigkeiten, sondern muss auch kleineren Orten ein entsprechendes Service bieten. Das Bedürfnis der Schweiz orientiert sich weniger an vielen möglichst verschiedenen Lokomotiven, sondern eher an Allzweckloks, die einen einheitlichen Fuhrpark bilden und auch in doppelter oder dreifacher Traktion verwendet werden können. Da lange Steigungen von 20‰ und mehr vorhanden sind, die bei der Bergabfahrt von den Lokomotiven an der Spitze schwerer Züge bewältigt werden müssen, bedarf es eines Bremssystems mit Energierückgewinnung, um den Zug ohne Abnützung wie bei herkömmlichen Bremsen zu verzögern. Hierbei handelt es sich um eine planerische Grundvoraussetzung für die Schweizer Ingenieure. Eine Lokomotive vom Typ BoBo, genannt »Lok 2000« und später Re 460, wurde 1987 bei der schweizerischen Industriegruppe ABB/SLM (Winterthur) bestellt.

TECHNIK Der im August 1991 vorgestellte Prototyp wies sehr viele technische Neuheiten auf. Den allgemeinen Aufbau kann man als Gebilde aus zwei unabhängigen »halben« Lokomotiven beschreiben, deren zwei Motoren pro Triebwerk eine unabhängige Gruppe bilden, die mit Drehstrom von veränderlicher Spannung und Frequenz betrieben wird. Dank des Fortschritts der Elektronik, handelt es sich dabei um Asynchronmotoren, die von Thyristoren gesteuert werden, weshalb sie ohne Kollektoren auskommen. Auf der Lokomotive ist die Informatik allgegenwärtig, darum fehlen auch die unzähligen Relais, wie man sie von herkömmlichen Loks kennt. Dafür mussten komplizierte Computer eingebaut werden, deren Steuerprogramme sehr hochentwickelt sind und die zu schreiben und zu installieren sehr aufwändig und langwierig ist. Daher war die Re 460 eine gewisse Zeit lang nur für Güterzüge zugelassen, bevor sie für die Intercity-Personenzüge eingesetzt wurde. Gegenwärtig verkehren die 460 – ausgehend von den Betriebswerken Lausanne und Zürich – auf den Strecken Genf-Simplon, Lötschberg, in den Regionen Delémont, Basel, Coire und Sankt Gotthard.

9000 Eurotunnel

Der Ärmelkanaltunnel wird täglich von Autoreisezügen durchquert, die man *Le Shuttle* getauft hat. Mit ihnen werden Pkw, Lkw und Güter transportiert. Sie werden von Lokomotiven des Typs BoBoBo gezogen, die eigens für diese Aufgabe konstruiert wurden.

EIGENSCHAFTEN Achsfolge: BoBoBo. **Spurweite:** 1435 mm. **Länge:** 22.080 mm. **Höchstgeschwindigkeit:** 160 km/h. **Gewicht:** 136 t. **Stromsystem:** Einphasenstrom 25.000 V/25 Hz. **Motoren:** 6. **Dauerleistung:** 5600 kW.

GESCHICHTE In der Wettbewerbsausschreibung von 1989 wurden sehr spezifische technische Besonderheiten verlangt, weil der Tunnel unter dem Ärmelkanal ein Gefälle bei der Einfahrt und eine Steigung bei der Ausfahrt aufweist. Autozüge über 2100 t über 16 km lange Steigungen von 11‰ zu befördern, übersteigt die Möglichkeiten von herkömmlichen Lokomotiven bei weitem, außer bei doppelter Traktion. Außerdem wusste man aus Versuchen, die man im Simplontunnel gemacht hatte, dass der Luftwiderstand eines Zuges in einem Tunnel größer ist als im Freien, weil die Luft verdichtet wird. Damit die Betriebskosten rentabel bleiben, wählte man daher eine Höchstgeschwindigkeit von 160 km/h. Außerdem gibt es spezielle Sicherheitsnormen. Fällt zum Beispiel eine der beiden Lokomotiven an jedem Ende des Zuges aus, muss die andere in der Lage sein, den Zug allein bis zum 30 km entfernten Ausgang und über die dortige Steigung zu transportieren. Die Wahl fiel auf eine sechsachsige Maschine vom Typ BoBoBo. Begründet wurde dies damit, dass die Lokomotiven 40 Mal am Tag die beiden Umkehrschleifen in den Kopfbahnhöfen beiderseits des Tunnels ohne Schienenverschleiß befahren sollten. Diese Umkehrschleifen haben Radien von 280 und 500 m und müssen mit der höchstmöglichen Geschwindigkeit umrundet werden, wobei die Kurvenneigung kaum 70 mm beträgt, weil die Waggons der Autoreisezüge bekanntermaßen einen hohen Schwerpunkt haben.

TECHNIK Die Lokomotiven verkehren zu zweit, jede an einem Ende des Autoreisezuges. Sie verwenden 25.000V/50 Hz-Einphasenstrom, der zuerst in Gleichstrom mit gleichbleibender Frequenz und dann in Drehstrom mit variabler Frequenz umgewandelt wird, damit er von den sechs Motoren ohne Kollektoren aufgenommen werden kann. Die Motoren können im Dauerbetrieb 960 kW Leistung entwickeln. Die Brecknell-Willis-Stromabnehmer sind ein in Großbritannien und den USA weit verbreitetes Modell. Sie nehmen den Strom in beachtlicher Höhe auf, weil die Waggons ziemlich hoch sind. Die Informatik ist ein integrierter Bestandteil dieser Lokomotiven. Sie dient zur Steuerung (Geschwindigkeitswahl, Schlupfregelung, Achssperre, Bremsen usw.) wie zur Diagnose und Wartung. Die beiden Maschinen sind mit einem Glasfaserkabel miteinander verbunden, das einige hundert Anschlüsse beinhaltet und eine äußerst schnelle Übertragungsgeschwindigkeit gewährleistet.

Visitenkarte

Herkunft
Frankreich, Großbritannien

Baujahr
1993

Typ
Güter- und Autoreisezuglokomotive

Antrieb
elektrisch, Einphasenstrom

gebaute Exemplare
42

hergestellte Versionen
1

Unten: Eine 9000 Eurotunnel an der Spitze des Zuges Le Shuttle.

Class 92

Visitenkarte

Herkunft
Großbritannien, Schweiz, Frankreich

Baujahr
1994

Typ
Güterzuglokomotive

Antrieb
elektrisch, Zweistromsystem

gebaute Exemplare
46

hergestellte Versionen
1

Oben: Eine Class 92 der British Railways.

Bis vor einigen Jahren konnte man eine englische Lokomotive nie auf französischen Linien verkehren sehen. Der Ärmelkanal trennte nicht nur zwei verschiedene Welten, sondern auch zwei Eisenbahnkulturen, die nichts gemein hatten. Doch heute löscht der Tunnel auch diese Unterschiede aus.

EIGENSCHAFTEN Achsfolge: CoCo. **Spurweite:** 1435 mm. **Länge:** 21.340 mm. **Höchstgeschwindigkeit:** 140 km/h. **Gewicht:** 126 t. **Stromsystem:** Gleichstrom 750 V, Einphasenstrom 25.000 V/50 Hz. **Motoren:** 6. **Stundenleistung:** 5000 kW (2800 kW bei 750 V-Gleichstrom).

GESCHICHTE Schwere Güterzüge durch den Tunnel unter dem Ärmelkanal zu bewegen ist keine Kleinigkeit. Die Steigung bei der Ausfahrt beträgt 11‰ und die Sicherheitsvorschriften sind sehr streng, vor allem was den Ausbruch von Feuer und die Notwendigkeit betrifft, aus irgendwelchen Gründen den Tunnel schnell zu verlassen. Hinzu kommt, dass der Tunnel zwar mit 25.000V/50 Hz-Einphasenstrom elektrifiziert ist, die Lokomotive jedoch auf jeder Seite des Tunnelportals auch mit anderen Stromsystemen fahren muss – seien es die 1500 V-Gleichstrom in Frankreich oder die 750 V-Gleichstrom in Mittelengland. Die englischen und französischen Ingenieure konnten bei ihren jeweiligen Eisenbahnen keine Lokomotive entdecken, die diesen Anforderungen entsprach oder sich auf irgendeine Weise an diese hätte anpassen lassen. Darum ließen sie von der britischen Industrie die Class 92 bauen, die 1995 in Dienst gestellt wurde.

TECHNIK Es handelt sich um eine CoCo mit sehr britischem Äußeren, die von der englischen Konstruktionsfirma für Diesellokomotiven, Brush, und von der Schweizer ABB, die eine lange Erfahrung auf dem Gebiet des Elektroantriebs vorweisen kann, hergestellt wurde. Die Baureihe umfasst 46 E-Loks, wovon neun im französischen und 37 im britischen Bereich verkehren, wobei die Briten neun Stück für den Tunnel einsetzen. Somit sind also 18 E-Loks Class 92 im Einsatz auf der Eurotunnel-Strecke. Der Lokomotivkasten und die Triebwerke sind deutlich an die englischen Diesellokomotiven Class 60 angelehnt, die Antriebsmotoren sind aber hochentwickelte Asynchronmotoren. Das Führerhaus ist klimatisiert und modern und der Aufbau der Lok besteht aus zwei voneinander unabhängigen Teilen. Der Maschinenraum ist allerdings etwas anders, da er eine Feuerschutzwand beinhaltet und mit Funk-Fahr-Betrieb ausgestattet ist. Diese Maschine kann auf der Strecke Dollands Moor-Redhill mit 750 V-Spannung auf englischer Seite 1600 t ziehen, im mit 25.000 V elektrifizierten Tunnel 1100 t. Im Sonderfall, wenn Probleme auftauchen sollten, müssen sie in der Lage sein, Züge mit 2200 t bis zum Ausgang des Tunnels zu ziehen oder zu schieben.

Re 465 BLS

Die Strecke über den Lötschberg ist eine Reisestrecke von grundlegender Wichtigkeit für die Beneluxländer, Deutschland und Italien. Ihre Entwicklung verlangte nach Maschinenmaterial, das sich besonders für den Transport von für die rollende Landstraße bestimmten Zügen eignet.

EIGENSCHAFTEN Achsfolge: BoBo. **Spurweite:** 1435 mm. **Länge:** 18.100 mm. **Höchstgeschwindigkeit:** 230 km/h. **Gewicht:** 82 t. **Stromsystem:** Einphasenstrom 15.000 V/16 2/3 Hz. **Motoren:** 4. **Stundenleistung:** 7000 kW.

GESCHICHTE Bereits im Besitz von rollendem Material, das eine annehmbare Entwicklung der internationalen Bahnverbindung Bern-Lötschberg-Simplon (BLS) versprach, entschieden sich die Direktoren der privaten Gesellschaft BLS für eine Erweiterung ihres Fuhrparks. Die erste von acht Re 265 wurde im September 1994 geliefert und musste eine Reihe von Tests durchlaufen, vor allem auf der problematischen Strecke über den Sank Gotthard, der Steigungen von bis zu 26‰ aufweist. Durch diese Tests – die erste 465 wurde als Vorspannlokomotive in Dienst genommen – konnten einige Daten verändert werden, um die neue Baureihe perfekt auf ihren zukünftigen Einsatz abzustimmen. Die Re 465 war für den Personen-, aber auch für den Güterverkehr auf den Hauptbahnen bestimmt. Gegenwärtig übernimmt sie aber auch sehr viele Aufgaben, die früher von den vorhergegangenen Baureihen der BLS oder den schweizerischen Bundesbahnen (FFS) erledigt wurden.

TECHNIK Optisch ist die von Pininfarina entworfene Re 465 praktisch identisch mit ihrer Cousine der Baureihe 460 der Schweizer Eisenbahn. Statt Rot wählte die BLS aber Blau, die Farbe der Firma. Aus technischer Sicht ist sie eine Weiterentwicklung der Maschinen der FFS, doch ist die Re 465 wesentlich stärker, weil sie – im Unterschied zu den 6100 kW dieser Loks – 7000 kW entwickeln kann. Die 84 t schwere Re 465 erreicht eine Höchstgeschwindigkeit von 230 km/h und unterscheidet sich von ihrer Vorgängerin durch eine bessere Haftreibung, was durch eine elektronische Steuerung jeder einzelnen Achse erreicht wird.

Visitenkarte

Herkunft
Schweiz

Baujahr
1994

Typ
Personen- und Güterzuglokomotive

Antrieb
elektrisch, Einphasenstrom

gebaute Exemplare
18

hergestellte Versionen
1

128001 DB

Visitenkarte

Herkunft
Deutschland

Baujahr
1995

Typ
Personen- und Güterzuglokomotive

Antrieb
elektrisch, Einphasenstrom

gebaute Exemplare
1

hergestellte Versionen
1

Diese Hochleistungslokomotive stellte die Rückkehr zur klassischen, aber auf bestimmte Aufgaben spezialisierte Lok dar. Der Traum von der »Universallok« wurde endgültig begraben, denn diese war zwar für den Normalbetrieb sehr bequem, für Sonderfälle aber ungeeignet. Dieses Meisterwerk von AEG erhielt die Stammnummer 128001 (vorher 12 X) und war die erste Maschine der Baureihe 128000 der deutschen Eisenbahn.

EIGENSCHAFTEN Achsfolge: BoBo. **Spurweite:** 1435 mm. **Länge:** 19.500 mm. **Höchstgeschwindigkeit:** 220 km/h. **Gewicht:** 84 t. **Stromsystem:** Einphasenstrom 15.000 V/16 2/3 Hz. **Motoren:** 4. **Dauerleistung:** 6400 kW.

GESCHICHTE Bei der 128001 haben die Ingenieure der AEG versucht, die Vorteile der »Universallokomotive« mit jenen einer Speziallokomotive zu vereinen. Sie haben in gewisser Weise eine »Modul«-Lokomotive gebaut, deren standardisierte Bauteile sich zu einer auf gewisse Aufgaben spezialisierten Maschine zusammensetzen lassen. In der Praxis können Eisenbahngesellschaften eine »schlüsselfertige« Lok bestellen. In den Werkstätten der AEG wird sofort eine für die angegebenen bestimmten Zwecke maßgefertigte Maschine gebaut. In den kommenden Jahren wird es möglich sein, diese Loks in allen erdenklichen und möglichen Formen im Einsatz zu sehen: Einfach- oder Doppeltraktion vor Reise- oder Güterzügen, einen Triebkopf für Schnelltriebzüge usw.

TECHNIK Ursprünglich von AEG gebaut, wurde die 128001 nach dem Eintritt dieser Firma in eine große multinationale Gruppe als »ADtranz« registriert. Mit ihrer Leistung von 6400 kW bewegt sie sich unter den vierachsigen Lokomotiven auf höchstem Niveau und kann sich kurzfristig sogar auf 7200 kW steigern. Sie wird mit Dreiphasenstrom betrieben, hat vier Asynchronmotoren und GTO-Thyristoren, die von einem Gemisch aus Wasser und Äthylen-Glykol gekühlt werden und die vier Achsen unabhängig voneinander antreiben. Die Asynchronmotoren sind jenen ähnlich, die am Beginn des 20. Jahrhunderts in italienischen Loks eingesetzt wurden. Durch die Stromrichter kann die Frequenz und somit die Fahrgeschwindigkeit verändert werden. Diese technische Lösung findet sich heute auch schon bei der französischen (in der »Astride«) und italienischen Eisenbahn (E 402, E 412, E 464). Die Erfahrungen, die man mit der 128001 gemacht hat, sind in die Maschinen der Baureihe 101 für die Intercity-Züge der DB eingeflossen.

E-152 DB Cargo

Als sich die neue, aus der Fusion der beiden Eisenbahngesellschaften des wiedervereinigten Deutschland entstandene DB entschloss, die Güterabteilung neu zu organisieren, wurde diese unter dem Namen DB Cargo selbstständig. Man bestellte bei der deutschen Industrie eine spezielle Maschine, die BoBo Baureihe E-152. Sie war die erste »Güter«-Lokomotive Europas.

EIGENSCHAFTEN Achsfolge: Bo'Bo'. **Spurweite:** 1435 mm. **Länge:** 19.580 mm. **Höchstgeschwindigkeit:** 140 km/h. **Gewicht:** 86 t. **Stromsystem:** Einphasenstrom 15.000 V/16 2/3 Hz. **Motoren:** 4. **Dauerleistung:** 6400 kW.

GESCHICHTE Die Transportabteilung der DB benutzt eine große Anzahl an Elektroloks, vor allem die CC 150 und 151, aber auch die BB 140, die alle aus den 60er- und 70er-Jahren stammten. Sie waren in ihren langen Laufbahnen sehr beansprucht worden und nun begann man die Auswirkungen der Zeit und des harten täglichen Einsatzes zu spüren. Teure Reparaturen und immer häufiger werdende Wartungen fielen an. Aus diesem Grund war es notwendig, eine neue Lokomotive anzuschaffen.

TECHNIK Dank der modularen Bauweise des zu Grunde liegenden Prototyps, der E-127 Eurosprinter, wurde die E-152 aus bereits existierenden Teilen konstruiert. Sie hat die Eigenschaften einer Allzwecklok, die jede Art Zug ziehen kann. Außer einer beachtlichen Zugkraft verfügt die E-152 noch über gute Beschleunigungswerte und ein Bremssystem, das eigens für schwere Züge konzipiert wurde. Die DB musste ihren Güterbereich mit einem entsprechenden Fuhrpark ausstatten, um dem Verkehrszuwachs gerecht zu werden. Die E-152 bildete die erste Etappe zum Erreichen dieses Ziels. Sie wurde von Krauss Maffei in München hergestellt und war aus dem Prototyp 127001 entstanden. Die von Siemens gelieferte elektrische Anlage umfasste einen Motor mit der gleichen Leistung wie jener der E-101. Mit Ausnahme der Höchstgeschwindigkeit sind alle technischen Eigenschaften ähnlich der E-101.

Visitenkarte

Herkunft
Deutschland

Baujahr
1997

Typ
Güterzuglokomotive

Antrieb
elektrisch, Einphasenstrom

gebaute Exemplare
195

hergestellte Versionen
1

E 412 FS

Visitenkarte

Herkunft
Italien

Baujahr
1997

Typ
Güterzug-lokomotive

Antrieb
elektrisch, Drehstrom

gebaute Exemplare
19

hergestellte Versionen
1

Einer vollständigen Vereinigung aller europäischen Eisenbahnen stehen noch viele Hindernisse im Weg: unterschiedliche Spurweiten, Design, Signale, Regeln usw. Aber das Wichtigste sind die unterschiedlichen Elektrifizierungssysteme, die Lokomotivwechsel an der Grenze erfordern. Die E 412 der Ferrovie del Stato (FS) bietet eine wirksame Lösung für dieses Problem an.

EIGENSCHAFTEN Achsfolge: Bo'Bo'. **Spurweite:** 1435 mm. **Länge:** 19.400 mm. **Höchstgeschwindigkeit:** 200 km/h. **Gewicht:** 88 t. **Stromsystem:** Gleichstrom 3000 V, Einphasenstrom 15.000 V/16,7 Hz, Gleichstrom 1500 V bei halber Leistung. **Motoren:** 4 x 1500 kW.

GESCHICHTE Die E 412 wird von ADtranz hergestellt, einem Unternehmen, dass 1986 aus dem Zusammenschluss von ABB mit Daimler-Benz Transportation entstand. Die ABB entstand ihrerseits aus der Fusion der schwedischen Asea und der schweizerischen Brown Boveri. Auch die italienische ABB Tecomasio ist Teil von ADtranz. Sie ist die Nachfolgerin der Tecnomasio Italiano Brown Boveri, von deren Niederlassung in Novi Ligure über 1000 Lokomotiven kamen, deren erste die E 550 aus dem Jahre 1908 war. Die ersten 20 Stück der E 412 wurden 1997 angeschafft. Sie sollen einmal die Strecke Verona-München befahren, wenn die Erneuerungsarbeiten auf dem Abschnitt Verona-Brenner abgeschlossen sind.

TECHNIK Die E 412 sind mit vier Asynchronmotoren ausgestattet, die mit Drehstrom betrieben werden. Sie können in einem 3000 V-Gleichstromnetz, in einem 15.000 V-Wechselstromnetz und bei reduzierter Leistung auch in einem 1500 V-Gleichstromnetz fahren. Der GTO-Stromrichter ist das elektronische Hauptinstrument, der den Mehrstrombetrieb ermöglicht. Bei Gleichstrom dient er als Inverter. Ein Inverter ist ein Speisegerät, der Gleichstrom verarbeitet, indem er ihn zu Drehstrom umwandelt und die nötige Steuerung vornimmt. Bei 15.000 V arbeitet der GTO als Konverter und Inverter. Er wandelt dabei die Netzspannung zunächst von Einphasenstrom zu einer stabilen Spannung um, die dann zum Inverter gesendet wird, der sie zu Drehstrom umwandelt.

E 464 FS

Diese Lokomotive ist zusammen mit den TAF (Treni ad Alta Frequenza, spezielle Nahverkehrszüge) eine wichtige Antwort auf die Anforderungen des Pendlerverkehrs. Es handelt sich nämlich um ein Fahrzeug, das ausdrücklich für die Bedürfnisse des Nahverkehrs gebaut wurde.

EIGENSCHAFTEN Achsfolge: Bo'Bo'. **Spurweite:** 1435 mm. **Länge:** 15.750 mm. **Höchstgeschwindigkeit:** 160 km/h. **Gewicht:** 72 t. **Stromsystem:** Gleichstrom 3000 V. **Motoren:** 4 x 875 kW.

GESCHICHTE Die 464 entstand aus einer aus dem Jahre 1983 stammenden Reihe von Plänen, die auf einer Lokomotive in modularer Bauweise basieren. Das ist eine Maschine mit einheitlichen Komponenten, die je nach Bedürfnis zu verschiedenen Versionen zusammengesetzt werden können. Darunter war auch eine für leichte Regionalzüge bestimmte E 454 mit nur einem Führerhaus. Ihre Produktion begleiteten einige Schwierigkeiten. Diese rührten zum Teil von dem 1985 eingeleiteten Reformprozess bei den FS her. Zum anderen machten die gemeinschaftlichen Vorschriften Probleme, darunter jene, dass statt wie bisher üblich nur nationale Ausschreibungen zuzulassen, man Angebote für rollendes Material nun international einholen musste. 1994 schrieb die FS schließlich einen internationalen Wettbewerb für den Bau von 50 Einheiten der E 464 aus, einer leichten Lok für den Nahverkehr, die aber trotzdem über die ansehnliche Stundenleistung von 3500 kW verfügen sollte. Die Firma ADtranz gewann diese Ausschreibung.

TECHNIK ADtranz baute die E 464 aus Komponenten, die bereits bei der E 412 verwendet worden waren, so Aufbau und Form des Führerhauses aus stranggepresstem Material, sowie der Lokkasten mit seitlichen Trägern. Am Ende des Rumpfes wurde ein Kontrollpult mit jenen Instrumenten eingerichtet, die man für die Lokbewegungen im Bahnhofsbereich braucht. Wie bei der E 412, besteht der Antrieb aus vierpoligen Asynchronmotoren, die mittels GTO-Stromrichter und Chopper mit verschiedenen Spannungen und Frequenzen betrieben werden können. Sie funktionieren mit verminderter Leistung auch mit 1500 V. Die Triebwerke verfügen über eine Primär- und Sekundärfederung. Jedes Triebwerk enthält zwei Motoren, die parallel zu den Achsen angebracht sind und ihre Kraft über eine Hohlwelle übertragen. Die E 464 ist mit einer automatischen und einer herkömmlichen Kupplung ausgestattet. Sie hat eine rheostatische Bremse mit Energierückgewinnung, eine automatische pneumatische Bremse mit Stahlscheiben und eine Federspeicher-Feststellbremse. Außerdem verfügt diese Lokomotive über ATC (Automatic Train Control).

Visitenkarte

Herkunft
Italien

Baujahr
1999

Typ
Personenzuglokomotive

Antrieb
elektrisch, Gleichstrom

gebaute Exemplare
98 von 140 vorgesehenen

hergestellte Versionen
1

N° 9000 2Do1 + 1Do2

Visitenkarte

Herkunft
Kanada

Baujahr
1929

Typ
Personen- und Güterzuglokomotive

Antrieb
dieselelektrisch

gebaute Exemplare
1

hergestellte Versionen
1

Diese Lokomotive entstand 1929, nachdem Dieselmotoren im Marinebereich gute Resultate geliefert hatten. Doch die Welt wurde noch von der Dampfkraft regiert und die 9000 konnte sich nicht durchsetzen.

EIGENSCHAFTEN Achsfolge: 2Do1 + 1Do2. **Spurweite:** 1435 mm. **Länge:** 28.660 mm. **Höchstgeschwindigkeit:** 120 km/h. **Gewicht:** 240 t. **Treibstoff:** Diesel. **Motoren:** V-12 Zylinder-Dieselmotor mit 995 kW. **Antrieb:** elektrisch mit 4 Motoren. **Zugkraft:** 222 kN.

GESCHICHTE Der Dieselmotor war im Ersten Weltkrieg auf den Schiffen der Kriegsmarine erprobt worden. In den 20er-Jahren wurde er als extrem verlässlich, widerstandsfähig und sehr wirtschaftlich im Betrieb betrachtet. Die Eisenbahningenieure wollten ihn verwenden, aber die Form des Motors verlangte eine Anpassung an die beschränkten Ausmaße einer Lokomotive bzw. eine Änderung in der Formgebung bei den Loks. Die kanadische Eisenbahngesellschaft wagte auf diesem Gebiet den Sprung nach vorne und die doppelte Lokomotive 2Do1 + 1Do2 wurde die erste Diesellok auf dem amerikanischen Kontinent.

TECHNIK Die 9000 wurde im Auftrag der Canadian National Railways (CNR) 1929 von der Canadian Locomotive Co und der Westinghouse Electric gebaut. Die Tests und der darauf folgende Betrieb zeigten ihre Qualität bezüglich Zugkraft und Verlässlichkeit. Die 700 t der großen Transkanada-Züge bereiteten ihr niemals Schwierigkeiten und sie konnte trotz der vielen Stationen eine Durchschnittsgeschwindigkeit von 70 km/h halten. Der einzige Nachteil entstand daraus, dass man diese Lokomotive in eine Eisenbahnwelt integrieren musste, die auf Dampfkraft aufgebaut war. In erster Linie fehlten Versorgungseinrichtungen. Der Ausweg, die Tanks mit Tankwagen und einer elektrischen Pumpe zu befüllen, war nur ein Notbehelf. Außerdem waren die Betriebswerke und Werkstätten nicht entsprechend eingerichtet und es fehlte an passenden Ersatzteillagern. Aus diesen Gründen blieb die 2Do1 + 1Do2 ein Einzelstück. Nachdem man sie geteilt hatte, führte eine der beiden Hälften ihre Laufbahn mit der Stammnummer 9001 bis 1947 weiter.

Oben: Der Dieselmotor wird in die 9000 eingebaut. Rechts: Die 9000 in Betrieb.

GM-EMD Baureihe F

Die von der Electric Motor Division (EMD) von General Motors (GM) gebauten Lokomotiven der Baureihe F wurden in den USA legendär. Sie waren nämlich die dieselelektrischen Loks, welche die Anfänge dieser Antriebsart gekennzeichnet haben.

EIGENSCHAFTEN Achsfolge: BoBo. **Spurweite:** 1435 mm. **Länge:** 15.443 mm (Typ A mit Führerhaus), 15.240 (Typ B ohne Führerhaus). **Höchstgeschwindigkeit:** 80 bis 164 km/h. **Gewicht:** 104 t. **Treibstoff:** Diesel. **Motoren:** EMD 567 mit 1750 PS (1305 kW) 16 Zylinder, Zweitakt. **Leistungsübertragung:** elektrisch mit Generatoren für 4 mit den Achsen verbundene Motoren. *(Angaben beziehen sich auf die F 7)*

GESCHICHTE Ende der 30er-Jahre brauchten die amerikanischen Eisenbahngesellschaften dringend starke Lokomotiven zur Beförderung von Zügen mit mehr als 5000 t (manchmal sogar 8000 oder 10.000 t schwer). Bis dahin boten sich dafür nur die riesigen Gelenk-Dampfloks vom Typ Mallet an, von denen die »Big-Boy« wohl die spektakulärste und am meisten verwendete war.

TECHNIK Der GM-Ingenieur Richard M. Dillworth, ein vehementer Verfechter des Dieselantriebs, rechnete damit, dass zwei gekuppelte BoBo-Loks, die zusammen 2700 PS entwickelten, die gleiche Leistung erbringen würden wie eine dampfbetriebene 1'D1' oder eine 1'E1'. Weiters müsste eine Gruppe aus vier Lokomotiven die gleiche Kraft aufbringen, wie eine große Gelenklokomotive mit 5400 PS. Es zeigte sich jedoch, dass der Dieselantrieb beim Anfahren eine höhere Kraft entwickelte als eine Dampflok, die erst dann optimale Werte brachte, wenn sie Geschwindigkeit erreicht hatte. Dillworth bot seine Dieselloks 20 amerikanischen Gesellschaften unentgeltlich zur Erprobung an. Diese mussten sich trotz anfänglicher Zweifel dem Offensichtlichen beugen. Eine Mallet-Dampflok mit der Achsfolge 1CC1 beförderte einen 5400 t schweren Zug über eine Steigung von 4‰ mit 16 km/h, während eine Diesellok vom Typ F ihn mit 42 km/h zog. Ausgehend vom Modell FT, dem ersten nach der Versuchslokomotive, nahm die Baureihe in den 40er-Jahren mit dem Typ F2 ihren Anfang, dann kam die F3 – von der bis 1949 1807 Stück gebaut wurden –, dann die F7, die beste, die ab 1949 erzeugt wurde. Ungefähr 50 amerikanische Gesellschaften hatten F7-Loks, mit und ohne Heizanlage für Personenzüge, im Einsatz. Von der F7 wurden 3861 Exemplare gebaut, die Produktion endete 1954. Viele dieser Maschinen waren aber noch bis in die 80er-Jahre in Dienst, vor allem bei den kanadischen Bahnen.

Visitenkarte

Herkunft
USA

Baujahr
1939

Typ
Personen- und Güterzuglokomotive

Antrieb
dieselelektrisch

gebaute Exemplare
etwa 7000

hergestellte Versionen
mehr als 20

Unten: Die Nr. 6051 der Baureihe 7.

Baureihe GP

Visitenkarte

Herkunft
USA

Baujahr
1949

Typ
Personen- und Güterzuglokomotive

Antrieb
dieselelektrisch

gebaute Exemplare
10.647

hergestellte Versionen
6

Oben: Fünf Loks der Baureihe GP im Traktionszug.

Der berühmte »Jeep« der amerikanischen Soldaten hatte seinen Namen von der Bezeichnung *General Purpose* erhalten, was so viel bedeutet, wie dass es sich um ein für alle möglichen Zwecke geeignetes Fahrzeug handelt. Es dürfte aber weniger bekannt sein, dass auch die Eisenbahn ihren »Jeep« hatte, der die Initialen GP trug, um zu unterstreichen, dass er für alle Einsätze brauchbar war. Die Lokomotiven der Baureihe GP waren ein unglaublicher Erfolg und es wurden 10.647 Stück von ihnen gebaut.

EIGENSCHAFTEN Achsfolge: BoBo. **Spurweite:** 1435 mm. **Länge:** 17.120 mm. **Höchstgeschwindigkeit:** 105 bis 143 km/h. **Gewicht:** 109 bis 116 t. **Treibstoff:** Diesel. **Motoren:** EMD 567-D2 mit 2000 PS (1490 kW) 16 Zylinder. **Leistungsübertragung:** elektrisch mit 4 mit den Achsen verbundenen Motoren. **Zugkraft:** 271/289 kN.

GESCHICHTE Ende der 40er-Jahre musste General Motors unter starkem Konkurrenzdruck seine Palette an Lokomotiven, die den amerikanischen Gesellschaften angeboten wurden, modernisieren. Man beauftragte daher die EMD, einen absolut innovativen Dieselmotor zu entwerfen. Richard Dillworth, Chefingenieur bei EMD, von dem die berühmte Baureihe F stammte, konstruierte eine, verglichen mit den massigen vorangegangenen Maschinen, viel ausgeklügeltere Lok.

TECHNIK Obwohl die Motoren der Baureihe GP immer noch die alten 567er waren, die mit ihren 16 Zylindern in V-Anordnung und Zweitakt-Arbeitsweise die amerikanischen Eisenbahnen unangefochten bereits jahrelang beherrscht hatten, waren andere Eigenschaften dieser Lokomotive das Ergebnis genauer technischer Forschung. Das Führerhaus war auf maximale Sicht angelegt, sowohl in Längsrichtung als auch seitlich. Die schmalen Schnauzen mit den seitlichen Umlaufblechen erleichterten die Wartungsarbeiten und erlaubten dank abnehmbarer Seitenteile einen schnellen Zugriff. Die elektrische Anlage war verglichen mit der der früheren Baureihe einfacher und sicherer. Die ersten GP verließen 1949 die Fabrik und bildeten die Baureihe GP-7. Bis 1953 wurden gut 2610 Lokomotiven verkauft. Die darauf folgende Baureihe war die GP-9, die zur meistverkauften Diesellok der Welt werden sollte, denn sie brachte es auf 4157 ausgelieferte Exemplare. Wachsende Konkurrenz und die Notwendigkeit, immer schwerere Züge zu ziehen zwangen GM, stärkere Modelle wie die GP-18 und GP-20 zu bauen, deren neuer 567 D2-Motor 1490 kW leistete. Später kam die GP-30 mit dem Motor 567 D3 mit 1680 kW, die ab 1961 gebaut wurde. Ihr folgte die GP-35 mit einer Leistung von 1870 kW (etwa 2500 PS).

55-Deltic BR

Diese Maschine ist eine der gelungensten britischen Diesellokomotiven. Ihren Namen hat sie vom griechischen Buchstaben »Delta«, weil der Motor aus drei Zylindergruppen besteht, die ein Dreieck formen, die drei Kurbelwellen antreiben, die in der Spitze dieses Dreiecks verbunden sind.

EIGENSCHAFTEN Achsfolge: CoCo. **Spurweite:** 1435 mm. **Länge:** 21.180 mm. **Höchstgeschwindigkeit:** 160 km/h. **Gewicht:** 101 t. **Treibstoff:** Diesel. **Motoren:** 2 Napica 18 Zylinder mit 3600 PS. **Leistungsübertragung:** elektrisch mit 6 Motoren mit 2462 kW.

GESCHICHTE Nach dem Zweiten Weltkrieg fertigte die Firma Napier, ein Mitglied der riesigen English Electric, einen eigenartigen und schnellen Motor an, der für die leichten Einheiten der britischen Marine bestimmt war, wo er die Benzinmotoren ersetzen sollte, die wegen der Brandgefahr zu riskant geworden waren. Dieses Triebwerk wies drei Kurbelwellen auf, die an der Spitze eines gleichschenkeligen Dreiecks angebracht waren, während die Seiten des Dreiecks mit Reihenzylindern besetzt waren. In jedem Zylinder befanden sich zwei gegenüberliegende Kolben, die von der gleichen Explosion zur selben Zeit in entgegengesetzte Richtungen gedrückt wurden und dabei zwei Wellen antrieben. Der Vorteil dieses Systems lag in einem besseren Wirkungsgrad im Vergleich zum herkömmlichen Einkolbensystem. Die beiden Kolben wogen weniger als ein einzelner, waren weniger träge und konnten in Folge jede einzelne Zündung besser ausnutzen. Bei gleicher Leistung wog dieser Motor deutlich weniger als die anderen zu jener Zeit verwendeten Dieselmotoren. Das Problem lag jedoch in seiner komplizierten Bauweise mit den drei an der Spitze des Dreiecks angebrachten gekröpften Wellen, die über eine Reihe von Zahnrädern mit einer gemeinsamen, zentralen Antriebswelle verbunden werden mussten.

TECHNIK Napier beschloss auf eigene Kosten einen Lokomotivrahmen mit einem Deltic-Motor auszustatten. Das Ergebnis war eine gut 3600 PS starke Lokomotive, die gleich schwer war wie eine Lok, die normalerweise 2000 PS entwickelte. Darüber hinaus stellte sich diese Lokomotive in Tests auch als äußerst verlässlich heraus. Rasch wurde eine Serie von 22 Einheiten bestellt und auf der Strecke London-Schottland in Dienst gestellt. Zu ihrer Zeit handelte es sich um die stärksten und effizientesten Maschinen der Welt. Zu den Besonderheiten gehörte auch eine Dampfheizung für den Zug. Dieses System musste mit Wasserkränen entlang der Strecke befüllt werden (beinahe so wie bei Dampflokomotiven). Die Deltic konnte an der Spitze schwerer Züge Steigungen von 5‰ mit 140 km/h bewältigen und eine Durchschnittsgeschwindigkeit von 120 km/h halten. Ihre Laufbahn endete 1982.

Visitenkarte

Herkunft
Großbritannien

Baujahr
1961

Typ
Personen- und Güterzuglokomotive

Antrieb
dieselelektrisch

gebaute Exemplare
23

hergestellte Versionen
1

Unten: Eine Deltic an der Spitze eines Personenzuges.

Baureihe 62 SNCB

Visitenkarte

Herkunft
Belgien

Baujahr
1961

Typ
Personen- und Güterzuglokomotive

Antrieb
dieselelektrisch

gebaute Exemplare
130

hergestellte Versionen
1

Oben: Eine Lok der Baureihe 62. Auf der gegenüberliegenden Seite eine andere Dieselmaschine der belgischen Eisenbahn, ein Exemplar der Baureihe 51.

Dieselloks mit der Achsfolge BoBo gibt es bei allen Eisenbahnen der Welt und sind somit die »klassischen« Maschinen mit Verbrennungsmotor. Die Baureihe 62 der belgischen Bahn, eine Lok von mittlerer Stärke, hat aber dank vieler technischer Neuerungen eine gewisse Individualität.

EIGENSCHAFTEN Achsfolge: BoBo. **Spurweite:** 1435 mm. **Länge:** 17.790 mm. **Höchstgeschwindigkeit:** 120 km/h. **Gewicht:** 80 t. **Treibstoff:** Diesel. **Motoren:** Dieselgeneratoren 12 Zylinder in V-Anordnung. **Leistungsübertragung:** 4 Elektromotoren mit 1050 kW.

GESCHICHTE In den frühen 60er-Jahren erfreuten sich die USA bereits einer langen und gefestigten Erfahrung auf dem Gebiet der Dieseltraktion und einer entschieden fortschrittlichen Technik. Für die Planung und Umsetzung dieser BoBo ließen sich die belgischen Ingenieure von den amerikanischen Maschinen anregen. Bei der Konstruktion der Maschine gelang es ihnen aber auch, eine Vielzahl von eigenen technischen Neuerungen einzubauen.

TECHNIK Der große von General Motors gelieferte Motor mit 12 Zylindern in V-Anordnung, ganz in der amerikanischen Tradition, verwies klarerweise auf den starken Einfluss aus Übersee, ebenso wie die elektrische Anlage, die auch von GM kam. Die Leistung der Elektromotoren von nur 1050 kW ist typisch für die amerikanische Gewohnheit, mehrere Lokomotiven an die Spitze von Zügen zu setzen, um die gewünschte Leistung zu erzielen. Der Dieselmotor (835 Umdrehungen/Minute) wurde so konstruiert, dass Robustheit und Verlässlichkeit vor Leistung gehen. Zwischen 1962 und 1966 gebaut, haben diese Lokomotiven der Baureihe 62 daher eher geringe Leistungen. Sie sind aber sehr effizient und werden in großem Umfang eingesetzt. Die Baureihe besteht aus 130 Einheiten und ist für die belgische Bahn sehr wichtig. Man kann diese Maschinen auf allen nicht elektrifizierten Strecken sehen, vor allem in den westlichen Landesteilen. Sie wird für Schnellzüge (sie verfügt nämlich über ein Heizungssystem für die Waggons) und Güterzüge verwendet. Die vier Motoren leisten in erster Linie an der Spitze schwerer Züge gute Dienste, ihre maximale Anfahrtszugkraft beträgt 21.200 daN. Bemerkenswert ist noch die Teilserie von sechs Lokomotiven, die 1965 gebaut wurden. Sie hatten zwei zulässige Betriebsgeschwindigkeiten und hydraulische Kraftübertragung. Sie wurden zuerst als Baureihe 65 bezeichnet, gegenwärtig hat man sie in Baureihe 75 umbenannt und verwendet sie zum Rangieren.

Baureihe 51 SNCB

Wie bei allen Bahnen der Welt, war auch die belgische Eisenbahn in den 60er-Jahren damit beschäftigt, die Dampftraktion endgültig abzuschaffen. Der Dieselantrieb hat sich dabei als optimale Lösung für jene Strecken herausgestellt, deren mäßiges Verkehrsaufkommen die Kosten für eine Elektrifizierung nicht gerechtfertigt hätte.

EIGENSCHAFTEN Achsfolge: CoCo. **Spurweite:** 1435 mm. **Länge:** 20.160 mm. **Höchstgeschwindigkeit:** 120 km/h. **Gewicht:** 117 t. **Treibstoff:** Diesel. **Motoren:** Dieselgeneratoren 8 Zylinder in Reihe mit 1435 kW. **Leistungsübertragung:** 6 elektrische Antriebsmotoren mit 1145 kW.

GESCHICHTE Die Dieselloks der belgischen Bahn stammen alle aus der Zeitspanne zwischen 1955 und 1966, als man den Dampfantrieb auf nicht elektrifizierten Strecken ersetzen musste. Heute sind 75% der 3500 km Schienennetz elektrifiziert, weshalb der Dieselpark mehr als ausreichend ist, auch wenn die Maschinen länger als 40 Jahre halten. Von den 250 in Dienst befindlichen Diesellokomotiven gehören 66 der Baureihe 51 an.

TECHNIK Die 93 Einheiten der Baureihe 51 kamen ab 1961 aus den Werkstätten von Cockerill-Ougrée in Seraing. Mit dem Bau der aus Generatoren und sechs Antriebsmotoren bestehenden elektrischen Anlage waren hingegen die Ateliers de Construction Èlectrique in Charleroi beschäftigt. Ein einzelner starker Dieselmotor mit acht Zylindern in Reihe lieferte die benötigten 1435 kW bei 650 Umdrehungen/Minute. Der Elektroantrieb, wie er bei dieselelektrischen Antrieben eingesetzt wird, setzt die Kraft des Dieselmotors mit hohem Wirkungsgrad in Zugkraft um, was neben anderen technischen Vorteilen wesentlich ist. Die Elektromotoren entwickeln eine Zugkraft von 272 kN, was 1145 kW entspricht. Die Baureihe 51 sollte die Dampfloks ersetzen und verfügte daher über einen Dampfkessel für die Beheizung von Personenzügen. Diese schwere und sperrige Einrichtung wurde bei einem Großteil der Maschinen später ausgebaut, Hand in Hand mit dem Umstand, dass sie zunehmend für Güterzüge eingesetzt wurden. Es ist nicht völlig unmöglich, die Loks dieser Baureihe ausnahmsweise an der Spitze von Personenzügen anzutreffen, vor allem in den Sommermonaten. Sie wurden elegant und im Einklang mit der großen Dieseltradition ihrer Epoche entworfen, somit gehören die belgischen Baureihe-51-Loks zu den besten europäischen Diesellokomotiven. Die Baureihe 51 steht auch in unseren Tagen noch in Dienst. Man kann sie allein oder in doppelter Traktion bei den Betriebswerken Scharbeek, Antwerpen, Monceau oder Merelbeke bewundern.

Visitenkarte

Herkunft
Belgien

Baujahr
1961

Typ
Personen- und Güterzuglokomotive

Antrieb
dieselelektrisch

gebaute Exemplare
93

hergestellte Versionen
2

BB 67000 SNCF

Visitenkarte

Herkunft
Frankreich

Baujahr
1963

Typ
Personen- und Güterzuglokomotive

Antrieb
dieselelektrisch

gebaute Exemplare
492

hergestellte Versionen
3

Oben: Ein Paar von BB 67000-Loks.

Das Geheimnis dieser ab 1963 gebauten Allzwecklokomotiven war ihr starker und leichter Motor (etwas weniger als 7,5 t). Bei gleicher Leistung wog er rund 30% weniger als die Triebwerke, die in den 50er-Jahren in vergleichbare Maschinen eingebaut worden waren.

EIGENSCHAFTEN Achsfolge: BB. **Spurweite:** 1435 mm. **Länge:** 17.090 mm. **Höchstgeschwindigkeit:** 90 bis 140 km/h. **Gewicht:** 80 t. **Treibstoff:** Diesel. **Motoren:** Typ 16 PA4 16 Zylinder. **Leistungsübertragung:** elektrisch mit 2 Motoren mit einer Nennleistung von 830/1240/1440 kW, je nach Version.

GESCHICHTE Ab 1963 gebaut, kamen die Baureihen 67000, 67200, 67300, 67400 bis zur Baureihe 67600 etwa 12 Jahre lang aus den Werkstätten der verschiedensten französischen Hersteller. Sie bildeten einen Park von 492 Lokomotiven, der den Dieselantrieb in Frankreich bis in die heutige Zeit prägt. Diese Maschinen haben die Dampflokomotiven auf den nicht elektrifizierten Strecken ersetzt.

TECHNIK Die BB 67000 wurde in Zusammenarbeit und unter der Führung der Division des Études de Traction à Moteurs Thermiques (DETMT) von folgenden Herstellern gebaut: Rahmen und Aufbauten und alle thermischen, pneumatischen und elektrischen Anlagen von Brissonneau & Lotz; die Triebwerke und Generatoren von den Firmen MTE-Schneider-Le Creusot, Jeumont-Schneider und Oerlikon; die Dieselmotoren schließlich von Chantiers de Atlantique. Besonders an dieser Baureihe wurde der so genannte Dreiphasen-Gleichstrom-Antrieb getestet – 1965 zuerst versuchsweise in der BB 67036, dann wurde er auch in der BB 67300 und der BB 67400 angewandt und auf andere Baureihen ausgeweitet. Doch das Geheimnis des Erfolges dieser Baureihe liegt im Motor, dem berühmten Modell 16 PA4 mit 16 Zylindern und hoher Leistung. Dieses Triebwerk ist leicht genug, um die Achsfolge BB zur Anwendung zu bringen und einmotorige Fahrwerke zu verwenden, die aus jenen weiterentwickelt wurden, die bei der BB 9400 montiert waren (zwei Untersetzungsgetriebe). Der 16 Zylinder-Dieselmotor stammt aus dem Marinebereich und konnte dank des Erwerbs des Pielstick-Patents durch den Konstrukteur verwirklicht werden. Der gleiche Motor wurde außerdem noch in vier zweimotorige Prototypen der Reihe BB 69000 und CC 70000 und in den Bestand der Reihen BB 67300 und 67400 eingebaut.

Class 47

Visitenkarte

Herkunft
Großbritannien

Baujahr
1963

Typ
Personen- und Güterzuglokomotive

Antrieb
dieselelektrisch

gebaute Exemplare
528

hergestellte Versionen
5

Diese Lokomotiven haben seit 1963 jede Art von Aufgaben im Schienennetz der britischen Eisenbahnen übernommen. Als richtige Universallokomotiven machen die 528 Maschinen der Class 47 mehr als die Hälfte des Bestands an Diesellokomotiven der British Railways aus.

EIGENSCHAFTEN Achsfolge: CoCo. **Spurweite:** 1435 mm. **Länge:** 19.329 mm. **Höchstgeschwindigkeit:** 150 km/h. **Gewicht:** 120 t. **Treibstoff:** Diesel. **Motoren:** Sulzer 12 Zylinder mit 2750 PS (2052 kW). **Leistungsübertragung:** elektrisch mit 6 Antriebsmotoren.

GESCHICHTE Die erste Generation an englischen Diesellokomotiven, die aus den Baureihen 40 und 44 bestand, hat ihre Überlegenheit gegenüber Dampfloks auf dem Gebiet der Flexibilität im Betrieb, durch dauerhafte Verlässlichkeit und durch geringe Wartungskosten bewiesen. Deshalb orientierten sich die britischen Ingenieure mit Entschlossenheit an dieser Antriebsart. Im Anschluss an den Erfolg der Deltic wurde entschieden, noch eine weitere Maschine mit der Achsfolge CoCo auf den Markt zu bringen.

TECHNIK Diese Serie wurde von Brush Engineering und in den Werkstätten der British Railways in Crewe gebaut. Angetrieben von den 12 Zylinder-Sulzer-Motoren mit zwei Kurbelwellen, die einen Gleichstromgenerator betrieben, der die Antriebsenergie liefert, entwickelt die Class 47 eine Kraft von 2052 kW und eine maximale Zugkraft von 27.500 kN. Sie verfügt über das gewohnte britische Vakuumbremssystem und ein Druckluftbremssystem. Sie ersten 243 Einheiten wurden mit einem Heizkessel für die Züge ausgerüstet, den 81 Maschinen der Untergruppe 47/3 fehlt diese Einrichtung, weil sie für den Güterverkehr bestimmt waren. Dafür haben sie ein Motorsteuerungssystem, das – entsprechend ihrem Aufgabengebiet – bei Steigungen und Gefällen mit schweren Erz- oder Kohlenzügen ein Befahren mit niederen Geschwindigkeiten ohne Bremsen zulässt. Einige Maschinen bilden die Untergruppe 47/4 und sind für das Rückwärtsfahren ausgerüstet. Zu Beginn der Verstaatlichung und des Zusammenschlusses der britischen Bahnen waren diese Lokomotiven sehr verbreitet. Sie verkehren auch heute noch, doch haben sie in der Folge der Privatisierung 1994 die klassische blaue Farbe der British Railways verloren und wurden in jenen der einzelnen Privatfirmen lackiert: Railfreight Distribution, Mainline, Trainload Petrolum, Rail Express Systems (rote Postzüge), Intercity (Personenzüge) usw.

Oben: Zwei Class 47 einer privaten englischen Eisenbahngesellschaft.

D 443 und 445 FS

Visitenkarte

Herkunft
Italien

Baujahr
1966 bis 1974

Typ
Personen- und Güterzuglokomotive

Antrieb
Diesel

gebaute Exemplare
197

hergestellte Versionen
3

Auf dem Bild unten eine D 445.

Wie alle Eisenbahnen der Welt wurden auch die FS in den 50er-Jahren mit dem Problem konfrontiert, dass schwach frequentierte Nebenbahnen von Dampfloks befahren wurden und keine Chance auf Elektrifizierung hatten. Es handelte sich um etwa 9000 km gegenüber den 16.000 km der gesamten Eisenbahn. Sie alle waren schwach befestigt und ziemlich kurvenreich. Als man auf den Dieselantrieb zurückgriff, musste man diesen Umständen Rechnung tragen.

EIGENSCHAFTEN Achsfolge: B'B'. **Spurweite:** 1435 mm. **Länge:** 14.100 mm. **Höchstgeschwindigkeit:** 130 km/h. **Gewicht:** 72 t. **Treibstoff:** Diesel. **Motoren:** FIAT 2112 SSF. **Leistungsübertragung:** elektrisch mit Wechselstrom/Gleichstrom. *(Angaben beziehen sich auf die D 445)*

GESCHICHTE Nachdem die Wahl des elektrischen Antriebs für die Dieselloks getroffen war, baute die FS zwei Antriebsmodule: das erste war für leichte Lokomotiven bestimmt und wies eine schwächere Leistung von 1500 PS (D 343 und D 345) auf, mit dem zweiten wurden schwerere und stärkere Maschinen ausgerüstet. Es handelte sich um die D 443 und D 445, die man als »Berg-Diesellokomotiven« bezeichnen könnte.

TECHNIK Verglichen mit früheren Modellen, die nie schwerer als 64 t waren, wurden die D 443-445 so gebaut, dass sie, nach der für die so genannte »Reihe B« definierten Achslast, ein Gesamtgewicht von 72 t nicht überschritten. Eine Ausnahme bildete die D 445 N, die in den 80er-Jahren gebaut wurde. Die D 443 wird heute für den Güterverkehr verwendet. Es gibt zwei Versionen, eine mit FIAT 2312 SSF-Motoren und eine mit BRIF-Paxman 12 YLCL-Motoren mit einer Nennleistung von 1400 kW und einer Dauerleistung von 1140 kW. Auch von der D 445 gibt es zwei Versionen. Eine mit dem FIAT 2112 SSF-Motor und Asgen E-Antrieb, die andere mit FIAT A 210.12-Motoren. Beide haben eine Nennleistung von 1560 kW und eine Dauerleistung von 1250 kW. Die Elektromotoren werden von Wechselstromgeneratoren und nicht von Gleichstromgeneratoren angetrieben. Die Umwandlung erfolgt über statische Stromrichter. Ein zweiter 280 kW-Wechselstromgenerator speist über Brückengleichrichter die mit etwa 3000 V geregelte REC (elektrische Heizung für die Waggons). Die zweite Serie wurde auch eine Fernsteuerungseinrichtung für den Wendezugbetrieb ausgestattet. Man kann diese Lokomotiven leicht an den seitlichen Lüftungsschlitzen erkennen. Wie alle in den 70er-Jahren gebauten Modelle sind diese Loks kastanienbraun und hellbeige mit roten Streifen vorne lackiert. Ab der zweiten Serie erschienen sie in der klassischen Farbgebung der 80er-Jahre: beige, orange und violett. Von der D 445 wurden 149 Einheiten gebaut.

DD 40AX Union Pacific

Wegen ihrer Größe kann man diese Lokomotive als Dieselversion der »Big-Boy« betrachten. Sie wurde aus Anlass des 100-jährigen Bestehens der Union Pacific gebaut. Die DD 40 ist doppelt so stark wie eine normale Diesellok und wurde eingesetzt, um die Anzahl von für den Transport schwerer Güterzüge über die Steigungen des Sherman Hill in den Rocky Mountains benötigten Loks zu reduzieren.

EIGENSCHAFTEN Achsfolge: DoDo. **Spurweite:** 1435 mm. **Länge:** 29.997 mm. **Höchstgeschwindigkeit:** 144 km/h. **Gewicht:** 247 t. **Treibstoff:** Diesel. **Motoren:** 2 General Motors Typ 645 mit 2460 kW, 16 Zylinder, Zweitakt. **Leistungsübertragung:** elektrisch mit 8 Antriebsmotoren.

GESCHICHTE Ende der 60er-Jahre hatte die Dampftraktion immer noch ihre Berechtigung in den Vereinigten Staaten. Denn die einzige Lokomotive, die Züge von 8000 t über den Sherman Hill bewegen konnte, war die »Big-Boy«. Diese riesige, 541 t schwere Maschine entwickelte bei 68 km/h 6360 PS. Die herkömmlichen Dieselloks waren um so viel schwächer, dass man sechs oder acht, wenn nicht sogar zehn brauchte, um einen einzigen Zug zu ziehen bzw. zu schieben. General Motors entwarf daher eine Maschine, die so stark war wie zwei herkömmliche, um sie zur Unterstützung während der Anfahrt auf den Sherman Hill an das Ende der Züge zu postieren. Dabei handelte es sich um die DD 35, die zwei vierachsige Triebwerke auswies. Diese Fahrwerke waren sehr »steif« und wenig kurvengängig. Trotzdem war diese Baureihe recht effizient. Sie führte in weiterer Folge zur Entwicklung der stärkeren SS 40AX.

TECHNIK Die aus der DD 35 hervorgegangene DD 40AX (Baureihe 6900 bis 6946) war in gewissem Sinne eine doppelte GP-40. Ihre zwei 4925 kW starken Dieselmotoren lieferten die Kraft für die acht elektrischen Antriebsmotoren. Diese Leistung ist aber nicht außergewöhnlich. Eine 115 t schwere Elektrolok CC 6500 der SNCF liefert beispielsweise 5900 kW. Um aber einen gerechten Vergleich anzustellen, ist zu berücksichtigen, dass eine 114 t schwere CC 7200 Diesel der SNCF 2250 kW erreicht. Die Verhältnisse zwischen Gewicht und Leistung sind demnach auf beiden Seiten des Atlantiks ähnlich, was die Leistung betrifft. Die DD 40AX hat eigentlich keine Nachfolger, weil die Union Pacific aus wirtschaftlichen Überlegungen zur Vergangenheit zurückzukehren versucht. Das heißt, sie verwendet je nach Gewicht der Züge eine unterschiedliche Anzahl herkömmlicher Dieselloks.

Visitenkarte

Herkunft
USA

Baujahr
1969

Typ
Güterzug-lokomotive

Antrieb
dieselelektrisch

gebaute Exemplare
47

hergestellte Versionen
1

EMD SD 40-2

Visitenkarte

Herkunft
USA

Baujahr
1972

Typ
Güterzug-lokomotive

Antrieb
dieselelektrisch

gebaute Exemplare
rund 8000 (bis 1980)

hergestellte Versionen
1

Das Bild dieser Lokomotiven in Mehrfachtraktion an der Spitze sehr langer, schwerer Güterzüge ist typisch in den weiten Ebenen des amerikanischen Westens. Mit ihren zwei Triebwerken und einer Gesamtanzahl von sechs Treibachsen sind diese Maschinen das Symbol der Vormachtstellung von General Motors bei der Konstruktion und beim Verkauf von Dieselloks im gesamten amerikanischen Raum. Vom Modell SD 40-2 wurden mehr als 4000 Stück verkauft.

EIGENSCHAFTEN Achsfolge: CoCo. **Spurweite:** 1435 mm. **Länge:** 20.980 mm. **Höchstgeschwindigkeit:** 105 km/h. **Gewicht:** 167 t. **Treibstoff:** Diesel. **Motoren:** EMD 645 E3, 16 Zylinder mit 3000 PS (2240 kW). **Leistungsübertragung:** elektrisch mit Wechselstromgeneratoren und Siliziumgleichrichtern, 6 Antriebsmotoren.

GESCHICHTE Die Electro Motor Division (EMD) der GM hat immer zwei Versionen der gleichen Lok angeboten: Achsfolge BoBo oder CoCo. Die BoBo hat ein erheblich höheres Achsgewicht, weil sie nur auf vier Achsen ruht. Die CoCo mit sechs Achsen beansprucht die Schienen weniger und kann daher auf allen Strecken eingesetzt werden. Darüber hinaus verfügt die CoCo auch über eine höhere Haftreibung und bietet daher eine exzellente Zugkraft, auch bei ungünstigen Klimaverhältnissen und rutschigen Gleisen. Das Modell CoCo erhielt den Beinamen Special Duty (»Spezialaufgaben«) und hat wie die SD in den 50er- und 60er-Jahren den Markt beherrscht. 1965 wurde die SD 45 in einer Stückzahl von 1260 produziert.

TECHNIK Ab 1972 verbesserte die EMD ihre Modelle und konstruierte eine neue Baureihe, genannt Dash-2. Sie ist vom Verbrauch und von der Wartung her wirtschaftlicher und verfügt über eine zufriedenstellende elektronische Steuerung der Antriebsmotoren. Diese Verbesserungen und neue dreiachsige Triebwerke (High Traction C), die eine bessere Haftreibung beim Anfahren gewährleisten, haben die SD 40-2 zur besten amerikanischen Diesellokomotive gemacht. Die Güte dieses Entwurfs schlägt sich auch in den Verkaufszahlen nieder, die in kurzer Zeit die unglaubliche Marke von 4000 Exemplaren überschritten haben – mehr als zehn Mal so viel wie die verbreitetsten Baureihen der europäischen Dieselloks.

232 DB

Visitenkarte

Herkunft
Deutschland

Baujahr
1973

Typ
Personenzug-lokomotive

Antrieb
dieselelektrisch

gebaute Exemplare
279

hergestellte Versionen
2

In der Sowjetunion entworfen, war der Bau der Lokomotiven der Baureihe 132 DR (später in 232 DB umbenannt) Teil eines weit gehenden Programms zur Modernisierung der Eisenbahn in der Deutschen Demokratischen Republik. Nach der deutschen Wiedervereinigung wurden diese robusten Maschinen technischen Verbesserungen unterzogen und in großer Zahl in den Fuhrpark der neuen DB integriert.

EIGENSCHAFTEN Achsfolge: CC. **Spurweite:** 1435 mm. **Länge:** 20.620 mm. **Höchstgeschwindigkeit:** 120 km/h. **Gewicht:** 125,5 t. **Treibstoff:** Diesel. **Motoren:** 16 Zylinder, Viertakt mit 3000 PS (2240 kW). **Leistungsübertragung:** elektrisch mit Wechselstromgeneratoren, 6 Antriebsmotoren. **Zugkraft:** 326 kN.

GESCHICHTE Die Wirtschaft der Deutschen Demokratischen Republik konnte sich nur in der Umgebung der so genannten »Bruderstaaten« entfalten. Es war daher ganz normal, dass die DR der sowjetischen Industrie Aufträge anvertraute. Im Lauf der Jahre bestellte man also eine Gesamtmenge von 1245 Lokomotiven der verschiedensten Modelle, unter denen sich auch diese CC-Diesellok befand, die in der Fabrik von Voroshilovgrad gebaut wurde. Die Lieferung erstreckte sich über 16 Jahre, in deren Verlauf die DDR eine große Zahl an Dampflokomotiven aus dem Verkehr zog (zu Beginn der 70er-Jahre war der Elektroantrieb in der DDR immer noch wenig verbreitet).

Oben: Eine 232 DB an der Spitze eines Personenzuges.
Auf der gegenüberliegenden Seite: Eine Reihe von SD 40-2 in mehrfacher Traktion.

TECHNIK Die sowjetische Lokomotive TE 109 war Ausgangspunkt für die Produktion der 132. Die ersten Lokomotiven dieser Baureihe wurden 1975 ausgeliefert. Insgesamt lieferte die Sowjetunion 279 Maschinen. Bis zur deutschen Wiedervereinigung bildete die Baureihe 132 der DB die Grundlage für den Personenverkehr auf nicht elektrifizierten Strecken, sie fand aber auch als Güterzuglokomotive Anwendung. Diese Maschinen konnten mit 120 km/h fahren und waren mit einem Heizungssystem für die Waggons ausgerüstet, was allerdings nicht auf die Güterzugversion der 132, die 131, zutraf. Die Vereinigung der beiden deutschen Staaten und die daraus resultierende Übernahme der DR durch die DB bedingte auch eine komplette Neuorganisation des Fuhrparks. Aus der 132 wurde die Baureihe 232, und jene Maschinen, deren Reparatur sich als zu teuer erwies, wurden verschrottet. Dies traf auch auf andere Baureihen zu, die von den Verantwortlichen der neuen DB nicht akzeptiert wurden, so die 118 und die 120. Die Baureihe 232 wurde stark dezimiert, sie verlor mehr als 100 Maschinen, weil der Personen- und Güterverkehr in den »neuen Ländern« stark abnahm. Mit der Beförderung der Intercityzüge und ihrem Einsatz im Binnenverkehr hat sich das Arbeitsgebiet der 232 aber wieder erweitert. Einige Einheiten erhielten eine neue Motorisierung (Baureihe 234), die ihnen das Erreichen der 140 km/h-Marke erlaubt.

Class 60

Visitenkarte

Herkunft
Großbritannien

Baujahr
1989

Typ
Güterzug-lokomotive

Antrieb
dieselelektrisch

gebaute Exemplare
100

hergestellte Versionen
1

Oben: Eine Class 60, gekuppelt mit einer Class 37.

Die Class 60 beweist schlagkräftig den Willen der britischen Eisenbahnen, eine Politik der Höchstleistung zu verfolgen. Aber diese Maschinen sind auch das Ergebnis der Anstrengung, ästhetischen Ansprüchen zu genügen, die bis dahin im Bereich der Produktion von Dieselloks in Großbritannien vernachlässigt wurden.

EIGENSCHAFTEN Achsfolge: CoCo. **Spurweite:** 1435 mm. **Länge:** 21.340 mm. **Höchstgeschwindigkeit:** 100 km/h. **Gewicht:** 129 t. **Treibstoff:** Diesel. **Motoren:** Mirres MB 275 T, 12 Zylinder, Viertakt mit 3100 PS (2310 kW). **Leistungsübertragung:** elektrisch mit Wechselstromgeneratoren, 6 Motoren mit 300 kW.

GESCHICHTE Während der 50er-Jahre wurden in Großbritannien erfolgreich viele Lokomotiven mit Gasturbinen ausprobiert, doch der herkömmliche Dieselmotor behielt die Oberhand, weil er all seine Vorteile ausspielte. Vor allem in den DMU (Diesel Multiple Units), denn der Erfolg dieser Dieselloks stellte sich bereits 1954 ein. Die erste große Diesellokomotive war die von English Electric gebaute Deltic, die 100 Meilen pro Stunde (160 km/h) schnell fahren konnte. 1976 wurde die Class 56 vorgestellt, starke und schwere Typ CoCo-Loks, mit 16 Zylinder-Motoren und – für die damalige Zeit – beachtliche 3250 PS stark. 1982 erreichte die Class 56 3300 PS (2460 kW); es handelte sich um sehr innovative Maschinen mit selbsttragender Karosserie. Schließlich tauchten 1986 neue CoCo-Loks auf, die in den Vereinigten Staaten gebaut worden waren (was für die britischen Bahnen außergewöhnlich war). Diese Class 59 hatte ebenfalls eine Leistung von 3300 PS, war aber um 5 t leichter. Die Class 60 reiht sich in diese Tradition ein.

TECHNIK Am 13 Juni 1989 – gerade einmal 13 Monate nach Bestellung – wurden die ersten Class 60 von Bush Traction in Loughborough ausgeliefert. Unter dem klaren und eleganten Lokkasten verbarg sich ein höchst kompliziertes Antriebssystem. Es handelte sich nämlich um die ersten Lokomotiven der Welt mit einer Anfahrtsschlupfregelung für die Räder. Ein Mikroprozessor erkennt, egal ob beim Anfahren oder bei sehr niederen Geschwindigkeiten, die leiseste Andeutung eines Traktionsverlustes und hält das entsprechende Rad immer im optimalen Haftungsbereich, in dem er die Antriebskraft reguliert. Auf diese Weise kann die Lokomotive schwere Züge mit weniger als 4 km/h ziehen, ohne dass das sogenannte »Schleudern« (Durchdrehen der Räder) auftritt. Diese Eigenschaft ist für automatisierte Belade- und Entladevorgänge (zum Beispiel von Schüttgut) von größter Wichtigkeit. Die Lieferung der 100 Lokomotiven der Class 60 war im Februar 1993 abgeschlossen.

P32 Amtrak

Visitenkarte

Herkunft
USA

Baujahr
1991

Typ
Personenzug-lokomotive

Antrieb
dieselelektrisch

gebaute Exemplare
20

hergestellte Versionen
1

Oben: Eine P32 an der Spitze eines Personenzuges in Kalifornien.

Für die nationale amerikanische Eisenbahngesellschaft Amtrak bedeutete diese Baureihe eine Zwischenstation auf dem Weg bis zur viel stärkeren P40 AMD, die mit über 160 km/h fahren kann.

EIGENSCHAFTEN Achsfolge: BoBo. **Spurweite:** 1435 mm. **Länge:** 21.184 mm. **Höchstgeschwindigkeit:** 140 km/h. **Gewicht:** 118 t. **Treibstoff:** Diesel. **Motoren:** DASH-8-32 PBS mit 2386 kW (3200 PS). **Leistungsübertragung:** elektrisch mit 4 Antriebsmotoren.

GESCHICHTE Zwischen 1976 und 1988 gab Amtrak 210 Lokomotiven mit der Achsfolge BoBo in Auftrag. Dabei handelte es sich um die F40, die aus der widerstandsfähigen, für den Güterverkehr konzipierten GP-40 entstanden war und von der Electro Motor Division von General Motors gebaut wurde. Die Achsanordnung BoBo erlaubte es, mit der schlechten Qualität jener Strecken zurechtzukommen, die sie manchmal – vor allem im Transkontinentalverkehr – befahren müssen. Gegen Ende der 80er-Jahre verzeichnete Amtrak eine beachtliche Zunahme des Verkehrs auf allen Linien und begann daher über einen Ersatz für die F40 nachzudenken (Dieselloks sind sehr schnell veraltet).

TECHNIK Ermutigt vom Wiederaufschwung des Passagierverkehrs, entschied sich Amtrack 1990, amerikanischen Konstrukteuren den Auftrag für eine neue Personenzuglok zu erteilen. Diese Maschine sollte komplett neu entworfen werden und nicht, wie bis dahin üblich, aus einer bereits für den Güterverkehr verwendeten Lokomotive entstehen. Dies war ein wichtiges Ereignis in der Eisenbahngeschichte der Vereinigten Staaten. Die beiden großen, traditionellen Hersteller, EMD von General Motors und General Electric, machten sich sofort an die Arbeit. Die P-40 von General Electric erhielt den Zuschlag. Allerdings konnte die erste Einheit dieser Baureihe nicht vor 1994 geliefert werden. Zur Überbrückung bestellte Amtrak ebenfalls von General Electric 20 P32-Lokomotiven. Diese Maschinen mit der Achsfolge BoBo waren schwer und sehr stark und konnten 2386 kW entwickeln, was der ansehnlichen Leistung von 3200 PS entspricht. Es handelte sich allerdings nicht um richtige Personenzuglokomotiven, weil sie nämlich – wie in der Vergangenheit – eine Weiterentwicklung von Maschinen waren, die man für den Güterverkehr konstruiert hatte. Trotzdem stellten sie sich als optimal geeignet heraus, indem sie dem drängenden Bedarf der Amtrak nach Triebfahrzeugen ein Ende bereiteten.

Bugatti PLM ed État

Visitenkarte

Herkunft
Frankreich

Baujahr
1933

Typ
Triebwagenzug

Antrieb
Gemisch aus Benzol, Alkohol und Benzin

gebaute Exemplare
76

hergestellte Versionen
4

Oben: Die Frontalansicht des Bugatti-Triebwagens gibt den Blick auf den Führerstand nicht frei, der sich in der Mitte des Triebfahrzeugs in erhöhter Position befand.
Auf der gegenüberliegenden Seite der Fliegende Hamburger.

Der geniale Automobilkonstrukteur Ettore Bugatti entwarf für die französischen Eisenbahnen schnelle und bequeme Triebwagen, die für Langstrecken bestimmt waren. Von mehreren Verbrennungsmotoren angetrieben, brachen sie einige Geschwindigkeitsrekorde (196 km/h im Jahre 1933). Mit ihrem avantgardistischen Aussehen haben die Bugatti-Triebwagen neue Regeln für das Design von Schnellzügen vorgegeben.

EIGENSCHAFTEN Zusammensetzung: 1B1 + 1B1. **Spurweite:** 1435 mm. **Länge:** 22.300 mm. **Höchstgeschwindigkeit:** 159 km/h. **Gewicht:** 32 t. **Adhäsionsgewicht:** 16 t. **Treibstoff:** Gemisch aus Benzol, Alkohol und Benzin. **Motoren:** 4 Bugatti Royale mit 200 PS (150 kW). **Leistungsübertragung:** direkt über hydraulische Kupplung und Übertragungswelle an den zwei mittleren Achsen in jedem Triebwerk. *(Angaben beziehen sich auf den Triebwagen État)*

GESCHICHTE Im Verlauf der 20er-Jahre und vor allem im darauf folgenden Jahrzehnt bekamen die Eisenbahnen die immer stärker werdende Konkurrenz durch das Auto zu spüren. Daher wandten sich die Eisenbahngesellschaften an die Automobilkonstrukteure, die ihnen schnelle, bequeme, aber kostengünstige Transportmittel entwerfen sollten. Einige schlugen daraufhin mittelmäßig für die Eisenbahn adaptierte Autobusse vor, andere hingegen, wie Renault, entwarfen richtige, schwere Triebwagen, die viele Nebenbahnen retteten, die besonders stark durch die automobile Konkurrenz gefährdet waren. Bugatti aber entwarf einen regelrechten Schnellzug für Hauptbahnen.

TECHNIK Der Bugatti-Triebwagen verriet in vielerlei Hinsicht die Herkunft aus der Automobilwelt seines Konstrukteurs. Das Bremssystem wurde mittels eines großen Steuerrades an der Seite des Führerhauses bedient. Über einen Komplex aus Winden, Seilzügen und Kabel wurde damit eine Trommelbremse bedient, die ihre Herkunft eindeutig im Autobau hat. Dieses eher rückständige System war nicht von beispielhafter Wirkung. Die vierachsigen Fahrwerke, ebenfalls typisch für die Welt des Automobils, wiesen eine Blattfederung auf, die sich als derart effizient erwies, dass der Triebwagen über einen Streckenabschnitt mit fehlerhaften Schienen fahren konnte, ohne zu entgleisen! Die Motoren trieben die Achsen ohne Geschwindigkeitsveränderung direkt mittels Übertragungswellen an, was einfach durch eine hydraulische Kupplung erreicht wurde. Der Lokführer, der in einem Art Kabinenaufbau in erhöhter Position saß, musste beim Anfahren kräftig »Gas geben« und dann loslassen, wenn der Triebwagen Geschwindigkeit aufnahm. Oft schlugen Flammen aus den seitlichen Auspuffrohren, die den am Bahnsteig wartenden Reisenden nicht wenige Unannehmlichkeiten bereiteten. Die Laufbahn der Bugatti dauerte bis 1940. Auf den verstaatlichten Bahnen und den Strecken der PLM verkehrten insgesamt 76 Einheiten.

SVT 877 Fliegender Hamburger DRG

Die Dieseltraktion für schnelle Verbindungen über größere Distanzen stammt aus Deutschland. Schon seit den 30er-Jahren stellte die DR Schnellzüge in Dienst, welche die Verbindung zwischen den großen Städten des Landes mit Geschwindigkeiten über 150 km/h gewährleisten sollten. Das war sozusagen die Vorwegnahme dessen, was nach dem Krieg der TEE sein sollte.

EIGENSCHAFTEN Zusammensetzung: 2Bo2. **Spurweite:** 1435 mm. **Länge:** 41.902 mm. **Höchstgeschwindigkeit:** 160 km/h. **Gewicht:** 101 t. **Treibstoff:** Diesel. **Motoren:** 2 x 410 PS. **Leistungsübertragung:** elektrisch. *(Angaben beziehen sich auf die Ursprungsversion des »Fliegenden Hamburger«)*

GESCHICHTE Im Lauf der 30er-Jahre wurde das Transportsystem in Deutschland intensiv entwickelt, und obwohl man viele Autobahnen baute, vernachlässigte man die Leistungssteigerung und Modernisierung der Eisenbahnen nicht. Die Direktoren der Deutschen Reichsbahn rechneten damit, dass ihnen das Flugzeug einen großen Teil ihrer Kundschaft abspenstig machen könnte. Um dieser potenziellen Gegnerschaft zu begegnen, stellten sie auf der Strecke Berlin-Hamburg den neuesten Triebwagenzug *Fliegender Hamburger* in Dienst. Mit dessen Vorstellung 1933 konnte sich Deutschland des schnellsten Eisenbahnbetriebs der Welt rühmen. Die 290 km, die beide Städte trennten, wurden in nur 138 Minuten zurückgelegt. Die Durchschnittsgeschwindigkeit betrug 126 km/h, die Spitze lag bei über 160 km/h. Der Erfolg war so groß, dass es auch bald zum Einsatz auf anderen Strecken kam.

TECHNIK Ausgestattet mit zwei Maybach-Dieselmotoren mit je 410 PS (305 kW), waren diese aus zwei Elementen bestehenden Triebwagenzüge mit 81 Plätzen sehr schnell. Bei der Gelegenheit von einigen Tests erreichten sie 212 km/h. Daher waren die 150 bis 160 km/h, die sie im Fahrbetrieb hielten, sicher nicht das Höchste ihrer Möglichkeiten. Jeder Zug bestand aus zwei Karosserien, die auf drei Fahrwerken mit zwei Achsen ruhten. Das mittlere Laufwerk teilten sich also die beiden Karosserien (System Jakobs). Die beiden äußeren Laufwerke waren führend und trugen das Gewicht der beiden Dieselmotoren (410 PS) und die mit ihnen verbundenen Generatoren. Diese lieferten den Strom für den Antrieb der Elektromotoren, die (einer pro Achse) auf dem mittleren Fahrwerk angebracht waren. Die Lösung mit zwei Lokkästen und drei Fahrwerken erwies sich als sehr zufriedenstellend, obwohl das Gesamtgewicht des Triebwagens nur 101 t betragen durfte. Der Ausfall eines Triebwerkes hätte den Triebwagenzug lahmgelegt. Die DR blieb daher auf Dauer nicht bei dieser Anordnung. 1935 bestellte sie zwei Triebwagen mit drei Elementen (Modell Leipzig), dann, 1937, zwei Triebwagen mit vier Elementen (Modell Berlin). Diese Elemente verfügten über eigene Fahrwerke und bestanden aus einem Triebwagen mit 1300 PS und drei Anhängern, einer mit einem Führerhaus am Ende. Die letzte Reihe von 14 Garnituren mit drei Elementen vom Modell Köln wurde 1938 bestellt.

Visitenkarte

Herkunft
Deutschland

Baujahr
1933

Typ
Triebwagenzug

Antrieb
dieselelektrisch

gebaute Exemplare
13 Originalgarnituren + 20 Nachfolgemodelle

hergestellte Versionen
5

ETR 200 FS

Visitenkarte

Herkunft
Italien

Baujahr
1936

Typ
elektrischer Zug

Antrieb
elektrisch, Gleichstrom

gebaute Exemplare
16

hergestellte Versionen
1

Oben: Ein ETR 200 im Jahre 1939 im Bahnhof von Bologna.

Der Übergang vom »Schnelltriebwagen«, ein beliebter Zug auf nicht elektrifizierten Nebenbahnen, zum elektrischen Zug mit erstklassigem Service zwischen Rom und Mailand stellte einen bedeutenden Schritt in der Entwicklung der italienischen Eisenbahn dar. Der ETR 200 läutete den Beginn des elektrischen Zuges ein.

EIGENSCHAFTEN Zusammensetzung: Bo(1A)(A1)Bo. **Spurweite:** 1435 mm. **Länge:** 62.800 mm. **Höchstgeschwindigkeit:** 160 km/h. **Gewicht:** 117 t. **Adhäsionsgewicht:** 76 t. **Stromsystem:** Gleichstrom 3000 V. **Motoren:** 6 x 190 kW.

GESCHICHTE 1936 wurden die ersten Exemplare des ETR 200 bestellt. Gebaut wurde er mit planerischer Unterstützung der FS von Breda. Sowohl aus technischer als auch aus ästhetischer Sicht (das Design stammt von Giuseppe Pagano und Giò Ponti, zwei weltberühmten Architekten) ist er ein einwandfreier Zug. Bei dieser Gegelegenheit wurde auch der Begriff »elektrischer Zug« geprägt, der den Unterschied zu herkömmlichen Zügen unterstreichen soll, der aus einem Triebfahrzeug und einer gewissen Anzahl an Waggons zusammengesetzt ist. Die sehr leisen Motoren sind unter den Sitzen der Passagiere angebracht, und die hohe Geschwindigkeit ist das Ergebnis des geringen Gewichts des Zuges.

TECHNIK Der ETR 200 besteht aus drei Elementen, die perfekt aerodynamisch geformt sind und auf vier Fahrwerken ruhen. Die dreieckige Form der Front führte zu einem Luftwiderstandskoeffizienten von 0,32, das entspricht der Hälfte dessen, was heutige E-Loks aufweisen. Es handelte sich um einen Luxuszug, der mit allen wichtigen Innovationen ausgestattet war: 100 Sitzplätze, keine Abteile, aber ein einheitliches Raumangebot nach amerikanischem Vorbild, Bordrestaurant, Klimaanlage, nicht öffnende Fenster, aber nach außen abgedichtete Verbindungen zwischen den drei Karosserien für einen vollständigen Druckausgleich. Die sechs auf den Fahrwerken angebrachten Motoren (1140 kW) waren für eine Geschwindigkeit von 160 km/h angelegt, aber nach den ersten Tests war klar, dass der Zug sehr stabil und viel schneller war. Bei einer Testfahrt 1938 wurden die 214 km zwischen Rom und Neapel in 83 Minuten mit einer Durchschnittsgeschwindigkeit von 154 km/h zurückgelegt. Im Jahr darauf durchfuhr der ETR 212 die 316 km zwischen Florenz und Mailand in 1 Stunde 55 Minuten, was einer Durchschnittsgeschwindigkeit von 165 km/h entspricht. Dies war ein Weltrekord im Linienverkehr, und die Spitzengeschwindigkeit lag bei 203 km/h. Von der Serie ETR 200 wurden 16 Einheiten gebaut. Sie wurden in den 60er-Jahren verbessert und als ETR 220 P neu klassifiziert. Diese Züge waren bis in die 80er-Jahre im Liniendienst unterwegs.

TALGO

Visitenkarte

Herkunft
Spanien

Baujahr
1941 bis 2002

Typ
Triebwagenzug

Antrieb
diesel-hydraulisch

gebaute Exemplare
über 100

hergestellte Versionen
21

Oben: Die neueste Version des TALGO, die Baureihe XXI.

Entstanden zu Beginn des Zweiten Weltkriegs, besteht der TALGO (Tren Articulado Ligero Goicoechea-Oriol) aus einem Niederflur-Gliederzug, der über Achsen mit Einzelradaufhängung verfügt. In beinahe einem halben Jahrhundert hat sich dieses revolutionäre Konzept zuerst unaufhaltsam in Spanien verbreitet und dann die Grenzen überschritten und sogar das Hindernis der verschiedenen Spurweiten überwunden.

EIGENSCHAFTEN Zusammensetzung: 2 Triebköpfe Bo1 mit 10 Anhängern. **Spurweite:** 1672 bis 1435 mm. **Höchstgeschwindigkeit:** 220 km/h. **Gewicht:** 51 t. **Treibstoff:** Diesel. **Motoren:** Krauss Maffei mit 1500 kW. **Leistungsübertragung:** hydromechanisch. *(Angaben beziehen sich auf die Baureihe XXI)*

GESCHICHTE Der erste TALGO verkehrte 1941 zwischen Madrid und Segovia, er wurde von einem eigens umgebauten Triebwagen gezogen. Das Originalkonzept bestand aus einem Triebkopf mit zwei Achsen, dem eine Reihe von sehr kurzen Waggons mit jeweils einer Achse folgten. Weil er vom Gesamtgewicht her sehr leicht ist, auch auf den mittelmäßigen Strecken des heutigen Spanien einfach zu befördern, gelang es dem TALGO, bald auch die Hauptverbindungen mit langen Fahrzeiten der RENFE (die spanische Eisenbahn) zu befahren. Sein Platzangebot war entschieden besser als das der Triebwagenzüge und seine Geschwindigkeit bedeutend höher als die der Dampflokomotiven.

TECHNIK 1966 wurde ein originelles System zum Umspuren eingeführt, das der RENFE den Zugang zu anderen europäischen Gesellschaften öffnete. 1968 trat die RENFE dem TEE-Pool (Trans-Europ Express) bei, der 1957 gegründet worden war, um die hochwertigen Schnellverbindungen zwischen den westeuropäischen Ländern zu betreiben. Der eigens für diesen Zweck entworfene TALGO III RD wurde 1967 in Irun getestet. 1969 wurde die erste internationale Verbindung des TEE Catalan TALGO zwischen Barcelona und Genf realisiert. Fünf Jahre zuvor war der Barcelona TALGO in Betrieb gegangen – ein Nachtzug, der in elf Stunden zwischen Madrid und Paris verkehrte. Er verfügte über TALGO III RD Camas-Waggons mit Schlafwagenservice. 1980 erschien eine neue TALGO-Generation mit passiver Neigetechnik, die eine Kurvendurchfahrt mit höherer Geschwindigkeit und größerem Komfort für die Fahrgäste erlaubt. 1981 wurden diese Fahrzeuge mit einer Umspureinrichtung versehen. Die neueste Generation des TALGO, die Baureihe XXI, kann zwei Vorzüge aufweisen: Geschwindigkeit und Bequemlichkeit. Die neuesten Züge sind wahre Hotels auf Rädern – mit Schlafwagen, Telefon, Dusche und WC ausgestattet.

VT 601 TEE DB

Visitenkarte

Herkunft
Deutschland

Baujahr
1957

Typ
TEE-Zug

Antrieb
Diesel

gebaute Exemplare
9

hergestellte Versionen
1

Der TEE stellte in den 50er- und 60er-Jahren die optimale Lösung für den schnellen Verkehr zwischen den europäischen Hauptstädten dar. Die eleganten VT 601-Züge der deutschen Eisenbahn haben die erste Phase des internationalen Trans-Europ Express-Verkehrs geprägt.

EIGENSCHAFTEN Zusammensetzung: 2 Triebköpfe mit 5 Anhängern. **Spurweite:** 1435 mm. **Länge:** 130.680 mm. **Höchstgeschwindigkeit:** 140 km/h. **Gewicht:** 214 t. **Treibstoff:** Diesel. **Motoren:** 2. **Leistungsübertragung:** hydromechanisch Maybach-Voith.

GESCHICHTE Die Trans-Europ Express-Gruppe entstand 1957 aus der Notwendigkeit, einen Park mit schnellen und komfortablen Dieselfahrzeugen zu schaffen, welche die großen europäischen Städte bedienen. Die deutschen, belgischen, französischen, italienischen, luxemburgischen, niederländischen und schweizerischen Eisenbahnen taten sich zusammen, um diese verschiedenen Fahrzeugtypen zu bauen. Jene Italiens und Frankreichs waren einerseits nichts anderes als eine luxuriösere Ausgabe bereits existierender Züge. Auf der anderen Seite wurden die schweizerisch-niederländischen und die deutschen von Grund auf neu entworfen und gebaut. Sie waren schwer und bequem, hatten getrennte Triebköpfe, die eigentlich echte E-Loks waren, Waggons mit und ohne Abteile, Speisewagen, Klimaanlage usw.

TECHNIK Der VT 601, ursprünglich VT 115, verfügte über einen vorderen Triebkopf mit erhöhtem Führerhaus, ein Abteil mit den Hilfseinrichtungen (Generatoren, Klimaanlage usw.), ein Gepäckabteil und ein Abteil für Eisenbahnpolizei, Zollwache und Zugpersonal. Dem Triebkopf folgte ein Waggon mit sechs Abteilen zu je sechs Sitzplätzen, die durch einen seitlichen Gang verbunden waren. Dann kam ein Wagen mit Küche, Büro und Restaurant mit 23 Sitzplätzen. Diesem folgte einer mit Bar mit 45 Plätzen und ein weiterer Waggon mit 33 Sitzplätzen. Am Ende des Zuges befand sich noch ein Waggon mit sechs Abteilen und der zweite Triebkopf. Die Zusammenstellung war variabel, und in der geräumigsten Kombination konnten 230 Passagiere der ersten Klasse Platz finden. Es gab zwei Motoren mit hydromechanischer Leistungsübertragung. In der häufigsten Zusammenstellung (mit sechs Elementen) betrug die Länge 130.680 mm und die Höchstgeschwindigkeit 140 km/h.

Shinkansen

Visitenkarte

Herkunft
Japan

Baujahr
1964

Typ
elektrischer Hochgeschwindigkeitszug

Antrieb
elektrisch, Einphasenstrom

gebaute Exemplare
etwa 500

hergestellte Versionen
mindestens 12

Mit diesem japanischen Zug wuchsen in den 60er-Jahren die Hoffnungen der Eisenbahnen auf der Welt wieder. Zu jener Zeit dachten nämlich schon viele, dass der Zug als Transportmittel bereits vom Auto und vom Flugzeug verdrängt worden sei.

EIGENSCHAFTEN Zusammensetzung: 16 Fahrzeuge mit zusammen 64 Achsen, alle angetrieben. **Spurweite:** 1435 mm. **Länge:** 401.800 mm. **Höchstgeschwindigkeit:** 210 km/h. **Gewicht:** 922 t. **Stromsystem:** Einphasenstrom 25.000 V/50 Hz. **Motoren:** 64 mit 185 kW. *(Angaben beziehen sich auf die erste Baureihe 0 Kodama aus dem Jahre 1964)*

GESCHICHTE 1964 wurde mit der Eröffnung der Tokaido-Linie (Tokio-Osaka) die Hochgeschwindigkeit in Japan Wirklichkeit. Diese ausschließlich für den Personenverkehr vorbehaltene Strecke verdankt ihre Existenz dem Umstand, dass die japanischen Linien für zufriedenstellende Geschwindigkeiten unbrauchbar waren. Zum einen wiesen sie ein kurvenreiches Profil auf, zum anderen waren sie in Schmalspur (1067 mm) gehalten, was die Geschwindigkeit auf 110 km/h begrenzte. Geneigte Kurven mit Radien von mindestens 4000 m auf den neuen Trassen und die Elektrifizierung mit Einphasenstrom von 25.000V/50Hz, der eine ausreichende Kraftentfaltung zulässt, macht die neue Strecke für Hochgeschwindigkeit geeignet.

TECHNIK Die eigentliche Neuerung war die Erfindung der Hochgeschwindigkeit mit System, die durch Spezialisierung der Strecke (nur für standardisierte elektrische Züge) und die Anwendung von neuen Materialien sowie bester Technologie erreicht wurde. Die Japaner schufen eine Eisenbahn, wie man sie noch nie zuvor gesehen hat, mit Signalanzeige im Führerhaus und automatischer Bremsung, aus Triebwagen zusammengesetzten Zügen mit leichten Fahrzeugen, die alle motorisiert sind und zusammen eine Leistung von über 11.000 kW entwickeln. Auch gibt es keine Bahnübergänge und das Material wird genauestens und regelmäßig gewartet. Von den ursprünglichen 515 km ist das Netz des Shinkansen auf 2000 km angewachsen, weil man auch alte Strecken adaptiert hat. Die Geschwindigkeit wurde auf 270 km/h erhöht und der Fuhrpark ist gewaltig. Der Einsatz der Modelle hängt von der befahrenen Strecke ab. Im Unterschied zu den Anfängen, als es nur die JNR (staatliche japanische Eisenbahn) gab, ist das Netz des Shinkansen heute auf drei Ge-

sellschaften aufgeteilt: West JR, mit der Strecke von Osaka nach Hagata (645 km); Central JR, mit der Strecke Tokio-Osaka (552 km); East JR, mit der Strecke von Tokio nach Niigata und Morioka (67 km), auf der die Spannung von 25.000 V eine Frequenz von 60 Hz aufweist. Das gesamte jährliche Verkehrsaufkommen des Shinkansen beläuft sich auf etwa 60 Milliarden Reisende pro Kilometer. Neben der Baureihe 0 Kodama (»Echo«), deren Eigenschaften in der Einführung besprochen wurden, befahren die Strecke Tokio-Osaka-Hagata (West JR und Central JR) die Baureihe 100 Hikari (»Licht«), die aus dem Jahre 1985 stammt und eine Höchstgeschwindigkeit von 230 km/h auf die Schienen bringt. Weiters die Baureihe 300 Nozomi (»Hoffnung«) aus dem Jahre 1992 mit einer Höchstgeschwindigkeit von 270 km/h. Alle drei Baureihen sind aus 16 Waggons zusammengesetzt. Die einzelnen Gesellschaften haben unabhängig voneinander rollendes Material entwickelt. Hier sind die Baureihen der 90er-Jahre:

- Baureihe 300 X Central JR, existiert erst als Prototyp. Dieser Zug hält den japanischen Geschwindigkeitsrekord von 443 km/h. Er besteht aus sechs Leichtmetallfahrzeugen und ist für eine Reisegeschwindigkeit von 300 km/h konzipiert.
- Baureihe 500 West JR. 16 Leichtmetallfahrzeuge mit Allachsantrieb. Höchstgeschwindigkeit: 350 km/h.
- WIN 350 West JR, existiert als Prototyp. Höchstgeschwindigkeit: 350 km/h. Um die Lärmentwicklung gering zu halten, hat er eine Höhe von 3,2 m über dem Gleis.
- Baureihe 200 East JR (1988). Ihn gibt es in drei Zusammenstellungen, mit acht, 12 oder 16 Fahrzeugen. In der größten Zusammensetzung sind die Fahrzeuge mit 56 Motoren mit 230 kW versehen.
- Baureihe 400 East JR. Er wird wegen seiner verkleinerten Form Mini-Shinkansen genannt. Sie ist die Folge der Umwandlung der herkömmlichen Strecken, deren Spurweite von 1067 auf 1435 mm vergrößert wurde, ohne allerdings die existierende lichte Weite der Tunnels zu ändern. Höchstgeschwindigkeit: 240 km/h und eine Leistung von 5000 kW.
- Baureihe E 1 Max East JR. Er ist das erste Beispiel für einen Hochgeschwindigkeitszug in Doppelstockform. Er besteht aus sieben Fahrzeugen mit insgesamt mehr als 1000 Sitzplätzen.
- Baureihe E3 East JR (1997). Besteht aus vier Fahrzeugen mit 270 Sitzplätzen, hat eine Leistung von rund 5000 kW und kann 275 km/h erreichen.
- Baureihe Star 21 East JR. Prototyp mit einer voraussichtlichen Geschwindigkeit von 300 km/h. Er ist aus neun Fahrzeugen zusammengesetzt und hat eine Gesamtleistung von 5000 kW.

Zum Schluss sei noch erwähnt, dass sich in 38 Betriebsjahren noch kein einziger Unfall mit Todesfolgen für einen Passagier ereignet hat und die durchschnittliche Verspätung bei eineinhalb Minuten liegt.

Unten: Die Baureihe 500 der West JR.
Auf der vorhergehenden Seite: Oben: Ein Zug der Baureihe 0 Kodama. Unten: Ein Zug der Baureihe 100 Hikari.

ETR 401 Pendolino

Visitenkarte

Herkunft
Italien

Baujahr
1976

Typ
elektrischer Schnellzug

Antrieb
elektrisch, Gleichstrom

gebaute Exemplare
1

hergestellte Versionen
1

Der Neigezug stellte für die Eisenbahningenieure immer ein großes Problem dar. In Frankreich wurde zaghaft experimentiert, doch dann scheiterte man. In England schlug man noch erbärmlicher fehl. In Japan gelang es, die Aufgabe ziemlich zufriedenstellend zu lösen. Die ideale Lösung fand man jedoch in Italien.

EIGENSCHAFTEN Zusammensetzung: (1Ao)(Ao1)(1Ao)(Ao1) + (1Ao)(Ao1)(1Ao(A01). **Spurweite:** 1435 mm. **Länge:** 105.900 mm. **Höchstgeschwindigkeit:** 250 km/h. **Gewicht:** 161 t. **Stromsystem:** Gleichstrom 3000 V. **Motoren:** 8 mit 275 kW.

GESCHICHTE Die Idee, einen Zug in einer Kurve zu neigen, wurde untersucht, um höhere Geschwindigkeiten auch auf alten, kurvenreichen Strecken aufrechterhalten zu können. Der Vorteil des so genannten Neigezuges besteht darin, dass der Bau neuer Strecken überflüssig wird und man die Züge auf jeder Strecke verwenden kann, die nach höheren Geschwindigkeiten verlangt. Außer für den Zug fallen dabei keine Ausgaben an.

TECHNIK 1976 von FIAT entworfen und gebaut, hatte dieser Zug mit aktiver Neigetechnik großen Erfolg. Bis dahin war das Problem die Zeit gewesen, die ein Fahrgestell braucht, um am Kurveneingang einzulenken. Das einfachste System bestand in der »passiven« Kurvenneigung: Der Wagenkasten neigt sich nicht, bevor das Fahrzeug nicht in die Kurve eingefahren ist. Ein recht einfaches System, das aber bezüglich einer höheren Stabilität wenig produktiv ist, weil der Ausgleich später eintritt als erforderlich wäre. Es wurde deswegen auch in erster Linie (so bei den TALGO-Zügen) dazu verwendet, den Fahrgästen einen höheren Komfort zu gewährleisten. Das »aktive« System kann hingegen den Punkt des Kurvenanfangs ausmachen und den Einsatz der Hydraulikzylinder nach der Kurvenneigung bestimmen, wenn der Zug an den Übergang von einer Geraden in eine Kurve gelangt. Die Pendelbewegung des Wagenkastens kompensiert daher die Kurvenneigung und die daraus entstehende Seitenbeschleunigung. Dank der FIAT-Konstrukteure wurde so ein effizientes und funktionelles Neigesystem geschaffen. Die Wagenkästen des ETR 401 (und des ETR 450) haben eine Seitenneigung von bis zu 20 Grad. In den folgenden Baureihen (ETR 460/470/480) wurde die Seitenneigung auf 8 Grad beschränkt, um eine mögliche »Seekrankheit« bei Fahrgästen einzudämmen.

TGV

Visitenkarte

Herkunft
Frankreich

Baujahr
1978

Typ
elektrischer Hochgeschwindigkeitszug

Antrieb
elektrisch, Zweistromsystem

gebaute Exemplare
etwa 400

hergestellte Versionen
7

Der TGV ist der Stolz der französischen Eisenbahn SNCF. Der schnellste Zug der Welt, der den Rekord von 515,3 km/h hält, ist mittlerweile ein alltägliches Verkehrsmittel für Millionen von Fahrgästen.

EIGENSCHAFTEN Zusammensetzung: 2 Triebköpfe mit der Achsfolge BoBo und 8 Anhänger. **Spurweite:** 1435 mm. **Länge:** 200.190 mm. **Höchstgeschwindigkeit:** 270 km/h. **Gewicht:** 379 t. **Stromsystem:** Gleichstrom 1500 V, Einphasenstrom 25.000 V. **Motoren:** 6 mit 525 kW. *(Angaben beziehen sich auf den TGV PSE)*

GESCHICHTE Der TGV ist die europäische Version des Shinkansen-Erfolges. Ziel der SNCF war es, neue Schienennetze zu bauen, auf denen man schneller vorwärts kommt, genau so wie die Autobahnen den Autos das Fahren mit höheren Geschwindigkeiten erlauben. Der TGV (*Train à Grande Vitesse*) ist daher auch eine Hochgeschwindigkeitsstrecke. Forschung, Tests, Prototypen mit Turbinen oder Elektrotraktion folgten während einer arbeitsreichen Zeitspanne aufeinander, die von 1966, dem Jahr der Gründung des »Service de la Recherche« durch die SNCF, und 1981, dem Jahr der Indienststellung des TGV Paris Sud-Est, dauerte.

TECHNIK Oft sieht man nur den Zug, der TGV ist aber in erster Linie ein System: Die Lieferung der Fahrzeuge beinhaltet das Service, ihre Benutzung beinhaltet die Energiesteuerung und die Überwachung des Verkehrs. Was das Service betrifft, so sind damit spezielle Werkstätten betraut. In regelmäßigen Abständen erfolgen die genauen und streng festgelegten Inspektionen, um die bestmögliche Verfügbarkeit des rollenden Materials zu garantieren, damit der Verkehrsfluss aufrechterhalten werden kann (über den man durch Platzreservierung genau Bescheid weiß). Was den Betrieb anbelangt, so handelt es sich um Züge,

Rechts: Der TGV A (Atlantique). Auf der gegenüberliegenden Seite: Die komfortable Innenausstattung.

die einander oft im 4-Minuten-Takt folgen, an einem Spitzentag können es bis zu 165 sein (70.000 Sitzplätze). Jeder Zug muss mit 7000 kW versorgt werden, der Fahrplan wird ständig angepasst. Eine computerunterstützte Energieverteilung ermöglicht eine Versorgung mit Millionen von Ampere entlang einer 400 km langen Strecke. Computer kontrollieren alles, jede Bewegung des Zuges bis hin zu den Temperaturen jeder einzelnen Achse. Außer der Geschwindigkeit werden noch zwei andere Ziele verfolgt: Alle zu befördern, weswegen der TGV kein Luxuszug ist, und überall zu verkehren, weshalb der TGV auch die Hochgeschwindigkeitsstrecken verlassen und auf den normalen fahren kann. Die Garnitur besteht aus zwei Triebköpfen und acht Anhängern. Die Anhänger sind untereinander durch gemeinsame Fahrwerke verbunden und spezialisiert. Jeder Waggon hat seine Funktion (Sitzplätze, Küche, Bar usw.). Insgesamt verfügt der Zug über 13 Fahrwerke, sechs davon sind Triebwerke, sieben Laufwerke. Die Triebwerke sind jene der beiden Triebköpfe, welche die Achsfolge BoBo aufweisen, plus die beiden angrenzenden Triebwerke (eines zwischen jedem Triebwerk und dem angrenzenden Zwischenwagen). Außer der Zusammenstellung (acht bis zehn Anhänger) hat sich auch bei den nachfolgenden Versionen nichts an dieser Anordnung geändert. Vom TGV PSE wurden 110 Einheiten gebaut, die alle zwischen Paris und Lyon verkehren, eine spezifische Leistung von 15,5 kW/t aufweisen und mit Gleichstrom betrieben werden. Von dieser Serie sind neun Züge auch geeignet, im 15.000 V-Netz der Ferrovie Federali Svizzere zu verkehren. Sie sind im bekannten Grau-Orange lackiert. Die zweite Generation weist Synchronmotoren auf, kennt verschiedene Zusammenstellungen, hat eine spezifische Leistung von 21 kW/t und ist silber-blau lackiert. Sie umfasst die Baureihen:

- Atlantique (TGV A). Die Leistung der Züge wurde von 6,8 auf 8,8 MW und die Geschwindigkeit von 270 auf 300 km/h erhöht. Der Atlantique Nr. 325 von 1990 hat den Geschwindigkeitsweltrekord von 515,3 km/h auf der Schiene aufgestellt. Die Züge werden hauptsächlich auf den Strecken im Südwesten eingesetzt. Vom TGV A stammt auch der Thalys ab.
- Réseau (TGV R). Er wird so genannt, weil er auf allen französischen Linien, aber auch in allen anderen Netzen verkehren kann. Er ist mit einem Vierstromsystem ausgestattet, das ihm auch ein Befahren des belgischen und italienischen Netzes ermöglicht.
- Duplex. Er ist zweistöckig, um die Transportkapazität verglichen zur Zuglänge und somit auch zur Breite der Durchgänge um etwa 35% zu erhöhen.

Die dritte Generation ist vom Schwenk der SNCF zum Asynchronmotor gekennzeichnet und kann auf allen europäischen Hauptbahnen verkehren. Sie umfasst die Baureihen:

- HSST-Eurostar (TGV HSST). Er wurde entworfen, um den Sicherheitsvorschriften für die Fahrten im Ärmelkanaltunnel zu entsprechen.
- Nouvelle Generation (GTV NG). Er ist der Hochgeschwindigkeitszug der Zukunft. Man plant die Anhebung der Geschwindigkeit von 300 auf 350 km/h, eine Reduktion des Gewichts, eine Verbesserung der Aerodynamik, eine Eindämmung der Lärmentwicklung, eine Verbesserung des Betriebs-Informationssystems und eine größere Flexibilität beim Angebot für die Wagenzusammenstellung.

High Speed Train

Visitenkarte

Herkunft
Großbritannien

Baujahr
1978

Typ
Triebwagenzug

Antrieb
dieselelektrisch

gebaute Exemplare
95

hergestellte Versionen
3

Um die Konkurrenz durch das Flugzeug zu bekämpfen, entschieden sich die Direktoren der europäischen und nordamerikanischen Eisenbahnen in den 60er- und 70er-Jahren, auf Hochgeschwindigkeitszüge hinzuzielen. Nachdem viele komplizierte Systeme getestet wurden, begann man sich zu fragen, ob die Eisenbahn des Jahres 2000 wirklich so anders sein müsse als die der vergangenen Jahrzehnte. Der High Speed Train ist das Ergebnis dieser Abschätzung.

EIGENSCHAFTEN Zusammensetzung: 2 Triebwagen mit der Achsfolge BoBo und 8 Anhänger. **Spurweite:** 1435 mm. **Länge:** 219.594 mm. **Höchstgeschwindigkeit:** 200 km/h. **Gewicht:** 520 t. **Adhäsionsgewicht:** 140 t. **Treibstoff:** Diesel. **Motoren:** 2 Paxman Valenta mit 1680 kW. **Leistungsübertragung:** elektrisch mit Wechselstromgeneratoren, 8 Antriebsmotoren.

GESCHICHTE 1978 in Dienst gestellt, war der High Speed Train 1995 das einzige Überbleibsel einer Epoche, die viele britische Versuche erlebt hat, Hochgeschwindigkeitszüge zu bauen. In Wahrheit lässt sich nicht sagen, ob die britische Eisenbahn mit diesem Zug wirklich ein neues Eisenbahnzeitalter wie Frankreich oder Japan erlebt hat. Sicher ist es gelungen, in den zu jener Zeit so genannten »Club der 200 km/h« einzutreten, einem sehr eingeschränkten Kreis von Bahnen, welche diese Geschwindigkeit im täglichen Verkehr erreichen. Ursprünglich gehörten ihm nur Japan, Frankreich, Deutschland, die USA und Kanada an. Dieser Zug verlieh dem Dieselantrieb buchstäblich eine neue Dimension, weil er beinahe ausschließlich für den Güterverkehr und zum Rangieren bestimmt war, aber noch niemals für hohe Geschwindigkeiten. Im Dienst wurde der HST Intercity 125 genannt, was sich auf die Geschwindigkeit von 125 Meilen pro Stunde bezog (das sind etwa 200 km/h). Über 80 High Speed Train verkehren heute jeden Tag mit dieser Geschwindigkeit von London nach Westen und Norden. Womit sie zu den schnellsten Linienzügen der Welt gehören. Die Entscheidung, die großen britischen Linien zu elektrifizieren, hat aber trotzdem die zukünftige Entwicklung solcher Züge eingeschränkt.

TECHNIK Der High Speed Train ist ein recht herkömmlicher dieselelektrischer Zug, der vorne und hinten aus zwei Triebwagen und aus Mark III-Waggons besteht. Nichts Besonderes, möchte man sofort denken, doch genau dies ist der Punkt: Der HST ist der schnellste existierende Dieselzug, der 1985 einen Geschwindigkeitsrekordsprint von 250 km/h erreichte und im täglichen Dienst mit 200 km/h unterwegs ist. Die beiden Dieselmaschinen sind mit zwei Wechselstromgeneratoren gekuppelt, von denen einer dem Antrieb dient und der andere an eine Versorgungsleitung für die Hilfseinrichtungen angeschlossen ist. Die Totalleistung, mit der die Antriebsmotoren betrieben werden, liegt bei 2930 kW.

ICE

Der ICE (Inter City Express) ist ein Verbindungszug zwischen den deutschen Städten, der für eine Reisegeschwindigkeit von 280 km/h ausgelegt ist. Schnell und sehr bequem, unterscheidet er sich grundlegend von den französischen TGV oder den japanischen Shinkansen.

EIGENSCHAFTEN Zusammensetzung: 2 Triebspitzen mit der Achsfolge BoBo und 14 Anhänger. **Spurweite:** 1435 mm. **Länge:** 385.000 mm. **Höchstgeschwindigkeit:** 280 km/h. **Gewicht:** 850 t. **Stromsystem:** Einphasenstrom 15.000 V. **Motoren:** 4 pro Triebspitze. **Leistung:** 9700 kW. *(Angaben beziehen sich auf die Baureihe ICE-1)*

GESCHICHTE Der Erfolg des japanischen Shinkansen, aber vor allem des französischen TGV zu Beginn der 80er-Jahre, veranlasste Deutschland, Vorbereitungen dafür zu treffen, einen eigenen Hochgeschwindigkeitszug in Dienst zu stellen. Die Entscheidung für einen Prototyp zog sich jedoch in die Länge und die Umsetzung entpuppte sich als arbeitsintensiv. Die einzige 1991 in Betrieb genommene ICE-Garnitur erreichte eine Spitzengeschwindigkeit von 406 km/h.

TECHNIK Die ersten ICE-Garnituren, die in den Liniendienst gestellt wurden, bestanden aus zwei Triebköpfen vorne und hinten und einem Zug aus 14 Waggons. Es war aber jedenfalls eine größtmögliche Flexibilität vorgesehen, um je nach Bedarf Waggons hinzufügen oder wegnehmen zu können. Die Erfahrung aus den ersten Betriebsjahren im Personenverkehr zeigte jedoch, dass diese »Variationsmöglichkeit« im Zusammenhang mit einem sehr dichten Fahrplan zu sehr massiven Zeitverlusten führte, weil die Waggons an- oder abgekuppelt werden mussten. Auch aus diesem Grund traten in den 90er-Jahren die Versionen des ICE-2 in Dienst, die aus kurzen Garnituren bestanden. Diese waren aus fünf bis sechs Waggons und einer einzigen Triebspitze zusammengesetzt. Der Zug kann sich in beide Fahrtrichtungen bewegen, da sich am hinteren Ende des Zuges ein Steuerwagen befindet. Es ist auch möglich, zwei Garnituren zu kuppeln, um im Bedarfsfall einen langen Zug zu erhalten, der praktisch die gleiche Fahrgastkapazität besitzt wie ein herkömmlicher ICE. Es wurden auch andere Versionen vorgestellt. Obwohl die Asynchronmotoren und das Bremssystem des ICE, ebenso wie das Führerhaus und die allgemeine Form, beibehalten wurden, weist das neue Material grundlegende Unterschiede auf. An erster Stelle ist da die Scharfenberg-Kupplung, die zum Zusammenkoppeln der Züge dient und die pneumatische Steuerung und die Glasfaserkabel zur Datenübermittlung verbindet. Dann wurde das Informatiksystem verbessert, ebenso wie die pneumatische Ausrüstung und die elektrischen Installationen. Im Jahre 2000 erschienen die ICE-3, die wie die japanischen Züge über acht Treibachsen in 16 Fahrwerken verfügten und eine Höchstgeschwindigkeit von 330 km/h erreichten. Außerdem gibt es noch den ICE-T (in veränderlicher Zusammenstellung) in einer Diesel- und einer Elektroversion.

Visitenkarte

Herkunft
Deutschland

Baujahr
1991

Typ
elektrischer Zug

Antrieb
elektrisch, Wechselstrom

gebaute Exemplare
215
(bis zum Jahr 2000)

hergestellte Versionen
7

AVE

Visitenkarte

Herkunft
Spanien

Baujahr
1992

Typ
elektrischer Hochgeschwindigkeitszug

Antrieb
elektrisch, Zweistromsystem

gebaute Exemplare
24

hergestellte Versionen
1

Der AVE ist dem französischen TGV sehr ähnlich und unterscheidet sich grundlegend vom Material, das normalerweise die Iberische Halbinsel befährt. Indem man absolut eigenständige Lösungen anwandte, ist es durchaus gelungen, diesen Zug perfekt zu integrieren.

EIGENSCHAFTEN Zusammensetzung: 2 Triebspitzen mit der Achsfolge BoBo und 8 Anhänger. **Spurweite:** 1676 bis 1435 mm. **Länge:** 200.000 mm. **Höchstgeschwindigkeit:** 300 km/h. **Gewicht:** 421 t. **Stromsystem:** Gleichstrom 3000 V, Einphasenstrom 25.000 V/50 Hz. **Motoren:** 4 mit 8800 kW.

GESCHICHTE 1987 wurde in Spanien ein neues Projekt für den Eisenbahnverkehr, besonders die Modernisierung der Hauptbahnen, die in Madrid ihren Ausgang nehmen, ins Auge gefasst. Parallel dazu entstand die Idee zu einer Hochgeschwindigkeitsstrecke nach dem Vorbild des französischen TGV und des deutschen ICE. Nachdem man lange an die sehr verkehrsintensive Strecke Madrid-Saragossa-Barcelona-französische Grenze gedacht hatte, entschied sich die Regierung erst einmal für die Strecke Madrid-Sevilla. Die ursprüngliche Planung sah lediglich einen neuen Streckenabschnitt zwischen Brazatortas und Córdoba (118 km) und die Modernisierung der Abzweigungen nach Sevilla und Madrid vor. Im Falle eines Erfolgs sollte diese Hochgeschwindigkeitsstrecke ein entscheidendes Element für den Bau der Verbindung Madrid-Barcelona werden. Doch in Hinblick auf den EU-Beitritt (die EWG förderte das Projekt mit 30%) und in Folge der starken Expansion der spanischen Wirtschaft wählte man den europäischen Standard (1435 mm) und nicht die Breitspur (1676 mm) der spanischen Eisenbahn. Dadurch wurde es aber auch notwendig, die gesamte Strecke Madrid-Sevilla neu zu bauen, was zu einer Verdoppelung der veranschlagten Kosten führte. Die Hochgeschwindigkeitszüge können jedoch wegen des Spurweitenunterschiedes im Unterschied zu anderen europäischen Bahnen nicht auf den alten Strecken eingesetzt werden. Die neue Strecke wurde wie vorgesehen am 12. April 1992 eröffnet.

TECHNIK Der AVE ist in der Tat die spanische Version des TGV Réseau, der eine gleiche Zusammenstellung, Leistung, Geschwindigkeit und Länge hat. Ebenso werden als Antriebseinheiten Synchronmotoren verwendet. Mit Ausnahme der Karosserie ist der einzige Unterschied das Sitzplatzangebot: 329 gegenüber den 377 des TGV R.

Eurostar

Ursprünglich hieß er Trans Manche Super Train (TMST), doch heute kennt man ihn nur noch als Eurostar. Seit November 1994 verbindet dieser Zug Paris, Brüssel und London in drei Stunden. Vor dem Bau des Tunnels unter dem Ärmelkanal brauchte man sechs bis sieben Stunden, um die gleiche Strecke zurückzulegen.

EIGENSCHAFTEN Zusammensetzung: 2 Triebspitzen mit der Achsfolge BoBo und 8 Anhänger. **Spurweite:** 1435 mm. **Länge:** 393.720 mm. **Höchstgeschwindigkeit:** 300 km/h. **Gewicht:** 816 t. **Stromsystem:** Gleichstrom 3000 V, Gleichstrom 750 V, Einphasenstrom 25.000 V. **Motoren:** 4 x 2 Triebspitzen. **Leistung:** 12.240 kW, 3400 kW, 3400 kW.

GESCHICHTE Die ersten Versuche, England und Frankreich mit einem Tunnel unter dem Ärmelkanal zu verbinden, fanden vor 200 Jahren statt. Doch erst 1987 wurde die anglo-französische Gesellschaft Eurotunnel aus der Taufe gehoben, um eine Eisenbahnverbindung durch einen 50 km langen Tunnel unter dem Ärmelkanal zu errichten und zu betreiben. Der Tunnel wurde 1994 eröffnet und die Reise zwischen den beiden Ländern nimmt etwa 30 Minuten in Anspruch.

TECHNIK Technisch ist dieser Zug aus dem französischen TGV entstanden, wurde aber weiterentwickelt, um auf sehr unterschiedlichen Strecken verkehren zu können. In Frankreich fährt der Eurostar mit 300 km/h auf einer Strecke, die neu ausgestattet wurde. Die Oberleitung führt Einphasenstrom mit 25.000 V/50 Hz, das Achsgewicht ist auf 17 t beschränkt, und eine Signalanzeige befindet sich an Bord – abseits der Spezialstrecken gelten die konventionellen Signale der SNCF. In Belgien verkehrt der Zug auf herkömmlichen Strecken (der Bau neuer Linien wird erwartet), die Stromversorgung erfolgt mit Gleichstrom von 3000 V und die Signalanlagen sind konventionell. In Großbritannien fährt er auf sehr alten, herkömmlichen Strecken, die über eine seitliche Stromschiene mit Gleichstrom versorgt werden. Das Lichtraumprofil ist kleiner dimensioniert, was auch nach kleineren Abmessungen bei den Wagenkästen verlangt. Die Signalanlagen sind konventionell, unterscheiden sich aber von den anderen. Darüber hinaus muss der Zug auf seinen verschiedenen Fahrten durch Europa mit fünf verschiedenen Leitsystemen, vier verschiedenen Bahnsteighöhen usw. zurechtkommen.

Visitenkarte

Herkunft
Belgien, Frankreich, Großbritannien

Baujahr
1993

Typ
elektrischer Hochgeschwindigkeitszug

Antrieb
elektrisch, Dreistromsystem

gebaute Exemplare
42

hergestellte Versionen
1

ETR 500 FS

Visitenkarte

Herkunft
Italien

Baujahr
1995

Typ
elektrischer Hochgeschwindigkeitszug

Antrieb
elektrisch, Zweistromsystem

gebaute Exemplare
60

hergestellte Versionen
2

Die Leistungen der verschiedenen Pendolino-Versionen ermöglichen es Italien bereits, sich zu den wenigen Nationen zählen zu dürfen, die Hochgeschwindigkeitszüge in ihrem täglichen Linienverkehr verwenden. Doch der ETR ist der einzige italienische Zug, der eine Geschwindigkeit von 300 km/h schafft.

EIGENSCHAFTEN Zusammensetzung: 2 Triebspitzen mit der Achsfolge BoBo und 11 Anhänger. **Spurweite:** 1435 mm. **Länge:** 327.600 mm. **Höchstgeschwindigkeit:** 300 km/h. **Gewicht:** 664 t. **Stromsystem:** Gleichstrom 3000 V, Einphasenstrom 25.000 V. **Motoren:** 4 x 2 Triebspitzen mit 1100 kW.

GESCHICHTE Das erste 1988 gebaute Exemplar, der ETR X 500, bestand eigentlich nur aus einer Lokomotive und einem Messwagen. 1990 gingen zwei Garnituren der Vorserie, ETR Y 500, in Betrieb. Sie bestanden beide aus zwei Triebspitzen und zehn Waggons und versahen zwei Jahre lang Regeldienst im Personenverkehr zwischen Rom und Mailand. 1995 begann die erste Serienfertigung dieser Züge. Der Auftrag war für 60 Garnituren vergeben worden, die heute im Einsatz stehen. Anfänglich waren sie mit einem 3000 V-Gleichstromsystem ausgestattet. Die zweite Serie rüstete man in Hinblick darauf, dass Hochgeschwindigkeitsstrecken mit 25.000 V/50 Hz betrieben werden, mit Zweistromsystemen aus. Jeder Zug besteht aus zwei Triebspitzen und 11 Zwischenwagen, doch kann die Zusammenstellung auch bis zu einem Minimum von acht und einem Maximum von 14 Waggons variiert werden.

TECHNIK Die schlanke, von Pininfarina entworfene Form entstand aus stranggepresstem Leichtmetall von großer Haltbarkeit. Die Lokomotiven haben einen widerstandsfähigen Stahlrahmen, während die Seiten- und Rückteile aus Aluminium sind. Das Gewicht beträgt 68 t (17 t pro Achse), das Gewicht der Waggons liegt bei 42 t (10,5 t pro Achse). Der Zug verfügt über luftdichte Verbindungen, Instrumente zur permanenten Kontrolle des Innen- und Außendrucks und über Ventile für einen Druckausgleich. Jede Lokomotive hat zwei Konverter, die 175 kVA bei 450 V/60 Hz liefern können, jeder der beiden ist in der Lage, allein alle Drehstromeinrichtungen inklusive der Motoren zu versorgen. Sollte einer ausfallen, werden automatisch alle Waggons vom anderen ausreichend versorgt, sodass der Normalbetrieb aufrechterhalten werden kann. Der Zug ist mit einem Informatiksystem (SIB) ausgestattet, das folgende Funktionen hat: Verbindung zwischen den Triebfahrzeugen und den Signaleinrichtungen, Diagnose der Einrichtungen in der Garnitur, »Betriebsanleitung« für die Lokführer, Speicherung und Senden von Diagnoseinformationen (was die Wartung optimiert), sowie die Abwicklung des Bordservice zwischen Fahrgästen und Personal. Das Triebwerk der Triebspitze ist zweimotorig und zweiachsig. Motoren und Getriebe sind am Lokkasten aufgehängt, um die Triebwerke möglichst wenig zu belasten und so auch das Schienenmaterial zu schonen.

Transrapid

Visitenkarte

Herkunft
Deutschland

Baujahr
1996

Typ
Magnetschwebebahn für den Personenverkehr

Antrieb
Linearmotor

gebaute Exemplare
7

hergestellte Versionen
7

Magnetschwebebahnen werden oft, ob zu Recht oder zu Unrecht, als die Zukunft des Verkehrs zu Lande betrachtet. Obwohl die ersten Forschungen auf die 60er-Jahre zurückgehen, sind erst in jüngster Zeit Untersuchungen zur wirtschaftlichen Nutzung angestellt worden. Geprüft werden sowohl die Nutzung für Vorortelinien als auch für Hochgeschwindigkeitsbahnen. Das deutsche Projekt Transrapid ist das Resultat.

EIGENSCHAFTEN Länge: 54.000 mm. **Reisegeschwindigkeit:** 400 bis 500 km/h. **Gewicht:** 92 t. **Motor:** linear, dient dem Schweben und dem Vortrieb.

GESCHICHTE 1968 setzten in der Bundesrepublik Deutschland die ersten Forschungen auf dem Gebiet der Magnetschwebebahn ein. Der Prototyp wurde 1971 offiziell vorgestellt und drei Jahre später testete man den Transrapid 04 auf der Versuchsstrecke München-Allach.

TECHNIK Der Transrapid ist so konstruiert, dass er mit 400 bis 500 km/h auf einem Fahrweg aus Stahl oder Beton schwebt. Er wurde mit der in der Luftfahrt verwendeten Technologie gebaut und die Waggons sind geräumige Fahrzeuge, die einen hohen Bequemlichkeitsfaktor aufweisen. Das Anheben und Führen des Transrapid erfolgt durch Magnetfelder, wobei das Fahrzeug durch Umgreifen der Führschiene verankert ist. Weil das System nicht von sich aus stabil ist (die Magneten haben die Tendenz, die Führschiene zu verlassen), dient eine elektronische Regelung zur Aufrechterhaltung eines gleichbleibenden Abstands zwischen beiden Elementen. Ende der 80er-Jahre wurde in Emsland (Niedersachsen) ein Versuchsgelände eingerichtet. Dort konnte 1988 der Prototyp TR 06 auf einem 31 km langen Rundkurs eine Geschwindigkeit von 412 km/h erreichen. Der Transrapid 07 (TR 07) wurde einige Jahre zur Verbesserung der Tests und gleichzeitig zur Sensibilisierung der Öffentlichkeit verwendet. In ständiger Verbindung mit der Betriebsleitzentrale übernimmt der Zugführer im Wesentlichen eine überwachende Funktion. Die Elektromagneten für das Schwebesystem und die Führung werden von einer Batterie gespeist, während der Vortrieb durch einen Langstator-Linearmotor erfolgt, der im Fahrweg installiert ist und von einem Computer gesteuert wird. Zwischen dem Fahrzeug und dem Fahrweg gibt es keinerlei Berührung, weswegen auch keine Teile einem Verschleiß ausgesetzt sind. Pläne für eine 285 km lange Verbindung zwischen Hamburg und Berlin wurden von der deutschen Regierung aus Budgetgründen zurückgestellt. China hat mittlerweile zwischen Peking und dem Flughafen eine Anbindungslinie errichtet, auf der das Transrapid-System zum Einsatz kommt.

Oben: Eine der letzten Versionen des Transrapid. Auf der gegenüberliegenden Seite: Der ETR 500 FS, zweite Serie.

Thalys

Visitenkarte

Herkunft
Frankreich

Baujahr
1997

Typ
elektrischer Hochgeschwindigkeitszug

Antrieb
elektrisch, Vierstromsystem

gebaute Exemplare
27

hergestellte Versionen
2

Oben: Die erste und zweite Version des Thalys. Auf der gegenüberliegenden Seite: Der ETR 470.

Der neue Zug mit Vierstromsystem Thalys kann mit der französischen, belgischen, niederländischen und deutschen Betriebsspannung betrieben werden. Äußerlich ähnelt er sehr dem zweistöckigen Zug TGV Duplex, der im französischen Schienennetz verkehrt. Die Inbetriebnahme der Thalys-Züge hat viel dazu beigetragen, die Fahrzeiten in Europa zu verkürzen.

EIGENSCHAFTEN Zusammensetzung: 2 Triebspitzen mit der Achsfolge BoBo und 8 Anhänger. **Spurweite:** 1435 mm. **Länge:** 200.190 mm. **Höchstgeschwindigkeit:** 300 km/h. **Gewicht:** 456 t. **Stromsystem:** Gleichstrom 3000 V, Gleichstrom 1500 V, Einphasenstrom 25.000 V/50 Hz, Einphasenstrom 15.000 V/16 2/3 Hz. **Motoren:** 4 x 2 Triebspitzen. **Leistung:** 8800 kW.

GESCHICHTE Die neue Linie Lille-Brüssel ermöglichte es dem TGV, Paris mit der belgischen Hauptstadt in weniger als eineinhalb Stunden mit einer Geschwindigkeit von 300 km/h zu verbinden. Die Strecke Paris-Brüssel über Creil, Saint Quentin und Aulnoye hat unlängst den Status einer Regionalbahn übernommen, doch die von den *Corail*-Zügen gebotene Verkehrsqualität auf der Verbindung Paris-Saint Quentin-Maubeuge blieb unverändert, überhaupt was die schnellen Linienverbindungen angeht. Ursprünglich gab es zwischen den Thalys-Zügen und dem TGV Réseau nur geringe Unterschiede in Farbe und Innenausstattung. Sie bestehen aus zwei Triebspitzen und acht Zwischenwagen und sind mit Dreistromsystem ausgestattet. Damit können sie mit 25.000V/50Hz-Einphasenstrom in Frankreich, 3000 V-Gleichstrom in Belgien und 1500 V-Gleichstrom in den Niederlanden bewegt werden. 1997 wurden die neuen Vierstromsystem-Thalys in Dienst gestellt, die außer auf der Strecke Paris-Brüssel-Amsterdam auch auf der Verbindung Paris-Brüssel-Köln eingesetzt werden.

TECHNIK Die neuen Thalys können mit dem französischen, belgischen, niederländischen und deutschen (Einphasenstrom 15.000V/16 2/3 Hz) Stromsystem betrieben werden. Die vier beteiligten Gesellschaften haben 27 Garnituren bestellt. Sie sind in der Lage, mit 300 km/h zu reisen (220 km/h auf konventionellen Strecken). Neun Einheiten blieben im Besitz der SNCF. Die Züge wurden von der GEC Alsthom gebaut. Im Führerhaus befindet sich eine mittlere Konsole wie beim TGV Duplex. Die Züge sind mit Telefon, behindertengerechten Toiletten, Abteilen mit sechs Plätzen in der ersten Klasse, Wickelraum und Kinderspielzimmer ausgestattet. Die meisten Plätze sind Nichtraucherplätze. Die Fahrzeiten Paris-Brüssel betragen 1 Stunde 25 Minuten (gegenüber den früheren 2 Stunden) und 4 Stunden 15 Minuten nach Amsterdam und Köln (gegenüber den über 5 Stunden, die man früher brauchte).

ETR 470

Dieser von Giorgetto Giugiaro entworfene elektrische Zug aus der Familie der Pendolini hat die Fahrzeiten zwischen der Schweiz und Italien reduziert. Seine Ausstattung ist typisch für diese Züge, dazu gehört das Zweistromsystem und ein bemerkenswert verbesserter Komfort.

EIGENSCHAFTEN Zusammensetzung: (1Ao)(Ao1)(1Ao)(Ao1)22. **Spurweite:** 1435 mm. **Länge:** 236.600 mm. **Höchstgeschwindigkeit:** 200 km/h. **Gewicht:** 491 t. **Stromsystem:** Gleichstrom 3000 V, Einphasenstrom 15.000 V/16 2/3 Hz. **Motoren:** 3 x 4 mit 490 kW.

GESCHICHTE Um die Nachfrage nach einer Verbesserung mancher Verbindungen zwischen Italien und Zentraleuropa zu befriedigen, entstand 1996 die Gesellschaft Cisalpino. Sie hat sofort eine Verbindung zwischen Mailand und Genf eingerichtet, wobei dies auch in Hinblick auf den TGV-Anschluss Paris-Lausanne und Mailand-Basel sowie den ICE-Verbindungen nach Norddeutschland geschah. Weiters wurde das Netz um die Verbindungen Genf-Venedig, Mailand-Zürich und Mailand Stuttgart erweitert. Die Züge der Cisalpino bestehen aus ETR 470, die dank des Zweistromsystems und der variablen Zusammenstellungsmöglichkeiten der Waggons wesentliche Fahrzeitverkürzungen zulassen.

TECHNIK Der ETR 470 ist eine Weiterentwicklung des ETR 460 und besteht aus neun Fahrzeugen, die in drei unabhängige Traktionseinheiten unterteilt sind. Jede Traktionseinheit ist mit einem Transformator ausgestattet, der die Hilfseinrichtungen versorgt. Jeder Konverter besteht aus einem GTO-Inverter, der es den auf dem Lokkasten montierten vier Asynchronmotoren erlaubt, eine Leistung von je rund 500 kW zu entwickeln. Die Gesamtleistung liegt bei 6000 kW, die Höchstgeschwindigkeit bei 200 km/h, was angesichts der beträchtlichen Steigungen einen wichtigen Punkt darstellt. Die Fahrwerke sind so angelegt, dass sie auch in enge Kurven optimal einlenken. Außer der primären und sekundären Federung mit Schraubfedern verfügt das Fahrgestell auch noch über ein aktives Stabilisierungssystem. Dieses sorgt mittels Mikroprozessor dafür, dass der Wagenkasten immer auf dem Fahrwerk zentriert bleibt und so optimalen Komfort bietet. Der ETR 470 ist mit einer aktiven Neigetechnik ausgestattet. Nur der Kasten des ersten Fahrzeugs neigt sich nach der Kurveneinfahrt, während sich die folgenden Fahrzeuge mikroprozessorgesteuert in Realzeit neigen. Das erhöht die Kurvengeschwindigkeit. Das Mehrspannungssystem (Einphasenstrom 15.000V/16 2/3 Hz, Gleichstrom 3000 V) verhindert zusätzlich noch Zeitverluste, die durch Lokomotivwechsel an der Grenze verursacht würden. So ausgestattet, vereint mit niederen Wartungskosten, haben sich die ETR 460/470/480 als hochwertige Produkte erwiesen, die von vielen Eisenbahnen angeschafft werden.

Visitenkarte

Herkunft
Italien, Schweiz

Baujahr
1997

Typ
elektrischer Hochgeschwindigkeitszug

Antrieb
elektrisch, Zweistromsystem

gebaute Exemplare
9

hergestellte Versionen
1

Mag-Lev

Visitenkarte

Herkunft
Japan

Baujahr
1962 bis 2005

Typ
Magnetschwebebahn für den Personenverkehr

Antrieb
Linearmotor

gebaute Exemplare
7

hergestellte Versionen
6

1964 eröffneten die Japaner ihre erste Hochgeschwindigkeitsstrecke und eröffneten dem Zug ein neues Zeitalter. Zwei Jahre zuvor hatte man in Japan auch mit dem Projekt einer Magnetschwebebahn mit Linearantrieb begonnen. Ein faszinierendes Abenteuer, das möglicherweise bald zum Abschluss gebracht wird.

EIGENSCHAFTEN Zusammensetzung: 3 Fahrzeuge. **Länge:** 84.000 mm. **Reisegeschwindigkeit:** 500 km/h. **Gewicht:** 801 t. **Motoren:** linear, dient dem Schweben und dem Vortrieb. *(Angaben beziehen sich auf die Version MLX 001)*

GESCHICHTE Es kostete die japanischen Forscher zehn Jahre (1962 bis 1972), um erste Erfahrungen mit der Magnetschwebebahn zu sammeln. 1977 wurde die Versuchsstrecke in Miyazaki eröffnet und der erste Prototyp ML 500 mit einer Führung in der Form eines umgedrehten »T« begann sie zu befahren. Viel später (1980) nahm die Führung endgültig den Querschnitt eines »U« an. 1987 erreichte der ML 500 400,8 km/h. Man entschied sich für den Bau einer neuen 42,8 km langen Teststrecke in Yamanashi, eine Trasse, die einmal Teil der neuen Strecke werden soll. Bis jetzt haben die Prototypen immer relevantere Daten geliefert. Die prinzipiellen Hindernisse, welche die Techniker überwinden mussten, waren jene des Schwebesystems, das sich ursprünglich nur bei einer Geschwindigkeit von nicht weniger als 200 km/h aktivieren ließ. Weiters bot das Führungssystem nicht genug Stabilität, und ein anderes Problem waren die starken Magnetfelder, denen die Passagiere ausgesetzt gewesen wären. Das letzte Exemplar des Mag-Lev (Magnetic Elevation), der Zug MLX 001, scheint all diese Schwierigkeiten endlich überwunden zu haben. Es handelt sich um den sechsten Prototyp, der seit 1962 gebaut wurde, und möglicherweise ist er nicht der letzte.

Oben: Im Inneren des Mag-Lev. Rechts: Die Version MLX 001 in einem Test auf der Strecke bei Yamanashi. Auf der gegenüberliegenden Seite: Die Abbildung des Zuges auf einer Telefonwertkarte (oben) und während eines Experiments (unten).

TECHNIK Der japanische Mag-Lev läuft dank magnetischer Abstoßung in 10 cm Höhe schwebend in einer U-förmigen Führung. Es ist bekannt, dass zwei entgegengesetzte Magnetpole einander anziehen, während sich zwei gleiche abstoßen. Der Schwebeeffekt wird daher durch die Reaktion einer passiven Spule erreicht, die in die U-förmige Führung eingelassen ist, der eine im Zug installierte, aktive, supraleitende Magnetspule gegenüberliegt. In der passiven Spule wird beim Passieren des Zuges durch magnetische Induktion elektrische Energie erzeugt. Um die nötige Abstoßungskraft für das »magnetische Fliegen« zu erzeugen, bedarf es der Einspeisung von Strom mit einer Stärke von 100 kA. Das Magnetfeld ist so aufgebaut, dass es, wenn der Zug abzusinken beginnt, entsprechend stärker, oder im umgekehrten Fall, schwächer wird. Der Antrieb kommt hingegen von einem Linearmotor, der in der Theorie nicht allzu weit entfernt von einem rotierenden ist. An den Seiten der Führung sind Spulen angebracht, die durch fließenden Strom in Elektromagneten verwandelt werden und sich wie die Statoren eines Rotationsmotors verhalten. Die am Zug angebrachten Magneten haben eine den Rotoren eines herkömmlichen Elektromotors entsprechende Funktion. Der durch die Spulen fließende Wechselstrom erzeugt eine magnetische Anziehungskraft auf die am Zug angebrachten Leiter. Wenn der Zug in Bewegung ist, kehrt sich die Polarität der Magneten an Bord um und erzeugt neue Anziehung. Die Karosserie des Mag-Lev besteht aus einer Aluminium-Lithium-Legierung, die aus der Luftfahrt stammt. So wird das Gewicht sowohl für die Schwebetechnik als auch für den Antrieb gering gehalten. Aus den gleichen Gründen ist auch der Querschnitt des Zuges gegenüber jenem der Shinkansen-Züge stark verkleinert. Die Türen öffnen nach oben und die Fahrgäste steigen über einen Tunnel ein, der auch als Schutzschild gegen die Magnetstrahlung dient. Der gesamte Innenraum ist gegen die Magnetfelder abgeschirmt, verfügt jedoch über Druckausgleich. Das Herzstück des Mag-Lev ist jedoch das Fahrwerk. Es enthält die supraleitenden Magnetspulen und die Kühlanlage. Die supraleitenden Magneten sind gemeinsam mit den Linearmotoren die wichtigsten Neuheiten am Mag-Lev. Es handelt sich um Elektromagneten, die aus einer Niob-Titan-Legierung bestehen und in flüssigem Helium schwimmen, damit die Temperatur von –269°C gehalten werden kann – das ist vier Grad über dem absoluten Nullpunkt. Unter diesen Bedingungen beträgt der elektrische Widerstand fast Null. Das macht den Mag-Lev zum absolut energiesparendsten Zug. Die Planungsverantwortlichen hatten angekündigt, dass die – die Technologie des Mag-Lev betreffenden – Tests im Mai 2000 abgeschlossen wären. Es folgte aber eine zweite Serie von Versuchen, die voraussichtlich fünf Jahre in Anspruch nehmen wird, um die aerodynamischen Eigenschaften zu verbessern, die Herstellungs- und Betriebskosten zu senken und die Systeme verlässlicher und dauerhafter zu machen. Versprochen wurde ein Abschluss daher für 2005.

Die wichtigsten europäischen Eisenbahnmuseen

BELGIEN
Musée des Chemins de fer Belges
Bruxelles

DÄNEMARK
DSB Lernbanemuseet
Odense

DEUTSCHLAND
Bayrisches Eisenbahnmuseum
Nördlingen
Museum für Verkehr und Technik
Berlin
Eisenbahnmuseum
Bochum-Dahlhausen
Deutsches Museum
München
Eisenbahnmuseum
Darmstadt
DB-Verkehrsmuseum
Nürnberg
Verkehrsmuseum
Dresden

FINNLAND
Rautatiemuseo
Hyvinkää
Pansarmuseet
Parola

FRANKREICH
Musée Français du Chemin de Fer
Mulhouse

GRIECHENLAND
Sidirodromiko Mouseo
Athen

GROSSBRITANNIEN
Birmingham Railway Museum
Birmingham
Museum of Transport
Glasgow
The Sience Museum
London, South Kensington
Greater Manchester Museum of Science & Industry
Manchester
Buckinghamshire Railway Centre
Quainton
National Railway Museum
York

ITALIEN
Museo della Scienza e della Tecnica
Mailand
Museo nazionale Ferroviario
Pietrarsa (Neapel)
Museo Italiano dei Trasporti
Ranco (Varese)
Museo Ferroviario Piemontese
Turin
Museo Ferroviario di Campo Marzio
Triest

JUGOSLAWIEN
Zeleznicki Muzej
Belgrad

NIEDERLANDE
Nederlands Spoorwegmuseum
Utrecht

NORWEGEN
NSB Jerbanemuseet
Hamar
Kroderbanen Museumsjerbane
Kroderen

ÖSTERREICH
Eisenbahnmuseum Das Heizhaus
Strasshof, Niederösterreich
Technisches Museum für Industrie und Gewerbe
Wien
Club 760, Freunde der Murtalbahn
Frojach, Steiermark

POLEN
Museum Kolejnictwa
Warschau

PORTUGAL
Secção Museológica Ferroviária
Braga

SCHWEDEN
Sveriges Järnvägsmuseum
Gävle

SCHWEIZ
Chemins de Fer, Musée Blonay-Chamby
Blonay
Verkehrshaus der Schweiz
Luzern

SPANIEN
Museo Nacional de Ferrocarilles
Madrid

TSCHECHISCHE REPUBLIK
Narodni Technike Muzeum
Prag

UNGARN
Közlekedèsi Museum
Budapest

Glossar

ABGAS Abdampf und Verbrennungsgase bei Dampf- und Diesellokomotiven.

ACHSFOLGE Die Gesamtheit der Achsen einer Lokomotive, die mittels eines nummerischen oder alphanummerischen Systems beschrieben wird. Wird für die Klassifikation von Loks verwendet (s. S. 22).

ACHSGEWICHT Bei Lokomotiven jenes Gewicht, das auf die am meisten belasteten Radpaare wirkt.

ACHSLAGERGEHÄUSE Metallgehäuse, in dem sich eine Achse dreht. Alte Achslager arbeiteten nur mit Schmierung, bei modernen ist die Achse in ein Kugellager gebettet.

ADHÄSIONSGEWICHT Das Gewicht, das auf den Treibrädern einer Lokomotive lastet.

ANTRIEBSMOTOR Er wandelt elektrische Energie in mechanische um, die dann mittels einer Welle an die Achsen weitergegeben wird.

AUFLADEN Methode, um Zylindern von Dieselmotoren mittels eines Turboladers eine größere Menge Luft zuzuführen. Dabei wird die Luft mit einem hohen Druck durch die Einlassventile gepresst.

BAHNRÄUMER Platte oder zwei Stangen aus Eisen, die vorne an der Lok montiert waren, um etwaige Hindernisse aus dem Weg zu räumen.

BEWEGLICHE TEILE Teile einer Maschine, die bewegt werden. Dazu gehören Räder, Achsen, Naben, Lager, Federn usw.

BISSEL (Achse oder Gestell) Grundsätzlicher Typ eines einachsigen Laufgestells. Es besteht aus einem Dreiecksrahmen, der die Achse an einem Punkt mit dem Rahmen beweglich verbindet.

BLASROHR Ein Rohr, das zusammen mit dem Schornstein den Abdampf ableitet und dabei den Saugzug erhöht.

BREMSEN Eine Lokomotive verfügt über Bremsen, die ihre Fahrt verzögern. Oft hat sie aber auch eine Einrichtung zum Bremsen der Waggons. Bremsen können von Hand, pneumatisch, mit Dampf oder mit Unterdruck betrieben werden.

CHOPPER In Gleichstromlokomotiven verwendetes elektronisches Modul zum Umwandeln von einer Gleichspannung in Wechselspannung. Er versorgt den Antriebsmotor mit zunehmender Spannung, bis der gewünschte Wert erreicht ist.

DAMPFLOKOMOTIVE Der Dampfantrieb beruht auf dem Prinzip, dass sich Wasser am Siedepunkt in Dampf umwandelt und sein Volumen um das 1700fache vergrößert. Wenn diese Ausdehnung in einem geschlossenen Behälter wie in einem Kessel stattfindet, kann man den Dampf als Energiequelle nutzen.

DAUERLEISTUNG Die Menge der am Haken entwickelten Zugkraft, wobei man den Verlust durch die Übertragung einkalkuliert.

DIESELELEKTRISCH Lokomotiven oder Triebwagen, die einen Dieselmotor verwenden, um einen Generator anzutreiben, der seinerseits wieder Elektromotoren antreibt. In Maschinen mit großer Kraft kann man keine Kupplung verwenden, wie beim Auto. Die aus Verbrennungsmotoren gewonnene Energie wird daher in Elektrizität umgewandelt. Damit werden die auf die Achsen wirkenden Antriebsmotoren bewegt.

DOM Bei Dampfloks eine Kammer auf dem Scheitel des Langkessels, wo sich der Dampf sammelt, der zu den Zylindern geleitet wird.

DOPPELTE TRAKTION Die Verwendung von zwei Lokomotiven, jede mit eigenem Lokführer, an der Spitze eines Zuges.

DOPPELTE DAMPFDEHNUNG Dabei wird der bereits einmal genutzte Dampf mit weniger Druck nochmals in einem oder mehreren Zylindern verwertet.

EINFACHE DAMPFDEHNUNG Dabei wird der Dampf von der Maschine nur einmal genutzt.

ELEKTROTRAKTION Bei E-Loks und Triebwagen, welche die für den Antrieb nötige elektrische Energie aus einer externen Quelle beziehen, spricht man von Elektrotraktion. Die Stromversorgung erfolgt entweder über eine dritte seitliche Schiene (Stromschiene) oder über eine Oberleitung.

EXZENTER Eine Einrichtung bei Dampfloks, mit deren Hilfe eine rotierende Bewegung in eine lineare umgewandelt wird.

FEUERBÜCHSE Der Teil der Dampfmaschine, in den der Brennstoff kommt.

GELENKLOKOMOTIVE Beinahe immer eine Dampflok, die aus zwei oder mehr Maschineneinheiten besteht, von denen zumindest eine gegenüber dem Rahmen an Gelenken angebracht ist, um eine bessere Kurvengängigkeit zu erreichen.

GENERATOR Jener Apparat in der Diesellok, der mechanische Energie in elektrische umwandelt.

GLEICHRICHTER (oder Stromrichter) Einrichtung, die den Strom nur in eine Richtung durchlässt. Man verwendet ihn zur Umwandlung von Wechselstrom in Gleichstrom (oder pulsierenden Gleichstrom).

GLEICHSTROM Elektrischer Strom, der ständig in die gleiche Richtung fließt. Bei der Eisenbahn wird er mit 750, 1500 oder 3000 V verwendet.

GLIEDERZUG Garnituren, deren Waggons untereinander mit einem einzelnen Fahrwerk verbunden sind.

HEIZRÖHREN Bei einem Dampfkessel die Röhren, die durch den Kessel laufen. Das heiße Gas, das durch sie strömt, erhitzt das Wasser, das sie umgibt.

INJEKTOR Eine Einrichtung bei Dampflokomotiven, die Wasser in den Kessel leitet und mit Dampf betrieben wird.

INVERTER Elektronische Einrichtung, welche die aufgenommene Spannung in eine für die Antriebsmotoren benötigte Spannung und Frequenz umwandelt. Wird heute oft bei Asynchronmotoren verwendet.

KESSEL Der Teil einer Dampfmaschine, in dem der Dampf erzeugt wird.

KOLBEN Der zylindrische Teil, der sich in den Zylindern von Dampfmaschinen und Dieselmotoren auf und ab bewegt.

KURBELWELLE Die Welle, welche die lineare Bewegung der Kolben in eine Drehbewegung umsetzt, die an die Räder weitergegeben wird.

KUPPELSTANGE An beiden Seiten von Dampfloks sind die Treibräder mit Kuppelstangen untereinander verbunden. Das sorgt für eine bessere Kraftverteilung und vermindert das »Schleudern« (Schlupf der Räder).

LAUFBLECH Das Trittblech, das um die Maschine und den Kessel der Lokomotive herumläuft.

LAUFGESTELL In ihm sind vordere oder hintere Laufachsen untergebracht, die der besseren Gewichtsverteilung dienen.

OBERLEITUNG Die Gesamtheit der Fahrdrähte eines elektrifizierten Schienennetzes.

PFERDESTÄRKE (PS) Frühere Maßeinheit für Leistung. 1 PS = 75 kp x m/s = 0,73549875 kW.

RADABDECKUNG Halbrunder Schutz, der den oberen Teil von Treibrädern mit großem Durchmesser bedeckt. Er wurde angebracht, wenn die Höhe des Treibrades das Trittbrett überragte.

RAUCHKAMMER Der vordere Teil des Kessels bei einer Dampflok. In ihr sammeln sich die Rauchgase, die durch den Schornstein abgeleitet werden.

SANDKASTEN Behälter für Sand, der zur Erhöhung der Haftreibung zwischen Rädern und Schienen benötigt wird. Oft war er unter dem Kessel angebracht und verfügte über ein eigenes Abfallrohr.

SATTDAMPF Der vom Kessel erzeugte Dampf, der in die Maschine strömt. Er wird satt genannt, weil er die größtmögliche Ausdehnung hat.

SAUGZUG Eine Einrichtung, die die Menge des aus der Rauchkammer abgegebenen Abdampfs regelt und so Zug erzeugt, der das Feuer unter dem Brennstoff anfacht.

SCHLEPPTENDER Ein Fahrzeug, das an die Dampflokomotive gekuppelt ist und Brennstoff sowie Wasser mitführt.

SPURKRANZ Die Metallkrone, die sich über die Lauffläche erhebt und das Rad auf der Schiene führt.

SPURWEITE Die Distanz zwischen den Innenseiten beider Schienen eines Gleises.

STEUERUNG Bei Dampfloks ein Verbindungssystem zwischen den Ein- und Ausströmkanälen zur Kontrolle der Dampfverteilung auf die Zylinder.

STUNDENLEISTUNG Die von einer Lokomotive in einer Stunde erbrachte Leistung.

STROMABNEHMER Eine auf dem Dach von E-Loks angebrachte Einrichtung, um die Spannung aus der Oberleitung aufzunehmen.

TATZLAGERANTRIEB Ein Teil der Leistungsübertragung. Mittels einer Hohlwelle wird die Motorkraft auf die Treibachse übertragen. Der Antriebsmotor ist federnd am Rahmen aufgehängt.

TENDERLOKOMOTIVE Dampflokomotive, die den Vorrat an Kohle und Wasser innerhalb des eigenen Rahmens und nicht in einem separaten Tender mitführt. Das Wasser befand sich oft in seitlichen Tanks oder in einem Satteltank über dem Kessel.

TREIBRÄDER Die Räder einer Lokomotive, die durch ihre Bewegung den Zug in Fahrt bringen. Sie werden als »gekuppelt« bezeichnet, wenn sie untereinander durch ein Gestänge verbunden sind.

TRIEBWAGEN Ein mit einem eigenem Diesel- oder Elektromotor ausgestattetes Eisenbahnfahrzeug für den Personenverkehr.

ÜBERHITZEREINRICHTUNG Ein System, um die Temperatur und das Volumen des Dampfes zu erhöhen. Dabei wird dem Dampf in dem Moment, wenn er vom Kessel in die Zylinder geleitet wird, nochmals Hitze zugeführt.

VERBUNDMASCHINE Maschine mit doppelter Dampfdehnung.

WECHSELSTROM Elektrischer Strom, dessen Richtung und Betrag sich ständig ändert. Die Schwingungen des Wechselstroms je Sekunde werden durch die Frequenz, gemessen in Hertz (Hz), angegeben.

WILDFÄNGER (auch Kuhfänger) Ein Rammschutz bei amerikanischen Loks. Dieser hat eine charakteristische schräge, dreieckige Form und diente dazu, Vieh von den Schienen zu räumen, ohne es zu verletzen (sonst war die Eisenbahn nämlich zum Schadenersatz verpflichtet).

ZUGKRAFT Die Kraft, die angewendet werden muss, um einen stehenden Zug in Bewegung zu setzen bzw. zu halten.

ZYLINDER Eine geschlossene Kammer, in der sich der Kolben bewegt und die Bewegung erzeugt, die auf die Räder übertragen wird.

Index

*Im alphabetischen Index sind sowohl die kompletten Bezeichnungen als auch die Abkürzungen und/oder Namen der Lokomotiven und Züge angeführt, unter denen sie weitläufig bekannt sind. Die **fettgedruckten Seitenzahlen** zeigen an, wo ihre genauen Beschreibungen zu finden sind.*

Bildnachweis
Archiv IGDA; Archiv Museo del Ferrocarri; Archiv OM; Archiv R. Pocaterra, Archiv RENFE; Archiv West JR; B & O Railroad Museum Inc.; Bildagentur Schuster; R. A. Bowen; M. Bruzzo/D-Day; California State Railroad Museum; Canadian National Railway Company; Central Japan Railway Co.; F. Chanier; Coll. C. Lamming, /Foto Lamarche; Colour Rail; D-Day; P. Decriox; Deutsche Bahn/AEG; Deutsches Museum, München; Doc. SNFC/Coll. C. Lamming; Edelweiss; Foto Service SBB; Fototeca FS; C. Garratt/Milepost; Henning Hansen; Hulton Deutsch; IMECHE; Linea Diretta, mensile FS; Milepost; Millbrok House Ltd.,/H. Ballantyne, /K. P. Lawrence; P. Morel; Musée Français du Chemin de Fer, Mulhouse, /Coll. J. M. Combe, /J. I Tuleau; L. Negri/D-Day; Norwegian State Railway Museum, /Neupert; NRM/Science & Society Picture Library; NTT; H. M. Petiet/S. Lamming; M. Pousaz; F. Pozzato/D-Day; Railroad Museum of Penna (PHMC); Salamander Books Ltd.; Science Museum; Smithsonian Institution, Washington; SNBC, Bruxelles; SNCF-CAV/P. Olivain; SNCF-Sud-Est/Coll. C. Lamming; Swedish Railway Museum; F. Tanel/D-Day; D. Thunberg; Transportation Museum, Tokio, Transrapid International; Union Pacific Museum Collection; Verkehrsmuseum der Schweiz, Luzern; Verkehrsmuseum, Dresden; /Nachlaß Fiebig,/Werkfoto Borsig; Verkehrsmuseum, Nürnberg; Voies Ferrées/P. Morel.